黄河水利委员会治黄著作出版资金资助出版图书

河南省重点图书选题

黄河堤防

胡一三　宋玉杰　杨国顺　张同德　王万民　著

U0268666

黄河水利出版社

·郑州·

内 容 简 介

黄河堤防历史悠久,是我国甚至世界堤防起源的河流之一,历史上修堤技术、管理措施及组织均为先进的河流之一。本书探索了古代堤防的起源、发展、筑堤技术与堤防管理;叙述了黄河设计洪水和黄河当代防洪工程体系;概述了干支流不同河段的堤防系统;论述了黄河现在堤防的设计;回顾了20世纪50年代以来各个时期的施工;依据黄河堤防随河道淤积抬高而不断加修堤防的实际情况,综述了黄河已经采用过的堤防加固措施;论述了采用"以河治河"的放淤固堤加固堤防措施;概述了为处理洪水、灌溉供水而修建的穿堤水闸、虹吸,以及其他行业修建的穿堤管线、跨河桥梁等工程;论述了为保证堤防完整使其在防洪中充分发挥作用而进行的堤防管理与维修养护;另外,还针对黄河河道不断淤积抬高的情况,专门述及了黄河早已存在的古代悬河。

本书可供从事黄河防洪工程规划、设计、施工的工程技术人员,从事堤防工程管理和维修养护的人员,从事防汛的工作人员,从事水利科研的技术人员,广大的治理黄河工作者阅读使用,并可供广大水利工作者及有关大专院校的师生们参考。

图书在版编目(CIP)数据

黄河堤防/胡一三等著.—郑州:黄河水利出版社,
2012.12
ISBN 978 - 7 - 5509 - 0389 - 0

Ⅰ.①黄…　Ⅱ.①胡…　Ⅲ.①黄河 – 堤防 – 防洪工程
Ⅳ.①TV882.1

中国版本图书馆 CIP 数据核字(2012)第 291496 号

出　版　社:黄河水利出版社　　　　　　　　网址:www.yrcp.com
　　　　地址:河南省郑州市顺河路黄委会综合楼14层　　邮政编码:450003
发行单位:黄河水利出版社
　　　　发行部电话:0371 – 66026940、66020550、66028024、66022620(传真)
　　　　E-mail:hhslcbs@ 126.com
承印单位:河南省瑞光股份印务有限公司
开本:787 mm × 1 092 mm　1/16
印张:17.25
字数:400 千字　　　　　　　　　　　　　　印数:1—1 500
版次:2012 年 12 月第 1 版　　　　　　　　印次:2012 年 12 月第 1 次印刷

定价:58.00 元

作者简介

胡一三：男，河南鹿邑人，1941年2月生，1964年天津大学毕业。黄河水利委员会科学技术委员会副主任，黄河水利委员会原副总工程师，华北水利水电学院兼职教授，教授级高级工程师，国家抗洪抢险专家，治黄科技拔尖人才，享受国务院政府特殊津贴专家，全国水利系统先进工作者，全国农业科技先进工作者。退休后，曾被授予"黄河抗洪抢险先进个人"、"发挥作用先进个人"等称号。主要从事河道整治、防洪、防汛及科技管理工作。工作中注重调查研究，理论联系实际，解决工作中遇到的技术难题。在完成生产任务的同时，取得了多项科技成果，学术上有创新。"黄河下游游荡性河段整治研究"获国家科技进步奖2等奖，"小浪底水库运用初期防洪减淤运用关键技术研究"、"黄河河道整治工程根石探测技术研究与应用"分获水利部大禹科技奖2等奖，"堤防工程新技术研究"获水利部科技进步奖3等奖；《黄河防洪志》分获中宣部"五个一工程"奖和中国图书奖1等奖，《黄河防洪》获全国优秀科技图书奖2等奖；"黄河下游防洪减灾对策建议"获中国科协优秀建议奖1等奖。专著有《黄河下游游荡性河段河道整治》、《中国江河防洪丛书·黄河卷》、《中国水利百科全书·防洪分册》、《黄河防洪志》、《黄河防洪》、《黄河河防词典》、《三门峡水库运用方式原型试验研究》、《黄河埽工与堵口》、《河防问答》、《黄河高村至陶城铺河段河道整治》、《小浪底水库运用初期三门峡水库运用方式研究》、《黄河水利科技主题词表》。发表有"略论黄河的宽河定槽防洪治河策略"、"黄河下游的防洪体系"、"悬河议"等百余篇论文。

自　序

　　黄河是中华民族的母亲河,她哺育了中华民族。黄河流域经济开发历史悠久,文化源远流长,曾长期是我国的政治经济文化中心。历史上黄河又是一条害河,经常泛滥成灾。据统计,黄河下游自周定王五年(公元前 602 年)至 1938 年的 2 540 年间黄河堤防决口 1 590 余次,平均三年二次决口,改道 26 次,大的改道迁徙 5 次,曾给两岸人民带来过深重的灾难。

　　为了防止洪水灾害,人们进行了大量的治水工作。从上古传说中的黄河治理到现在,已有 4 300 多年的历史。在原始社会,人们"逐水草而居"、"择丘陵而处",以逃避洪水。传说中的神农时代,采取了"傿"和"堙",防止洪水入侵,即以挡水的办法,防止洪水灾害。尧舜以后,传说禹首先采用"疏"和"分"的方法,宣泄洪水减免水患。商代几次迁都,与黄河洪水不无关系。

　　为减轻洪水灾害,修筑堤防是最简单的工程措施。开始时堤防非常简陋、规模也特别小,随着生产力的发展,修堤能力不断提高,同时防洪减灾的需求也更加迫切,至春秋战国时期,堤防得到了快速发展。

　　历史上,黄河安危关系到王朝的兴衰。为了维护政权,历代都非常注重黄河的治理。很多人研究黄河,为治理黄河提出了分流、筑堤防洪、束水攻沙、蓄洪滞洪、沟洫拦蓄、人工改道等多种方略。在黄河治理中,这些方略有的是单独采用 1 种;有的是采用 2 种或 3 种并行;也有的是仅为设想和议论,如人工改道。筑堤防洪是一种常胜不衰的方略,其他方略的实现也往往需要采取堤防措施。

　　黄河堤防是经济社会发展的产物,它有一个渐进的产生发展过程。依据古文献和古文字研究的成果,堤防起源于西周前期,如果甲骨文"堤圩"的释义不存在异议,似可向前推至殷商后期。春秋战国时期堤防发展较快,春秋时期,黄河下游堤防尚不连续,战国时期已形成了较为系统的黄河堤防。秦以后,堤防得到进一步发展,筑堤技术也在不断提高,同时堤防管理制度也在不断完善。

　　1947 年花园口堵口之后,黄河回归故道。在共产党领导下,1946～1949 年进行了大规模的复堤,使东坝头以下的堤防具有一定的防洪能力,保证了洪水安全入海。中华人民共和国成立后,国家对黄河下游堤防建设非常重视。1950～1957 年进行了第一次大修堤;1962～1965 年进行了第二次大修堤;1974～1985 年进行了第三次大修堤;1996 年开始进行第四次大修堤,至 2010 年以 2000 年水平年设计洪水位为目标的修堤任务绝大部分已经完成。堤防成为防御洪水的屏障,黄河下游的防洪标准已大大提高。

　　现在已经基本建成由堤防工程、河道整治工程、蓄滞洪工程以及位于中游的干支流防洪水库组成的黄河下游防洪工程体系。1964 年我从天津大学毕业后分配到黄河水利委员会,近 50 年来主要从事防洪、防汛、河道整治等方面的工作,对黄河治理产生了浓厚的感情,由衷的想从工程措施方面对黄河防洪进行一些力所能及的总结。和同行一起,已出版了《中国江河防洪丛书·黄河卷》、《黄河下游游荡性河段河道整治》、《黄河防洪》、《黄河高村至陶城铺河段河道整治》、《河防问答》等专著,但还想对黄河堤防进行总结。

我和宋玉杰、杨国顺、张同德等同志,通过多方收集资料、精心谋划章节安排、反复修改内容文字,经5年辛勤努力,方完成《黄河堤防》书稿。

本书分为两部分,共十一章。第一部分为黄河古代堤防,包括第一、二章。第一章古代黄河堤防,论述堤防的起源与发展、历代封建王朝筑堤情况、古代筑堤技术、堤防管理与法规制度;第二章古代悬河,论述悬河的形成与发展、古代悬河形态,对部分黄河故道的沉积速率也进行了一些探讨,这从另一个角度反映了古代黄河堤防修守的困难性,另外,关于黄河古代悬河情况的专文和专著甚少,故本书专辟一章写古代悬河。第二部分为黄河现代堤防,重点为黄河下游堤防,对黄河上中游有防洪任务河段的重点堤防也进行了概述,包括第三章至第十一章。第三章为黄河设计洪水与防洪工程体系,概述黄河防洪工程体系的组成及设计洪水;第四章为堤防系统,综述黄河干支流主要河段的堤防概貌;第五章为堤防设计,论述现在堤防的标准、结构等;第六章为堤防施工,综述各次大修堤期间的堤防施工建设;第七、八章为堤防加固,论述在残缺不堪堤防上修堤和在河道不断淤积抬升情况下对已有堤防采取的加固措施,由于放淤固堤是采用"以河治河"的措施、近40年来采用最多且行之有效,故专辟一章;第九章为穿堤跨堤建筑物,论述穿堤修建的分洪、泄洪水闸,为灌溉、供水修建的涵闸以及穿堤虹吸、管线、跨堤桥梁等;第十章为堤防管理与维修养护;第十一章为黄河上中游堤防,综述干流宁夏内蒙古河段及支流沁河下游、渭河下游的堤防。

在撰写过程中,注重本书的资料性,力争使阅读本书的人不仅可以从技术方面了解黄河堤防的情况,而且可看到黄河堤防的演变过程,获取黄河堤防方面的技术资料。此书若能对关心黄河的人们了解黄河认识黄河、对从事黄河治理的人们在今后的工作中有些助益,我们将会感到十分愉悦。

在撰写本书的过程中,得到了从事黄河防洪工作的同事们的大力帮助,在此我们谨表示衷心的感谢。由于我们水平所限,难免有谬误和不当之处,恳请广大读者批评指正。

胡一三

2012 年 6 月 6 日

目　录

第一章　古代黄河堤防

本章主要介绍清代咸丰五年以前各个历史时期黄河下游堤防的发展、变化情况,咸丰五年铜瓦厢改道后新河的堤防,即现行河道黄河堤防,将分别在以后各章叙述。

第一节　黄河堤防探源

以现有的测试手段,测定一段古堤的年龄是比较容易的,进而探求黄河堤防的起源将会变得十分简单。然而,这项工作迄今尚未开展,本节以下仍以历史文献为主,结合相关的考古研究成果作若干探索。

一、河堤起源的几种说法

(一)起自战国说

最早见于《汉书·沟洫志》,其文为:"盖堤防之作,近起战国,壅防百川,各以自利"。这段文字本出自贾让《治河策》中。贾让,西汉成帝时人,上距战国较近,后世深信其说,所以随声附和者亦颇为不少。如宋代沈立论及堤防时就说:"及乎战国,各利其地,不能复禹故迹,而务兴堤防"[1]。清代张霭生在《河防述言》一书中也作如是说:"自战国专利埋塞故道,以小妨大,以公害私,九河之制遂隳"。

(二)起自春秋说

周魁一《中国科学技术史·水利卷》中有:"春秋时代,堤防在黄河和淮河流域的齐、鲁、宋、郑、陈等诸侯国中都有兴建"。赵得秀《治河初探》一书的第三章中也说:"堤防至少在公元前651年的葵丘之会就已存在,这要比一般传统的说法,即贾让提出的'堤防之作,近起战国'要早两个世纪以上。"

(三)史前说

史前说又分鲧、禹筑堤说和共工筑堤说两种。

1. 鲧、禹筑堤说

20世纪30年代早期郑肇经《河工学》一书即有鲧、禹筑堤说。该书堤防工程一章有言:"吾国筑堤,由来已久。《禹贡》曰:'九泽既陂',按陂者,坡也,土披下而衾侧也,此非陡崖之岸,乃坦坡之堤也。"差不多在同一时间内,在李仪祉先生的论著中也有类似的说法,如他在《宋以前河堤之概况》一文中说:"《禹贡》'九泽既陂',或谓陂即堤。又称'既修太原',论者谓即堤之始。盖鲧以堤障水,相传河朔金堤即鲧所筑,禹因其址而修之。"到了20世纪80年代末期,熊达成、郭涛合著《中国水利科学技术史概论》,在该书"古代治河防洪工程"一章中,同样是把堤防工程的起源上推至鲧,认为从鲧障洪水起到西周,"是堤防的初创阶段。"

2. 共工筑堤说

共工筑堤说多见于 20 世纪 70 年代末至 80 年代初出版的水利史论著之中,如《中国水利史稿》上册称:"最初的防洪工程,大约总是修筑一些简单的堤埝,把居住区以及附近的耕地保护起来,用土挡住洪水的漫延。古代关于共工氏'壅防百川'和'鲧障洪水'的历史传说,正是对这种防洪方式的描述。"类似的说法还见于《黄河水利史述要》和汪家伦、张芳合编的《中国农田水利史》。如前者说:"共工的治水方法是'壅防百川,堕高堙庳',可能是把高处的泥土、石块搬下来,在离河一定距离的低处,修一些简单的土石堤埝来抵挡洪水的侵犯"。后者的说法是:"'壅防百川',大致是修筑简单土埝,来防止河川泛滥;'堕高堙庳',就是将高处的泥土填到低洼的地方,避免洼地积水成涝。"

以上三种说法,第一种战国说似偏保守。战国时代,黄河下游堤防已经修筑完备,无论是堤防规模还是修筑技术,均不可视之初创。诚如周魁一先生所说,这时"黄河主流被约束在左右相距 50 里的两岸大堤之间,形成了保护下游地区的连贯堤防,实现了黄河防洪划时代的进步。"[2]贾让,身在西汉,虽非策士,但其所上策文,仍颇具旧日策士遗风,所谓"近起战国"者云云,似亦不可照实理解。第二种春秋说,多有文献支撑,较为接近实际,尤其是"无曲防"禁令的颁布,从中还可看出初创阶段曾经有过的秩序混乱。至于第三种史前说,已追溯到新石器时代,虽系推测,却也顺理成章。其所论本为田园围堤,若论河堤,恐亦难以置信。

二、先秦文献中河堤的若干消息

(一)《尔雅》一书的记载

《尔雅·释地》中有:"梁莫大于溴梁",又说"坟莫大于河坟"。梁和坟,都是堤。溴梁,即溴水之堤。溴水,为古黄河北岸的一条支流,源出今河南济源西,《水经·济水注》:"溴水又南注于河。"其流经略近于现今济源至孟县的一段蟒河。溴梁,还早见于《春秋》,襄公十六年(公元前 557 年),鲁与晋、宋、卫、郑等诸侯会盟于溴梁,可以想见溴梁的规模一定不小。河坟,即黄河大堤。坟,也作坋,《诗·周南注》:"坟,大防也。"《说文》:"坋,一曰大防也。"无疑,河堤规模更大于溴水之堤。

(二)《周礼》一书的记载

《周礼·考工记》中有:"凡沟必因水势,防必因地势。善沟者水漱之,善防者水淫之。"两句话,前一句的意思是,挖沟引水要适应水的流势,筑堤挡水也要选择有利的地势。后一句是说,好的沟渠水流浚利,可以挟带泥沙,免于淤积;成功的堤防既能够防止洪水泛滥,还可以滞留水流挟带的泥沙,强化自身。淫,在这里读(xín),意思是淤积。汉郑玄《周礼》注:"谓水淤泥土留著,助之为厚。"实际就是今天所说的淤滩固堤。据研究,《周礼·考工记》是春秋齐国人的著作,年代在齐景公后期[3],约在公元前 500 年前后。齐国地处黄河下游的最下端,应是黄河堤防修建最早的国家之一。

(三)《管子》一书的记载

《管子·度地》中有:"令甲士作堤大水之旁,大其下,小其上,随水而行。地有不生草者,必为之囊,大者为之堤,小者为之防,夹水四道,禾稼不伤。"又说"浊水蒙壤自塞而行者,江河之谓也。岁高其堤,所以不没也。"这当然是就齐国境内的堤防而言的。文中"必为之囊"一语,似应特别注意。囊,有敛藏之意,《荀子·王制》:"安水藏,以时决塞"。意义相近。梁启雄:"水藏,古之水库"。所谓"地有不生草者,必为之囊",大约就是于洼地周围修筑堤防,建筑蓄滞洪区。

(四)《左传》中的记载

襄公二十六年(公元前547年)有"宋芮司徒生女,赤而毛,弃诸堤下"之文。时宋境无河而有济、有汴(邺),二者都是黄河下游的重要分支,所谓"弃诸堤下"之堤,非济即汴,不在汴水就在济水。又,襄公三十一年(公元前542年),郑国子产答然明时有言:"然犹防川,大决所犯,伤人必多,吾不克救也,不如小决使道"。子产,郑简公时执国政,历定公、献公三朝,时间在公元前565年至公元前522年之间,答然明时为公元前541年。郑国滨临黄河,所说"大决所犯,伤人必多"者,是在借河决谕政,同时也侧面反映出郑国境内黄河堤防的实际存在。

(五)《孟子》一书的记载

《孟子·告子下》中有:"五霸桓公为盛,葵丘之会,诸侯束牲载书而不歃血。初命曰……五命曰无曲防,无遏籴,无有封而不告"。齐桓公葵丘会盟是在桓公三十五年(公元前651年),除周王室外,还有6个诸侯国,其中郑、卫、齐、曹4国都在黄河下游沿岸。"无曲防"的盟文是有针对性的,应该说参与会盟的诸侯国境内都有河流堤防修筑,当然这当中也包括黄河堤防在内。

(六)《国语》一书的记载

《国语·周语上》记有周厉王弭谤一事,其中邵公答厉王语中有言:"是障之也。防民之口,甚于防川。川壅而溃,伤人必多,民亦如之。是故为川者,决之使道;为民者,宣之使言。"周灭商后撫有东土,包括了整个黄河下游两岸。厉王处西周后期,在公元前877~公元前828年之间。这里同样是借河决谕政,同样也反映出堤防的实际存在,范围可能更广一些,除黄河外,也许还包括其他河流。

(七)甲骨卜辞中的消息

据中国社会科学院历史研究所王贵民先生研究,商人可能已有在洹河上筑堤防灾之事。王先生在《商代农业概述》一文中说[4]:"洹河的危害在卜辞中有所反映,'河ㄣ,矺一河ㄣ,不其矺''河其冂''河不其冂'之字尚未有考释,而为河决之形象甚显。冂字从可从ㄅ(司),隶定之当为祠字,可为河之省,司为声兼义,司音有治理、主管之义,祠字则当有治河之意。还有一辞'王乞(迄)正河新倉(倉),允正!'新字之后一字有释为竿形,也可能为堤圩之形,文意是商王决定(迄)治(正)河,造作新的堤圩。还有'贞:令逆河?'一辞,逆字多用于战事,为迎战之义,逆河也就有堵截河水冲决的意思。"商人长期居住在黄河下游,深受黄河决泛之害,必早有治水的传统。据《竹书纪年》记载:夏少康至帝杼期间,商侯冥曾领导治河20余年,并因河事而殉难。盘庚迁殷之后,洹河为害,治理除害是可能的。洹河当时先入漳河,再经漳水入黄;洹河为患,难保不影响到黄河,所以文中有关卜辞文字的诠释,似不可只限定于洹河而不包括黄河。

三、共工氏、鲧、禹筑堤小议

(一)历史传说可能失真

迄今为止,共工氏和鲧仍然是传说中的人物,史籍中的种种记载,诸如《淮南子·天文训》记共工氏怒触不周山,"天柱折,地维绝,天倾西北,故日月星辰移焉;地不满东南,故水潦尘埃归焉"。《国语·周语下》记共工氏"壅防百川,堕高堙庳。"《尚书·洪范》记"昔鲧堙洪水,汩陈其五行。"《山海经·海内经》记"洪水滔天,鲧窃帝之息壤以堙洪水"等。很显然,这些传说当中,有的已近乎是神话。禹,虽被前不久完成的"夏商周断代工程"认定为夏代第一王,不再被视为传说中的人,但如《孟子》一书所说"禹疏九河,瀹济漯而注诸海,决汝汉、排淮泗而注之江",范围这样广,工程规模如此之大,岂能信以为真?当然传说常常是有历史渊源的。在文字尚未出现的远古,许多事情都是依靠代代口传保留下来的,如果说,共工氏、鲧和禹曾从事修筑过规模不大的田园围堤,也许是可能的,若论黄河之堤,则似无这种可能。

(二)时代条件的限制

传说中的共工氏、鲧和禹,时代大约处在原始社会末期,相当于考古学的新石器时代晚期。社会生产力仍很低下,人力资源也很有限,要组织完成具有一定规模的河防工程应该是非常困难的。历史人口研究结果有认为,尧、舜、禹时代不能超过百万[5],有认为"夏初约略为 240 万~270 万人"[6],还有认为夏初为 135 万人者[7]。有学者运用聚落人口考古的方法,研究夏代以前黄河中下游地区的人口,结果指出仰韶时代(公元前 5000~公元前 3000 年)55 万 km^2 范围的人口为 300 多万人;龙山时代(公元前 4000~公元前 2000 年)同一地区的人口发展到 750 万人[8]。以黄河中下游 55 万 km^2 750 万人计,每平方千米不足 14 人;劳动力的比例若取为 1/4,那么每平方千米的劳动力不足 4 人。若要再除去战争兵员和农耕、采集所需,能够投入到治水方面的人力,恐怕是少之又少了。人们手中的劳动工具,主要是石铲、骨铲和木耒、木耜之类,工作效率定然是很低的。如此有限的人力加上十分简陋的工具,小范围地修建一些旨在防护居住区和局部农耕区的田园土埂,不是没有可能,若论黄河堤防,则实在无法令人信从。

(三)地志中的"鲧堤"未必确实

"鲧堤"一说,始见于宋,此前,有称"秦堤"、"汉堤"者,未见有称"鲧堤"的,此后各种地志则相继沿称。

宋乐史《太平寰宇记》中记有多处所谓的鲧堤:

(1)相州安阳县(今河南安阳)下:"鲧堤,尧臣禹之父所筑,以捍孟门。今谓三刀城是也"。

(2)澶州临河县(今河南浚县东北)下:"鲧堤,在县西一十五里,自黎阳(今浚县)入界,尧命鲧治水,筑堤无功,其堤即所筑也"。

(3)德清军(今河南清丰县西北):"尧堤,在城东南五十里"。

(4)贝州清河县(今河北清河县西):"鲧堤,在县西三十里,自宗城(今河北威县东)县界来,是鲧治水时筑"。

(5)贝州历亭县(今山东武城县):"鲧堤,在县东三十五里"。

宋《元丰九域志·古迹》德州境亦记有鲧堤。宋人司马光,也曾写诗歌颂过所谓鲧堤,诗中言道:"东郡鲧堤古,向来烟火疏。提封百里远,生齿万家余……"另据清《河南通志·古迹》记载:"鲧堤,在浚县东,鲧治水时筑此"。又说:"鲧堤,在内黄县,高一丈六尺❶,厚二丈五尺"。还有《汤阴县志·古迹》记载的所谓鲧堤,"在开信社,高一丈六尺,厚二丈五尺"。

众多的研究指出,尧、舜、禹时代的政治中心地带在晋南,即今山西省南部,除文献传说外,考古也提供了相应的证据[9]。所以鲧治水的重点应是在晋地,旁及不可能过远,规模也不可能很大。今豫北、冀南以及鲁西北地区不可能有所谓的鲧堤,姑且不说鲧的时代有无能力修筑河堤,即使有能力也不可能远至这里修堤。该地区古有《汉志》河❷流经,战国至汉本有河堤数重,内黄境内古黄泽也有堤防,《汉志》河改道后,有众多故堤遗存,但那绝非所谓鲧堤。

四、黄河堤防是经济社会发展的产物

应该承认,黄河堤防工程是社会经济发展的必然产物。黄河堤防的出现,既是社会经济发展的客观需求,同时要求人类社会为之提供必要的人力支撑和相应的经济技术保障。历史上有所谓"古之长民者,不堕山,不崇薮,不防川,不窦泽"之说[10],这是就渔猎采集时代而言的。此时人们的衣食之源还在于或者说主要还在于山、林、川、泽之间,自然希望尽可能地保持原有的自然环境不变,不破坏山林,不淤填丰薮,不修建河防工程,也不使大泽干涸,总之一切都不要有大的改变。一旦社会转入农耕,人们的衣食之源随之发生变化,逐渐由渔猎采集转而为以农桑为主,其他一切都随之发生转变,包括人们对待自然界的态度。此时,人们开始逐渐地走出山林,走向平原定居,大、小村落也便相继出现,开始渐渐地有了劳动剩余,且由于生存环境的改变和生产生活方式的转变,防患意识进一步增强,防止洪水的侵袭已成为众多人的要求,或者说已为人们所必须,并初步萌发与大自然作斗争进而改造大自然的愿望。西汉初年的陆贾曾经说过:"至于神农,以为行虫走兽,难以养民,乃求可食之物,尝百草之实,察酸苦之味,教民食五谷。天下人民野居穴处,未有室屋,则与禽兽同域,于是黄帝乃伐木构材,筑作宫室,上栋下宇,以避风雨。民知室居,食谷而未知功力,于是后稷乃列封疆、画畔界,以分土地之所宜,辟土殖谷,以用养民;种桑麻、致丝枲,以蔽形体。当斯之时,四渎未通,洪水为害,禹乃决江疏河,通四渎致之于海;大小相引,高下相受,百川顺流,各归其所,然后人民得去高险,处平土。"[11]陆贾这段言论在一定程度上道出了我国原始农业发展的历程以及农业初兴与防洪工程起源的内在联系,并正在逐步地被考古发掘所证实。黄河流域的原始农业,至迟出现在距今7 000~8 000年之间,在距今5 000~3 000年的仰韶期内,古聚落遗址发现已达千余处之多,发掘情况表明,聚落周围挖有壕沟,据推测有的壕沟内侧还设有栅栏或围墙一类的防护设施[12]。在河北磁山县下潘王遗址发掘中,还发现有人工开凿的排水沟道,"口稍大于底,两壁倾斜,底部平坦,深1.5米,东南高,西北低"[13]。发现的古城堡也有数座,距今在4 000~4 400

---

❶ 清制1尺约合32 cm。

❷ 《汉志》河是指《汉书·地理志》和《汉书·沟洫志》所记的黄河。

年之间,大部分为土城,已普遍使用夯筑技术[14]。城堡的出现,标志着社会的进步和农业经济有了新的发展。正如《礼记·礼运》所言:"今大道既隐,天下为家,各亲其亲,各子其子,货力为己,大人世及以为礼,城廓沟池以为固。"所谓"大道既隐",可以理解为原始公社解体;"天下为家",意即私有制的产生;"货力为己",即财产和奴隶为私人所有;"城廓沟池以为固",即修建城堡来保护奴隶主们的生命财产。考古发掘的古城堡规模都不大。山东城子崖城址,是规模较大的,南北长450 m,东西宽390 m。河南王城岗城址,城内面积也只有7 000多 m²;平粮台古城,长宽各185 m,城内面积34 000余 m²[15]。规模不大的原因,大约仍是受社会条件的限制,当时社会的需求以及生产力发展的水平可能是最重要的因素。城堡的初始功能,可能以防御敌人侵犯和猛兽袭击为主,同时兼有防御洪水的作用。此后,随着社会的进一步发展,特别是农耕面积的进一步扩大,人们有要求并且有能力足以使大面积农田和庄园不受洪水侵害时,黄河沿岸便会有堤防出现。已罗列的资料表明:黄河堤防西周后期和春秋前期已在社会生活中多有反映,当然,其实际存在,此前应已多有时日,初现的时间理当更早。所以,本书认为黄河堤防的起源应当是在西周前期;如果甲骨文"堤圩"释义不存异议,似还可以向前推至殷商后期。

第二节　黄河堤防的形成与发展

黄河堤防自西周初出现之后历代都有兴筑。总体而言,存在前后两个不同的发展时期,前者是先秦诸侯国分筑时期,后者是西汉及其以后历代封建王朝修筑时期;而后一个时期内,由于河道多次变迁,又可分若干小的发展变化阶段。

一、先秦诸侯国筑堤

殷商时期,黄河下游被称为"东土",是商王朝重要的农业开发区,其东北方向可达今山东临淄境内。周在西土,灭商后,始有东方,并建立许多封国加以控制,农业经济得到进一步发展。春秋时期黄河下游两岸主要由郑、宋、卫、曹、晋、鲁、燕、齐等诸侯国占据,各自称霸一方。此时期有所谓"恶金以铸鉏、夷、斤、斸,试诸土壤"[16]之说。恶金,即指铁;斤,是斧;鉏、夷、斸,皆锄一类的农具。铁制劳动工具的出现和使用,标志着生产力水平的进一步提高,为农耕面积的再扩大和修建较大规模的土方工程创造了条件。

西周末年,至迟在春秋早期,黄河下游堤防的规范已相当可观,《尔雅》一书所说的"坟莫大于河坟"可见一斑。齐国近海,地处黄河下游的最下端,是筑堤治河大国。《尚书中候》中有"齐桓之霸,遏八流以自广"这样的记载,孔颖达《尚书正义》引《春秋纬宝乾图》也说"移河为界在齐吕,填阏八流以自广。"意思是说齐桓公为扩大疆土,堵塞了"九河"中的八条,使其归并为一条,经国之北境入海。"遏八流以自广"未必可靠,"九河"之说,也并非实数有九,不过黄河主河道其时经齐国北边入海却为事实。"遏八流以自广"极有可能反映了另外一种历史实际,即齐国为进一步扩大疆界,增加国土资源而曾经有过修筑堤防、改造江河的历史实际。齐桓公治国以除五害为先,"五害之属,水为最大"[17]。齐国欲除水害,欲维持黄河于国之北界,不能设想不借助于堤防,所以齐相管仲才有"令甲士作堤大水这旁,大其下,小其上,随水而行"[18]的建议。管仲还说,"岁高其堤,所以不没也"[19]。

此时诸侯国筑堤已产生了巨大的社会影响，并引起上层社会的高度关注。诸侯国筑堤，多从本国利益出发，难免伤害他国，引起国与国之间相互矛盾，甚至以筑堤壅水作手段，攻击对方，牟取利益的现象也时有发生。因此，禁止利用筑堤伤害别国一项常被列为诸侯会盟盟约的重要内容。公元前656年，楚国出兵攻伐宋国和郑国，"要宋田夹塞两川，使水不得东流。东山之西，水深灭埙，四百里而后可田也"[20]。这件事大约发生在黄河下游分支汴水以及汴水分支睢水之上。事发之后，齐国出面干涉，次年夏与楚盟于召陵（今河南郾城东）。此次会盟盟约共有四项，其中就有"毋曲堤"一项。时隔五年，即公元前651年，齐桓公又一次与周、宋、卫、郑、许、曹等诸侯于葵丘（今河南民权县东）会盟，盟约条文中再次提出"无曲防"，重申了禁止利用堤防伤害他国的这项内容。盟约条文是有针对性的。参与葵丘会盟的诸侯国，除许之外，其他全在黄河（含分支）沿岸。不难看出，当时黄河沿岸筑堤，一是活动较为突出；二是堤防的布局已存在以邻为壑、伤及对方之处。

春秋时期，黄河下游堤防还不连续，邻国之间或不紧要的地段还有空缺；当时有所谓"隙地"存在，或可略窥一二。据史书记载，春秋早些时候，燕齐之间，相当于今山东德州以北地区即有大面积隙地。齐桓公二十三年（公元前663年），齐助燕伐山戎，战后燕庄公送齐桓公经过隙地竟不知不觉地进入了齐境。按当时习俗，诸侯相送是不出本国国境的，于是齐桓公将燕君所到达的地方割让给了燕国。还有，春秋末年，郑宋之间仍有大面积的隙地。有人开垦并出现了被称为弥作、顷丘、玉畅、嵒、戈、锡的六个聚落，郑宋两家都不要，后来两家发生战争，郑国在嵒这个地方战败了宋军，并且俘获了成讙、郜延两个宋国的大夫，之后仍"以六邑为虚"，即那六个地方仍然弃之不取。

进入战国时代，黄河下游堤防有了进一步发展，当前学术界大都认为，系统的黄河堤防就是在这个时期形成的。如著名水利学家张含英先生说："两岸堤防的修筑是治河策略上的一个大变化，也必然要经过一段时间的实践才能实现。所以说'盖堤防之作，近起战国'并不是说到了战国才知道堤能防河，或者才知道以堤防河，而是到了这时，黄河下游两岸的大堤才发展得较为完整，较为系统。"[21]著名历史地理学家谭其骧先生同样认为："西汉末年贾让在他的治河三策里提到，'堤防之作，近起战国'。从策文看来，贾让说的堤防已不是保护居民点的小段河堤，而是指绵亘数百里的长堤。"[22]

战国时，黄河下游分别属韩、魏、赵、齐、燕等国所有。韩居最上流，"北有巩、洛、成皋之固"[23]，地势高昂，筑堤之事可能不多。魏境沿河有堤，《战国策·秦策一》张仪说秦王语中有"决白马之口以流魏氏"可证。又，《战国策·燕策二》秦召燕王章下载："决荥口，魏无大梁；决白马之口，魏无济阳；决宿胥之口，魏无虚、顿丘。"还有，《水经注》引《竹书纪年》："梁惠王十二年，楚师出河水以水长垣之外。"白马之口，约在今河南滑县境内；荥口，在今河南郑州以北；宿胥之口，约在今河南浚县西南境；楚师出河水之处，虽未言明，大约不出今河南延津至滑县之间。所谓"决"，自然是决堤；"出"也是指决堤而言的。

赵国也是一个大国，其疆域四至为："西有常山，南有河、漳，东有清河，北有燕国"[24]；或者说"前有漳、滏，右常山，左河间，北有代"[25]；说法不同，当是疆域有所变化，诸侯国之间疆域常有变化。赵武灵王时，赵国在黄河以东还有大面积国土，后来就让给了齐国，此事《战国策·赵策三》齐破燕赵欲存章有载。赵与魏为邻，魏境有堤，而且魏堤"以邻为壑",孟轲已有批评,所以赵境不能无堤;齐赵之间,隔河相望,春秋时齐国已有堤防,进入战国之后,堤防规模理应更大。据西汉贾让说:"齐与赵、魏,以河为境。赵、魏濒山,齐地卑下,作堤去河二十五里。河水东抵齐堤,则西泛赵、魏,赵、魏亦为堤去河二十五里"[26],这是贾让对战国齐、赵、魏三国黄河堤防构成的总体描述。当然,这段话还有值得进一步研究推敲的地方。齐国与赵国"以河为境",有史可证;说魏与齐也以河为境,证据恐怕就难以查寻了(见图1-1)。

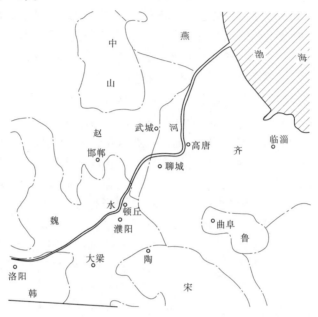

图1-1　黄河下游齐、赵、魏区界示意图(选自《中国水利史稿》)

　　燕国地处黄河的最下游,南边与赵为邻,东南与齐以河为界。黄河至此受海水水体顶托,河口坡度缓,流速小,大量泥沙沉积,河口三角洲发育,入海河道摆动频繁。尽管战国早期燕人已在易水沿岸修筑了相当规模的堤防,但却不大可能沿黄河三角洲的活动边缘修筑河堤。再者,此时燕人的活动足迹距河尚远,据《史记·赵世家》记载:赵惠文王五年(公元前294年)"与(给予的意思)燕鄚、易"。鄚县,在今河北省任丘县北;易,在今河北省雄县西北。在此之前,鄚与易皆为赵国所有,燕人的活动是不可能越过今任丘县以东以西一线的。

二、历代封建王朝筑堤

　　"六王毕,四海一",秦并六国之后,建立起第一个统一的封建帝国,从此以后历汉、唐、宋、元达于明、清,2 100余年之间,除短期政权分立外,多数时间国家是统一的。黄河安危历来都是大事,历代王朝对筑堤治河也都颇为重视。

(一)秦

　　秦王朝统治时间甚短,前后只有10余年,有无筑堤之事不好断言。近世作者多以为"决通川防,夷去险阻"之中,即包含有改造不合理堤防之意。此语见于《史记·秦始皇本纪》,原本是秦始皇游碣石(今河北昌黎县北)时的石刻颂辞中的两句,其上还有"皇帝奋威,德并诸侯。初一泰平,堕坏城郭"等语。连贯起来看,"决通川防"云云,似与筑堤防洪无大关系,恐怕是出于军事上的某种意图。秦政权刚刚确立,自恐诸侯国残余势力生变,彻底拆毁其遗留下来的军事城堡和边防要塞,是一种非常必要的防范措施。当然,利用水势进行颠覆活动也不能不防,因为秦灭魏就是引河水灌魏国都城大梁(今河南开封)达到目的的,自然深知此项预防的重要。

秦统一六国之后,确曾大兴土木,修建过不少工程,如筑长城,修驰道,凿灵渠等。这里要特别提出的是修驰道。据《汉书·贾山传》记载:"为驰道于天下,东穷燕齐,南极吴楚,江湖之上,滨海之观毕至。道广五十步,三丈而树,厚筑其外,隐以金椎,树以青松。"其中"东穷燕齐"一语,就大的方向而言,与当时黄河的走向是完全一致的。秦始皇二十七年(公元前220年)始修驰道,二十八年即开始东行出游;二十九年再次东游,且至阳武(今河南原阳县东南)博浪沙遇险,三十二年又一次东巡出游达于碣石。从汉初贾山提供的情况看,驰道"广五十步",且"厚筑其外,隐以金椎",道路的规格极高,而且施工要求也很严格,仅仅一年时间就能"东穷燕齐,南达吴楚",其进展速度之快是惊人的,其施工强度之大也是可以想象的。所以在驰道修建的过程中,极有可能利用了部分旧有的工程作基础,也包括黄河堤防在内。如果这一推测不错,那就应该认为这是一次规模不小的堤防加固工程。与此相关的史籍中还有一些传说,如《太平寰宇记》清丰县下记载:"金堤,上源在县西南四十五里,故老传云,金堤头上有秦女楼,下入顿丘县界。"又如明万恭《治水筌蹄》记有:始皇堤"厚可三十丈,崇可五六丈,始皇筑以象天之二河"。又说,"东人言,起咸阳,迄登莱,一以障河之南徙,·以为驰道"。类似的说法,在今山东、河南部分地区仍然能够听到,所有这些似乎不能说都是巧合。

(二)汉

两汉期间,河堤的发展、变化,前后各具特点,以下分开叙述。

1.西汉

西汉早期主要是休养生息,除汉文帝前元十二年(公元前168年)一次堵塞黄河决口以外,不闻还有其他治河活动,堤防面貌与秦时相比没有显著的变化。经过数十年的恢复和发展,至汉武帝时社会发展达到鼎盛,"人给家足,都鄙廪庾皆满,而府库余货财。京师之钱累巨万,贯朽而不可校;太仓之粟陈陈相因,充溢露积于外,至腐败不可食。"[27]经济繁荣,人口大幅度增加。据研究,黄河下游地区此时每平方公里的人口已超过百人。东汉初年浚仪令乐俊也说:"昔元光之间,人庶炽盛,缘堤开垦。"[28]反映出人口增加,农垦面积不断扩大,最终出现侵占河道、与河水争地的局面。农业开垦、与河争地,遂导致河道堤防的格局迅速发生变化。此时期堤防格局变化的突出特点是魏郡和东郡河段内,多重堤防层层向河水逼近,使河床严重缩窄。汉成帝绥和二年(公元前7年)待诏贾让对此已有详细描述,他说:河水"时至而去,则填淤肥美,民耕田之。或久无害,稍筑室宅,遂成聚落。大水时至漂没,则更起堤防以自救,稍去其城郭,排水泽而居之……今堤防陿者去水数百步,远者数里。近黎阳南故大金堤,从河西西北行,至西山南头,乃折东与东山相属。民居金堤东,为庐舍,住十余岁更起堤,从东山南头直与故大堤会。又内黄界中有泽,方数十里,环之有堤。往十余岁太守以赋民,民今起庐舍其中,此臣亲所见者也。东郡白马,故大堤亦复数重,民皆居其间。从黎阳北尽魏界,故大堤去河远者数十里,内亦数重,此皆前世所排也。"[29] 所谓"故大堤去河远者数十里"当指秦人留下的战国时代旧堤的布局,至西汉中期已变成"堤防陋者去水数百步,远者数里",可见河床缩窄之甚。

西汉时已有"石堤",可谓堤防工程的一大进步。据《汉书·沟洫志》记载:"河从河内北至黎阳为石堤,激使东抵东郡平刚;又为石堤,使西北抵黎阳观下;又为石堤,使东北抵东郡津北;又为石堤,使西北抵魏郡昭阳;又为石堤,激使东北。"至于"石堤"的结构如何,一时还难以说清。

2.东汉

西汉末年,黄河曾有一次大的改道,改道时间是王莽始建国三年(公元 11 年),改道地段大约在今河南清丰、南乐之间,下流经平原,济南至千乘入海。东汉之初,数十年不治,要么担心"方兴役力,劳怨既多,民不堪命"[30],要么是"议者不同,南北异论","久而不决"[31]。直至明帝永平十二年(公元 69 年)才组织力量治理新河,创立新河堤防。新河堤工程由王景主持修筑,"发卒数十万","筑堤自荥阳东至千乘海口千余里。"[32] 此次筑堤工程,用了整整一年的时间,花费了数百亿的资金,堪称是一次大规模的堤防建设,差不多可以说是毕其工于一役,因为从此之后,东汉王朝再也没有出现过可以称道的筑堤工程,有的只是为数不多的小型维护工程。

王景筑堤,有一部分是在旧有堤防基础上稍加培修完成的,主要是今濮阳县以上河段,唐人已经指出,见《元和郡县图志》。从《水经》和《水经注》记载的情况看,王景所筑之堤还有不少空缺,除支流沁水、淇水等入河口之外,河流分支出水口空缺亦复不少。汴渠因有水门控制,可以不论,其他多数是终年敞开的,遇有洪水即向外分泄。如东武阳(今山东莘县东南)境的漯水分水口,"河盛则通津委海,水耗则微涓绝流"。又如东阿县(今山东阳谷县东北)境内有柯泽,河道自泽中穿过,且有邓里渠分出又汇入,全然无所控制。再向下有四渎口,约在今山东东阿县杨刘镇东北,河水分出为济水。还有被称为"川泽"者,在今山东茌平县东、高唐县东南,南北数十里,与大河连为一体,河、泽水迹难分,西有漯水汇入,又北溢出为商河,东出为漯水。又有甘枣沟口,在今山东平原县东大河右岸,"大河右溢,世谓之甘枣沟……河盛则委泛,水耗则辍流。"

(三)魏晋至隋唐五代

魏晋至隋唐期间,河堤消息不多。《资治通鉴》卷 157 载有"治河役夫多溺死"一语,时间在梁武帝大同三年(公元 537 年),是否与筑堤有关尚且不知。唐开元时有过两次筑堤活动:一次是开元十年(公元 722 年)"博州黄河堤坏"[33],令博州刺史李畲、冀州刺史裴子余、赵州刺史柳儒"乘传旁午分理。"[34] 即分别乘驿站马车交错往返督理,可见规模不小;另一次是开元十四年(公元 726 年),已知河段在济州(今山东东阿、茌平上下),刺史裴耀卿"躬护作役"[35]。此外,诗人杜甫有寄临邑舍弟诗,其中有"闻道洪河坼,遥连沧海高。职思忧悄悄,郡国诉嗷嗷。舍弟卑栖邑,防川领簿曹。尺书前日至,版筑不时操"之句。唐临邑在今山东济阳西南,在当时黄河右岸,诗句反映境内也常有筑堤之事。

五代前后数十年,筑堤消息稍多,但可记者寥寥。后唐长兴初(公元 931 年)滑州节度使张敬询"自酸枣县至濮州,广堤防一丈五尺,东西二百里。"[36] 这是规模比较大的一次。后晋天福七年(公元 942 年),宋州节度使安彦威"督诸道军民自豕韦(今河南滑县境)之北筑堰数十里。"[37] 这是一次堵口后筑堤。第三次是后周显德元年(公元 954 年),

"李穀监治堤。"[38]余皆不出今原阳至滑县之间,规模甚小,不足称道。李穀治堤,本为治杨刘(今山东东阿县东北)决河,他并没有直接去堵决口,而是自上游向下筑堤约拦水势,防止漫延。

五代时已有"遥堤"之称(见《资治通鉴》卷273),后唐同光三年(公元925年)"诏平卢节度使符习,治酸枣遥堤以御决河。"可谓"遥堤"见于史籍之始。

(四)两宋

宋时,黄河有数次改道,新河一经出现,便会有新的堤防建立。

北宋前数十年,黄河依旧经卫、滑、澶、郓、博、德、沧、棣等州由滨州入海。此期间的筑堤活动,主要是保护汉唐遗留下来的旧堤。见于史书记载者有:宋太祖乾德元年(公元963年)正月"发近甸丁夫数万修筑河堤。"[39]次年又"诏民治遥堤"[40]。太宗太平兴国二年(公元977年)"遣左卫大将军李崇矩,骑置自陕西至沧、棣,案行水势,视堤岸之缺,亟缮治之。"[41]次年,又命17人分头主持"治黄河堤,以备水患。"[42]真宗大中祥符七年(公元1014年)"诏罢葺遥堤,以养民力。"[43]从此以后,旧河之上除堵塞决口外,不再有可供称道的修堤工程,堤防修筑则主要是为了防护新河。

1.横陇河新堤

宋仁宗景祐元年(公元1034年)河决澶州横陇埽(今河南濮阳县东,清丰六塔集南),"自是河东北行,不复由故道。"[44]横陇新河出现之后,首先是大名府境内修筑了新堤,此后天雄军(治魏州,今河北大名东)所辖魏、博、德、沧等沿河各州也相继都修起了堤防。新堤的布局,似无定则,大约因势利导而设,堤距宽窄悬殊甚大。"自横陇以及澶、魏、德、博、沧州,两堤之间,或广数十里,狭者亦十余里,皆可以约水势,而博州(今山东聊城)延辑两堤,相距才二里。"[45]

2.商胡北流和二股河东流新堤

庆历八年(公元1048年),河决澶州商胡埽(今濮阳县东北30余里),"经北都(北京,今河北大名东北)之东,至于武城(今山东武城西),遂贯御河,历冀、瀛二州之域,抵乾宁军南达于海。"史称北流。嘉祐元年(公元1056年),李仲昌等主持塞治商胡决口,导水入六塔河,结果失败,六塔河"隘不能容,是夕复决,溺兵夫,漂刍蒿不可胜计。"[46]自此以后,商胡北流"专治西堤,以卫北京及契丹国信路,不复治东堤。"[47]朝廷重治西堤,东岸则疏于防范,遂于嘉祐五年商胡北流又在魏州境内的第六埽向东分出一支,称二股河,"其广二百尺","自魏、恩东至于德、沧,入于海"[48]。二股河,时亦称"东流",自此东流与北流并存。二河的堤防,北流着力较多,工程相对较为完备,东流显得不甚得力。据《宋史·河渠志》记载:神宗熙宁元年(公元1068年),北流的堤防"自澶州下至乾宁军(今河北省青县)创生堤千有余里。而东流此时的情况是:或言"南北堤防未立",或言"东流浅狭,堤防未全"。神宗熙宁三年(公元1070年)四月,仍特支修大河东流堤埽役兵缗钱,说明此时东流堤工还在继续。

3.小吴北流之堤

神宗元丰四年(公元1081年),河决澶州小吴埽(今河南濮阳县西),北流合御河,"至乾宁军分入东西两塘,次入界河,于劈地口(今天津附近)入海。"或说"至青州独流砦三义口入海。"二说均见《宋史·河渠志》。独流砦,在今天津静海县北,据《静海县志》记载:"独流镇,在县西北十八里,即独流北砦。"此次小吴埽决口发生在四月,六月戊午(初三日)即下诏说"东流已填淤,不可复,将来更不修闭小吴决口,俟见大河归纳,应合修立堤防,令李立之经画以闻。"[49]李立之建议:"北京南乐、馆陶、宗城、魏县、浅口、永济、延安镇,瀛州景城镇,在大河两堤之间,乞相度迁于堤外。"[50]于是将规划范围以内的上述各城镇迁出,"分立东西两堤五十九埽"[51],并根据河势远近和新堤靠河情况分别定为三等。"定三等向著:河势正著堤身为第一,河势顺流堤下为第二,河离堤一里内为第三。退背亦三等:堤去河最远为第一,次远者为第二,次近一里以上为第三。"[52]

4. 建炎新河的堤防

南宋高宗建炎二年(公元1128年),杜充掘李固渡东堤(今河南滑县西南沙店集南三里),黄河改道入泗,由泗入淮。今沙店以南至罗滩长十千米左右有一古河道洼地,自沙店南侧转而东南,两岸且有残堤,或即杜充掘河后的遗迹。杜充掘河原本为阻止金兵南下,但不久黄河下游两岸即被金兵所控制。金人入主中原的最初数十年,因忙于争战,黄河或决或塞,少有过问。到了宋绍兴十三年(金皇统三年,公元1143年),于怀州置黄沁河堤都大管勾司,始有专设的治河机构。金人较大规模的筑堤活动共有四次,都出现在金世宗大定年间。第一次是大定十二年(公元1172年),"自河阴广武山循河而东,至原武、阳武、东明等县,孟、卫等州增筑堤岸,日役夫万一千。"[53]第二次是大定十八年(公元1178年),"修筑河堤,日役夫一万一千五百,以六十日毕工。""发六百里内军夫,并取职官人力之半,余听发民夫。以尚书工部郎中张大节、同知南京(今河南开封)留守事高苏董役。"[54]第三次在大定二十年(公元1180年),"乃自卫州埽下接归德府,南北两岸增筑堤以捍湍怒,计工一百七十九万六千余,日役夫二万四千余,期以七十日毕工。"[55]第四次是大定二十九年(公元1189年),"营筑河堤,用工六百八万余,就用埽兵军夫外,有四百三十余万当用民夫。遂诏命去役所五百里州、府差顾,于不差夫之地均征顾钱,验物力科之"[56]。金明昌以后还有一些,如济北埽以北创筑月堤,以及孟阳堤岸的补修等小范围的修筑,其规模大都较小。

两宋期间,黄河堤防的种类显著增多,计有正堤、副堤、遥堤、缕堤、月堤等。

正堤,即黄河两岸临河的主要干堤,有时也称大堤。如《宋史·河渠志》:乾德四年(公元966)年八月,"河决滑州,坏灵河县大堤。"又,崇宁四年(公元1105年)二月,工部"乞修苏村等处运粮河堤为正堤。"

副堤,黄河的一种辅助性堤防。如崇宁五年(公元1106年)八月,"葺阳武副堤。"

遥堤,是黄河最外的一道堤防,即拦挡大洪水的堤防。如宋乾德二年(公元964年)"但诏民治遥堤,以御冲注之患。"太平兴国八年(公元983年)五月,"乃命使者按视遥堤旧址",大中祥符七年(公元1014年),"诏罢葺遥堤,以养民力。"

缕堤,也称缕河堤,起束水归槽的作用。如宋熙宁七年(公元1074年),"宜候霜降水落,闭清水镇河,筑缕河堤一道以遏涨水,使大河复循故道。"以上俱见《宋史·河渠志》。

月堤,筑于堤防险要处所,两端弯曲与大堤相接,状如新月,有进一步加强堤防之作用。如宋天禧四年(公元1020年),"乃于天台口旁筑月堤。"见《宋史·河渠志》。又金明昌四年(公元1193年)十一月,"尚书省奏……济北埽以北宜创立月堤。"见《金史·河渠志》。

（五）元

《元史·河渠志》一开始便说："元有天下,内立都水监,外设各处河渠司,以兴举水利、修理河堤为务。"但据研究,宋元之际大约80年黄河不曾获得过治理[57]。南宋端平初（公元1234年）,元军曾掘黄河寸金堤灌宋军,导致河水经开封向南入涡,由涡入淮。由于治理荒疏,黄河河道极不稳定,决溢灾害频繁。元世祖至元二十三年（公元1286年）,"决开封、祥符、陈留、杞、太康、通许、鄢陵、扶沟、洧川、尉氏、阳武、延津、原武、睢州十五处,调民二十余万分筑堤防。"[58]元世祖至元二十五年（公元1288年）,又决汴梁路阳武、襄邑（今河南杞县）、太康、通许、考城、陈留等县及陈、颍二州共22处,在杞县一分三支,分道经颍河、涡河、睢水入淮,也曾"委宣慰司督本路差夫修治。"[59]元代黄河堤工,多是因河决起修的,是被动的,多为"头痛医头、脚痛医脚"的修治。元成宗大德元年（公元1297年）,河决杞县蒲口（今河南杞县北40里）,次年便"自蒲口首事,凡筑九十六所。"[60]大德九年（公元1305年）,"黄河决徙,逼近汴梁,几至浸没"[61],次年正月,即"发河南民十万筑河防"[62]。仁宗皇庆二年（公元1313年）,河决陈留小黄（今河南开封东）数年不塞。其间筑堤20里,北起槐疙疸（开封东北30里）西旧堤,南至窑务（未详）汴堤,又筑护城堤7000余丈。延祐七年（公元1320年）,决荥泽、开封、原武等处,又修筑堤岸46处,用工125万。元代最大规模的筑堤是在堵塞白茅决口之后。元惠宗至正四年（公元1344年）夏五月,河北决白茅堤,六月又溃金堤,"水势北侵安山（今山东梁山县东北）,沿入会通运河,延袤济南、河间。"[63]七年之后,贾鲁以工部尚书为总河防使组织塞治。全部工程分疏浚河道、堵塞决口和修筑堤防三项,其中筑堤一项有"修筑北岸堤防,高广不等,通长二百五十四里七十一步。白茅河口至板城,补筑旧堤,长二十五里二百八十五步。曹州板城至英贤村（今河南虞城县东北15里）等处,高广不等,长一百三十三里二百步。稍冈（今虞城县东20里）至砀山县,增筑旧堤,长八十五里二十步。归德府哈只口至徐州路三百余里,修完缺口一百七处,高广不等,积修计三里二百五十六步。亦思刺店缕水月堤,高广不等,长六里三十步。"[64]除此以外,堵口时根据工程需要还筑有若干截河堤、刺水堤等辅助性堤防。

（六）明

明初,弃河不治,黄河堤防无大建树。明太祖反对塞决,以为只护旧堤即可,"堵口是徒劳民力。"永乐至弘治期间,黄河以不碍漕运通畅为紧要,基本方针是以分流杀势为主,辅以疏浚和筑堤。为防止黄河北决冲毁运道,以"北堵南分"为主旨,堤防修筑重在北岸,南岸则偏重于疏导。此期间大规模的筑堤有两次:一次在明孝宗弘治三年（公元1490年）,另一次是弘治六年。弘治二年（公元1489年）,开封上下南北两岸河决多处,"入南岸者十之三,入北岸者十之七"[65]。次年春,户部侍郎白昂发夫25万进行修治。北岸修筑原武等七县长堤,南岸则只疏浚中牟决河、宿州古汴河和归德至宿迁的睢河。弘治五年（公元1492年）七月,"河复决数道,入运河,坏张秋东堤,夺汶水入海,漕流绝"[66]。弘治六年（公元1493年）二月,刘大夏奉命塞治,方策仍然是南疏浚、北扼塞。首先是疏浚南流各河,然后堵塞决口;为永绝黄河北决之路,堵口之后又特意增筑两道北堤。一道称大名府长堤,"起胙城,历滑县、长垣、东明、曹州、曹县抵虞城,凡三百六十里。"[67]另一道称荆隆等口新堤,"起于家店（今河南封丘于店）,历铜瓦厢、东（陈）桥抵小宋集（今河南兰考县东北 50 余里),凡百六十里。"[68]正德嘉靖间,北堵南分的主旨不变,北岸堤防有新的加强,稍有不同的是,因河势变动,筑堤地段有所下移。正德四年(公元 1509 年),因南流河道淤塞,水势北趋,遂决曹县梁靖(今山东曹县东南梁堤头)等口,工部侍郎崔岩浚祥符董盆口、荥泽孙家渡等淤河,但堵口因遇雨未成,其后用侍郎李堂的建议,"起大名三春柳(今山东东明县三春集)至沛县飞云桥(今江苏沛县城南)筑堤三百余里,以障河北徙。"[69]正德末年,总河龚弘又筑北堤两道,一道"起长垣,由黄陵岗抵山东杨家口,延袤二百余里。"[70]另一道在前一道之后,距前堤 10 里,"延袤高广如之。"[71]嘉靖五年(公元 1526 年),上游河溢,"东北至沛县庙道口,截运河,注鸡鸣台,入昭阳湖"[72]。多建议修武城至沛县以防北溃,"八年六月,单、丰、沛三县长堤成。"[73]嘉靖十三年(公元 1534 年)刘天和主持治河,以为"黄河之当防者惟北岸为重",主张"当择其去河远者大堤、中堤各一道,修补完筑,使北岸七八百里间联属高厚"[74],形成牢固的双重防线。该项工程可能未能完成,所以《问水集》一书只言"筑长堤,缕水堤一万二千四百丈",大约只有当时的 70 里。明自隆庆以后,由于治河方略的改变,堤防修筑随之发生了显著的变化。万恭、潘季驯相继推行束水攻沙方略,认为黄河水只应当合,不应当分,"水分则势缓,势缓则沙停,沙停则河塞。"[75]堤防建设已不再只重北岸,而是南北两岸并重。隆庆六年(公元 1572年)万恭"筑长堤自徐州至宿迁小河口三百七十里,并缮丰、沛大黄堤"[76],与此同时,管堤副使章时鸾主持修筑了河南省境内黄河南岸的缕堤,"自兰阳赵皮寨至虞城凌家庄,长二百二十九里有奇。"[77]潘季驯的堤工主要是在他三任和四任总河期间完成的。三任总河时于万历六年(公元 1578 年)"筑高家堰堤六十余里,归仁集堤四十余里,柳浦湾堤东西七十余里,塞崔镇等决口百三十,筑徐、睢、邳、宿、桃、清两岸遥堤五万六千余丈(约三百余里),砀、丰大坝各一道,徐、沛、丰、砀缕堤百四十余里。"[78]四任总河时于万历十六年(公元 1588 年),将工程分为急工和缓工两类,范围涉及荥泽、原武、阳武、中牟、封丘、祥符、兰阳、仪封、考城、商丘等县的沿河两岸,皆责成属下,次第修筑。在同一时间里,还修筑了西起封丘新丰集东至曹县白茅集的大名长堤以及徐州至清河等县的各类堤防。郑肇经《中国水利史》所记之"大筑三省黄河两岸遥、缕、月各堤工,自武陟、荥泽至单县、虞城,又自丰至桃、清;修丰、沛太行堤,修邵家大坝,修塔山缕堤,又自塔山向西北延筑,截断茶城运口故道与旧堤相接,共长三十四万七千八百丈有奇"者,即是就此而言。

明代黄河堤防,白昂、刘大夏、刘天和建设时期,先在河南原武至山东曹、单之间经营修建,接下来是万恭、潘季驯完筑了徐州至淮安的两岸堤工,而且大部分河段还是缕、遥双重,同时,徐州以上河南境内的南岸堤防也逐一修建完竣。大致在万历十六年至二十年之间,即公元 1588～1592 年之间,黄河下游荥泽至淮安以东的两岸堤防基本修建完备。

(七)清

清初杨方兴、朱之锡,特别是康熙年间的靳辅,承袭筑堤束水、以水攻沙的主张,注重堤防建设。靳辅之后,齐苏勒、嵇曾筠、高斌父子和白钟山等,相沿不改。筑堤之事,清代见于记载者颇为不少,起自康熙八年(公元 1669 年),至道光初的 150 余年间有筑堤工程者不下 20 余年,平均六七年就要有一年筑堤(塞决不计)。规模较大的堤工如:康熙八年(公元 1669 年),"冬,创筑黄河缕堤,北岸自宿迁西门起,至桃源界大古城止;南岸桃源西门烟墩起,至清河界吴城止。"[79]康熙十六年(公元 1677 年),"坚筑两岸缕堤,南自白洋河至云梯关二百三十里,北岸自清河县至云梯关二百里。"[80]又,"关外筑束水堤一万八千丈,属之大海"[81]。康熙十八年(公元1679年),"南岸自徐城至河南虞城界,北岸自徐城至山东单县计四州县境,创筑大格堤四千丈,缕堤三万余丈……又于砀山近河高滩之上筑缕堤一万八千余丈……筑黄河南岸桃源县烟墩及人沟缕堤,宿迁县界白洋河钞关口缕堤,清河县四铺沟界堤,睢宁县峰山至武官营缕堤共三万七千余丈……又筑高家堰大堤,接筑周桥以南至翟坝堤工二十五里……筑大谷山至苏家山堤工……大修归仁格堤。"[82]康熙二十六年(公元1687年),"大筑遥堤,上起宿迁县张庄运口,下迄安东县平旺河而止,约长二百七十里。"[83]康熙三十六年(公元1697年),"修筑两岸缕堤,自海口上迄于邳、睢、宿交界,三载毕工。"[84]雍正三年(公元1725年),"大修豫省南北大堤。"[85]雍正八年(公元1730年),"大修黄河堤工,上起虞城,下迄海口,以工代赈。"[86]乾隆二十三年(公元1758年),"补筑徐州黄河北岸大堤,自黄村坝至大谷山七十里,屏障微山湖,自是黄河两岸通体均有大堤矣。"[87]乾隆四十七年(公元1782年),仪封青龙岗决口难塞,阿桂于原南堤之外筑新堤,"自兰阳三堡起,至商丘县七堡止,长一百四十九里,挑引河导入商丘故道。"[88]乾隆四十九年(公元1784年),"修太行堤,起河南武陟,经直隶、山东,至江南沛县,长八百余里。"[89]还有嘉庆十五年(公元1810年)"筑海口新堤,北岸自马港口尾至叶家社,长一万五千七百六十四丈;南岸自灶工尾至宋家尖,长六千八百五十九丈。"[90]次年,"接筑海口北堤至龙王庙,计长六千丈;接筑南堤至大淤尖,计长四千八百三十九丈。"[91]嘉庆二十五年(公元1820年),"豫、江两省黄河堤工通体加高,以工代赈。"[92]道光二年(公元1822年),"加培江省邳、睢以上黄河两岸堤工。"[93]次年,"又加培邳、睢以下黄河两岸堤工,令高出盛涨水痕四五尺。"[94]

明、清堤工,有创筑、培修,还有补缺。堤防工程的种类,明清两代除修建遥堤、缕堤、月堤外,还出现了格堤。此外,更有逼堤、曲堤、直堤、截水堤等名目。在综合运用各类堤防的功用方面,明清两代较以前更进一步,各类堤防相互配合、互为补充,使之更加有效地发挥作用。"遥堤约拦水势,取其易守也。而遥堤之内复筑格堤,盖虑决水顺遥而下,亦可成河,故欲其遇格即止也。缕堤拘束河流,取其冲刷也。而缕堤之内复筑月堤,盖恐缕逼河流,难免冲决,故欲其遇月即止也。"[95]但由于缕堤易被冲毁且影响淤高滩地,潘季驯在第三、四次总理河道时又提出了弃"缕"守"遥"的主张。此时对各类堤防的适用条件和局限性也有一定的认识,如说"遥者,利于守堤而不利于深河;逼者,利了深河而不利于守堤;曲者,多费而束河则便;直者,省费而束河则不便。故太遥,则水漫流而河身必垫;太直,则水溢洲而河身必淤。"[96]又说,"截水者,遏黄河之性而乱流阻之者也,治水者忌之。"[97]

第三节　古代筑堤的经验与技术

黄河堤防,自西周至清末,经历了近3 000年的发展过程。长时期的工程实践,积累了丰富的经验,形成了一套完整的、完全属于自己的建筑技术,其中堤防修筑技术是一个重要的方面。

一、古代堤防的平面布设

从现有的史料分析,古人布堤,限于认识水平,在很长的时间里都是凭经验、看水势。古人对黄河洪水的认识,最先关注的是水位的高低,从新石器时代居住地的选择到后来诸多洪水痕迹的刻记,都非常清楚地表明了这一点。相对而言,洪水流量概念的树立则晚了许多,晚清时才有所谓"先量闸口阔狭,计一秒流几何,积至一昼夜所流多寡,可以数计矣"的说法。古人长时间不明大河流量若干,文献所见尽为"汤汤洪水方割,荡荡怀山襄陵,浩浩滔天"[98],或"秋水时至,百川灌河,泾流之大,两涘渚崖之间,不辨牛马"[99]之类。因此,为确保防洪安全,历史的早期和中期,大多主张多给洪水留出出路和可供容纳的地方,所谓"古者立国居民,疆理土地,必遗川泽之分,度水势所不及"[100],集中地概括了这一指导思想。所以,"宽河"几乎成为古代黄河筑堤奉行的圭臬,两岸堤防的平面布设,堤距都非常之大。战国时赵、魏、齐三国筑堤各距河 25 里,两岸大堤相距已达 50 里。西汉贾让治河策中规划冀州新河时是"西薄大山,东薄金堤"[101],其间的宽度恐已不下百里。北宋元丰四年(公元 1081 年),小吴决口北流,新河的规划堤线将当时的南乐、馆陶、宗城、魏县、浅口、永济、延安镇等城镇都包括在内,两岸的堤距少说也在 60 里开外。有时新堤的设立,并不经过什么规划,是随水势变化临时确定的,即"因水所在,增治堤防。"[102]例如上节所述北宋横陇新河堤即是如此,表现出堤距宽度变化很大,远者数十里、十数里,近时只有数里;还有李立之所筑二股河新堤,"去河远者至八九十里"[103],原本就是防止泛水继续向外漫延而修筑的。

随着生产力的不断发展,社会的不断进步,人口增加和人的占有面积不断扩大,宽堤距的弊病日渐突出,社会现实对黄河堤防的布局提出了新的要求。北宋时已有缕堤出现,与缕堤相对应的还有遥堤。缕堤的出现,弥补了遥堤的缺陷,缕堤近河,可以约束水流,"使大河复循故道"[104]。

二、古代堤防横断面的变化

古文献中论及黄河堤防横断面尺度的文字最早可追朔到春秋战国时代。如《管子》度地篇所说:"令甲士作堤大水之旁,大其下,小其上,随水而行"。所谓"甲士",即戴甲之士,也就是军旅中的士兵。"大其下,小其上",是说堤的底部横向尺度要宽,而顶部的横向尺度要窄。再如《周礼·考工记》匠人条下载:"凡为防,广与崇方,其杀(同杀)叁分去一;大防外杀"。汉人郑玄解释说:"崇,高也。方,犹等也"。杀者,薄其上也。唐人贾公彦进一步解释道:"凡为堤防,言广与高等者,假令堤高丈二尺,下基亦广丈二尺云。杀三分去一者,三四十二,上宜广八尺者也"。这种解释视"广"为宽度,"三分去一"为两边坡内收的总和,一侧内收二尺,坡度为 6∶1。近来多以为,坡度陡峻,难以稳定,且不便施工,遂又有新的解释,但彼此说法也不一样。其实是毋须另作解释的。《周礼·考工记》所言之"防",原本是采用版筑方法所筑之防,原文交待得是很清楚的。版筑这种施工方法,是可以把堤防筑得很陡峻的,何况又只限于"小防",大防还是要再放缓坡度的,即所谓"大防外杀"。

《九章算术》是我国现存的一部古老算经,它系统地总结了先秦至东汉初期的数学成就。在这部书中保留了一道堤防求积的算例,其文为:"今有堤下广二丈,上广八尺,高四尺,袤十二丈七尺,问积几何?"这虽然只是一个算例,但它各部尺寸齐全,比例协调,实际上就是一个堤防工程设计实例,堤高4尺,顶宽8尺,底宽2丈,两侧边坡坡度为1:1.5,堤身长12丈7尺。在这里完整地保留了一份秦汉乃至更久远一些的黄河堤防的设计资料,这在今天看来,尤其是在现存古堤大都残破的今天看来,无疑是非常宝贵的。黄河堤防早期横断面的构成,或可借此略窥大概。

明代中期以后,黄河堤防横断面形态已有明显变化,堤防的边坡有逐渐放缓的趋势。潘季驯曾提出过所谓"走马堤",即以堤坡可以走马为度,见《河防一览·修防事宜疏》:筑堤"切忌陡峻,如根六丈,顶上须二丈,俾马可上下,故谓之走马堤",意即堤高1丈,底宽6丈时,顶宽2丈,则此时堤两侧之边坡坡度为1:2。清初陈潢在论及黄河堤防时说道:"盖堤防之制,其基必倍广于顶,则水不能倾。"[105]靳辅也曾为临黄大堤边坡的收分作出过明确的规定,称之为卧羊坡,"亦名走马坡,是外坦里陡,四二收分,便于下埽也"[106]。遥堤和格堤,则另有定式:"遥、格则用马鞍式,内外平收可也。"[107]所谓"外坦里陡,四二收分",是说背河一侧堤坡平坦,收分取四,即坡度为1:4;临河一侧堤坡陡峻,收分取二,即坡度为1:2。至于所说"遥、格则用马鞍式"者,是说遥堤与格堤堤坡均如马鞍一样,两侧边坡坡度一样,也就是所谓"内外平收"。

清代是黄河堤防工程设计技术集大成的时代。堤身横断面的设计,在已有经验的基础上,从学理上分析提高,寻求规律,建立起一套简便实用的计算方法。如丁恺曾在《治河要语·堤工篇》中说:"夫基无定,而颠有凭,道在先定其颠,而下递增之。递增之法,以六为率。盖堤高丈者,其颠宜丈之三,以六加之,至基而得九,此所谓六收法也。由此以推,凡地下尺者,堤高必加尺以取平,而基必加六尺可知也。如是则相势递加,虽数十百里,地势不齐,而堤之高低如一可知也。堤如一,则波涛汹涌而一束于堤,无此盈彼缩可知也。岂有旁溢哉。"这段文字的意思是说,设计堤防时,堤顶的尺度是可以事先选定的,而铺底的尺度在顶宽拟定的情况下还须视边坡的大小和地势的高低而定。这便是所谓"基无定而颠有凭。"如果两侧边坡取四二收分,则其变化便以六为率,地低一尺,堤高必增一尺,堤的铺底宽须相应加宽六尺;反之,若地面升高一尺,堤的铺底宽度则相应减少六尺。至于增减尺数作何分配,其原则是"外坦内险",即六尺之数,临河得二,背河得四。文中之"丈之三",犹言三丈;"至基而得九"者,是说堤基的铺底可达到九丈。关于"外坦内险"的原则,丁恺曾说:"外不坦则登者艰,内不险则下埽也碍而无力。如阶如坡,既城且平,四二收分,人许许(徐徐)而升,埽阁阁而落,斯缕之善也。"缕,即指临黄堤而言。

清代临黄堤的堤顶宽度,险工堤段与平工堤段已有区别,堤顶超出洪水位的高度也有了明确的数据。据《清史稿·河渠志》记载:道光三年(公元1823年),"江督孙玉庭、河督黎世序,加培南河两岸大堤,令高出盛涨水痕四五尺;除有工及险要处,堤顶另估加宽,余悉以丈五尺及二丈为度"。以清一营造尺0.32 m计,合今制堤顶宽4.8 m和6.4 m,超出已知洪水位1.28~1.60 m。

三、筑堤施工技术

古代黄河堤防工程施工,历代都十分重视质量。先秦时已有"千丈之堤以蝼蚁之穴溃"之说。堤防施工技术至迟明清时已相当完备。

(一) 堤基处理

堤基处理是堤防修筑工程的重要环节。处理方法,明以前尚不清楚,清人的著作中记述已颇为详细。丁恺曾《治河要语·堤工篇》就说:"凡平地数经人迹,外结皮,联以新土,若粉傅然。草之芊眠,其根如织,遽覆新壤,必抗不入,待腐而隙生焉。上下割判,此大患也。故碎旧土者,欲其龃龉成齿,与生者交也;土勿块者,恐其玲珑而不附也;铲草木者,防内间也"。这里清楚地讲了处理堤基的三个步骤:一是清除杂草;二是夯实地基的土壤;三是堆筑新土还要避免大的土块。李世禄《修防琐志》卷五也有类似的记载,其文为:"创筑堤工,每有蛰陷之病,皆由堤底虚松。应于筑堤之始,先将本地土上树木、草根尽行刨除,行碎二三遍,是平地之病根已除。堤根无虚松之弊,他日可免蛰陷,亦无堤底渗漏之患,然后方铺底土。"清末蒋楷《河上语》语堤一节记有所谓"底坚"者,其中有言:"老土只用重碎夯打,如系新淤,必须刨开一二尺,夯打数遍,再上新土"。将堤基新、老土壤区别开来,以不同的方法进行处理,尤其是对于新淤,强调要刨开一二尺,似乎已注意到了未来新堤抗滑和防渗等问题。

(二) 施工放样

施工放样,是控制筑堤工程设计标准的基础,古人也早有认识。明代潘季驯曾说过:"堤之高卑,因地势而低昂之。先用水平打量,毋一概以若干尺为准"。这是说筑堤当某一断面的堤顶设计标高已定之后,通过测量该断面地之高低,便可知堤的实际高度,进而根据拟定的堤顶宽度和边坡坡度,可以确定两边坡的坡脚位置。由于地形高低是变化的,所以不同断面的堤高是不一样的。潘季驯的这段话,实际上讲的就是如何放堤样,也是对堤工放样的基本概括。当然,清人丁恺曾对此讲的更加明白,他说:"故筑堤者,度势急也。度势之道,探以水平,高下攸别,而标以识之,墩之封之,斯起伏审。"意思是先测某地之高低,各段高低既知,然后逐一标出相应地段的填筑高度,并用土墩封出两侧堤脚所在的位置,这样一来堤身填筑的高低变化也就清晰可见了。

(三) 土料选择与取土场布置

1. 土料选择

古人筑堤对土料的要求也是颇为严格的。明代河臣刘天和将筑堤土料简要概括为:"凡创筑堤,必择坚实好土,毋用浮杂泥沙,干湿必得宜,燥则每层须用水洒润。"[108]潘季驯也说:如土料过湿,"须取起晒凉,候稍干,方可夯杵。"[109]清代筑堤,土料的选择和使用尤为讲究。李世禄在《修防琐志》中指出:"总以老土为佳。"若用两合土(由沙土、淤土组成),"筑成之堤最为坚牢。"若遇无水之地(水源缺少的地方),惟有一尺一坯,多加夯碎亦可。如能掘井取水喷洒,"水土合一,更加坚固,即经水浸,不致溃卸。"胶性土筑堤,"湿则碎力难施,干则不能合一。""筑堤最忌流沙。及夏冬二季,流沙遇风即飞扬,遇雨则坍淋","贵在泼水,趁润夯杵,庶能凝结为一。"若取土条件限制,只能用沙性土料筑堤时,堤成之后,须寻觅老土盖顶。老土盖顶,丁恺曾《治河要语·堤工篇》有言:"多沙之堤,风扬之,雨坍之,既剥既削,必卑必薄,虽臻人工,未为美善。故辇土无畏远,封盖无过薄,勿俭半尺,碗碖数四,此沙堤之固也"。要求盖顶厚度不能少于半尺,并且行碗四遍,沙堤才能坚固。

2.取土区规划

黄河筑堤,多于临河滩地取土,只有临河无法取土时才移取背河。《管子》一书已有"春冬取土于中,秋夏取土于外,浊水入之,不能为败"之说。这里的"中",是指临河一侧,"外"乃是背河一侧。冬春水小,滩土可供取用;夏秋水大,滩面上水,只能取土于背河。取土临河,浊水漫滩,落淤还土,又为下一年筑堤取土储备了土源。取土场不能距堤太近,近则易伤害堤身。明代提出筑堤取土,"必于数十步外,平取尺许,毋深取成坑,致妨耕种。无乃近堤成沟,致水浸没。"[110]清靳辅要求,"取土宜于十五丈之外,切忌傍堤挖取,以致积水成河,刷损堤根。"[111]土场取土,还要根据工程需要,划分土塘。土塘与土塘之间要留有马路,大约十夫之塘,路宽一丈,以便挑夫往来。如此,土塘分布如格,以便日后涨水时留淤。

(四)土方填筑

堤防土方填筑,关键在于夯实。夯实技术早在4 000年前已开始使用,战国时代魏国的白圭已能修筑质量很高的黄河堤防。"白圭之行堤也塞其穴","是以白圭无水难。"[112]关于白圭筑堤的方法,史无明文,不得而知。不过从黄河古堤局部揭露的情况看,确实是很密实的,层土层夯,且夯痕密布,清晰可见。河南原阳县福宁集东北砖瓦厂掘出的古堤夯筑层面,夯痕圆形,上口直径5～6 cm,深约3 cm,下凹如酒杯状,每层夯实厚度多在10 cm上下。延津县新丰堤村北平地以下0.5 m处,再次有古堤夯筑层发现,夯痕较福宁集砖瓦厂者稍大,相邻夯痕中心间距为8 cm,夯痕深为4～5 cm。上述两处古堤,究系何时所筑,因缺少年代鉴定,尚属不知。

古人筑堤,有采用版筑之法者,前文所引杜甫诗句"尺书前日至,版筑不时操"正是这种反映。夯实器具是杵,铁质或石质,圆锥体或四棱体,上有木柄(见图1-2)。明隆庆年间万恭曾以唐张仁愿筑三受降城的方法创筑邳、宿之间的黄河堤防。据万恭自己说,"不用翻工旧制,即布五万夫,联络于三百七十里之中,分为信地,编定字号,万杵齐鸣,分之则为各段,合之则成长堤。火爨篷居,不移而具;迟速勤惰,不令而严。"[113]万恭此次筑堤极有可能是借鉴了传统的版筑方法。明清两代筑堤,夯实器具

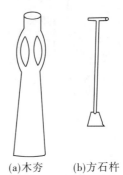

(a)木夯　　(b)方石杵

图1-2　杵与夯(选自《河工器具图说》)

中,杵的使用似有逐渐被碗取代的趋势,这可能与工作效率有关。杵的接触面积小,效率低,碗的接触面积相对较大,工作效率较杵要大一些。明代中期,碗已有使用,如刘天和说:"筑堤如何使其坚,全在行碗得法耳。"[114]但同时刘天和又说:筑堤"必用新制石夯,每土一层,用夯密筑一遍,次石杵,次铁尖杵,各筑一遍,复用夯筑平。"大约这时尚处在碗、杵并用的阶段,文中所说的"新制石夯",也许就是指碗而言。到了清代,筑堤的夯实工具主要是用碗,杵和夯的作用已成为辅助性的,只有狭窄的地方不便于用碗时才使用的。石

硪的形制也有多种,有片硪、束腰硪、墩子硪、灯台硪等。石硪质量一般为 30 ~ 50 kg,硪底直径一尺一寸到一尺二寸,通常八人操作,有时也有十人操作的。行硪要求,每层上土不宜过厚,清初靳辅规定,"每坯以虚土厚一尺二三寸为率,行硪打成八九寸;或每坯虚土八寸,即行硪三遍,打实五寸亦可,庶得壤五坚三之道。"[115]此所谓"壤五坚三"者,即五寸虚土硪实得三寸的意思。类似的说法还见于丁恺曾《治河要语》:"凡筑堤之事,底必薄其土,土薄遇硪,铁石斯坚"。又说,"虚土寸之八,可实寸之五,硪必三加而后定。"意思是虚土八寸,欲得实土为五寸,必打硪三遍方能奏效。后世筑堤,行硪多以三遍为准,也许由此借鉴而来。如图 1-3 为四种硪的图示。

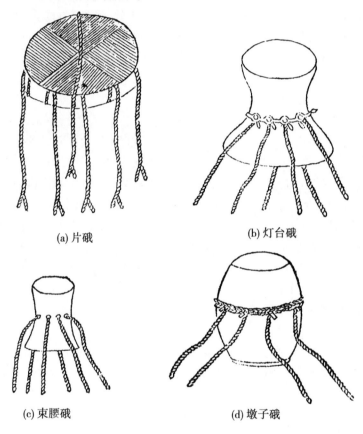

(a) 片硪　　　　　　　　　　　(b) 灯台硪

(c) 束腰硪　　　　　　　　　　(d) 墩子硪

图 1-3　地硪四种(选自《河工器具图说》)

(五)硪实度检验

宋元以前,堤工夯实质量如何检验至今不知,明代的检验方法有两种:一种是锥探;另一种是槽探,即挖槽查看。潘季驯《河防一览》中所说的"用铁锥筒(桶)探之,或间一掘试"者即是。清代常用的方法称做"签试",其法是:"铁锥长二尺至三尺六寸,用木槌打入新筑土层后,缓缓拔出,再于孔中灌水,视锥孔中水渗入速度,可知夯实程度。"[116]若一灌即泻,称做"漏锥";半存半泻者,称为"渗口";存而不泻者,称为"保锥"。签试可以"每加筑三尺即签一回",吃紧堤段必须层坯层签。签试所用的水壶和铁锥如图 1-4 所示。

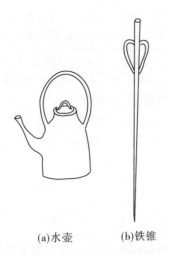

(a)水壶　　　　(b)铁锥

图1-4　签试所用的水壶和铁锥(选自《河工器具图说》)

第四节　古代堤防管理

古代并无"管理"一词,古代的行业分工也不如今日之细,所谓"古代堤防管理"的内容,是依今人对行业分工的习惯,将相关部分析出并进行归纳建立起来的,依其构成又分管理体制、法规与制度两部分,分别叙述于下。

一、管理体制

古代黄河堤防的管理体制历代多有变化,大体可分为司空统领、专使督导、都水监分理、总河(河督)专管四个时期。

(一)司空统领时期

据《大戴礼记·礼察》记载:"以旧防为无用而坏之者,必有水败"。另据《礼记·月令》记载:"孟秋之月……完堤防,谨壅塞,以备水潦"。这是古人对维护堤防重要性以及适时修缮堤防必要性的认识和经验总结,由此看来,堤防工程管理一项大约在堤防出现之后不久便已产生。早期的管理体制,可从《管子》一书的记载中了解大概。《管子·度地》有言:"请为置水官,令习水者为吏。大夫、大夫佐各一人,率部校长官佐,各足财;乃取水官左右各一人,使为都匠水工,令之行水道、城廓、堤川、沟池、官府、寺舍及州中当缮治者,给卒、足财。"文中所说之大夫、大夫佐身份较高,部、校当是军中之下级官吏,卒则是指军中之士兵而言;都匠水工,当为掌管水工的官吏。其大概的意思是说,以懂水利的大夫或大夫佐一级的行政长官为首,以下级军吏和士兵为主要力量建立起一支队伍,履行正常的工程管理维修职责。当然,其职责范围并不限于堤防、河道,还包括城廓、官府的房舍等。这是地方一级组织,中央一级则有司空。如《管子·立政》记载说:"决水潦、通沟渎、修障防、安水藏,使时水虽有过度,无害于五谷,岁虽凶旱,有所秒获,司空之事也"。司空是掌管土木工程的最高官员。"伯禹作司空"未必可信,大约是后人以其平治水土有所贡献而赋予的一个称号。西周时已设有司空,为三公之一,《周礼》列为六卿之一,《诗经·

大雅·绵》:"乃召司空,乃召司徒,俾立家室"。春秋战国诸侯国沿置,位列卿或大夫,除《管子》一书所记者外,还见于《荀子》、《吕氏春秋》等书。《荀子·王制》所记为:"修堤梁、通沟浍、行水潦、安水藏,以时决塞,岁虽凶败水旱,使民有所耘艾,司空之事也。"《吕氏春秋·季春纪第三》载称:"是月也,命司空曰,时雨将降,下水上腾,循行国邑,周视原野,修理堤防,导达沟渎,开通道路,无有塞障……"。《孔子家语·相鲁》之中还说:"孔子初仕为中都宰……行之一年……于是二年,定公以为司空,乃别五土之性。"

这时候,社会分工还不够细,还没有出现单一的黄河堤防管理的专业组织,有关堤防管理的事项,统一纳入负责平治水土,主管土木工程建筑的地方业务部门,中央则有司空负总责,掌控全局,集建管于一身。实际上,地方业务部门大约也是建管不分的,既负责建设,也负责管理和维修。

(二)中央专使督导时期

这一时期的管理特点是以地方驻军为主,中央专使督导。此时期经历了一个相当长的历史阶段,大致包括西汉至魏晋南北朝。

秦王朝享祚甚短,缺少可供说明的资料。汉初崇尚黄老,推行"与民休息"之策,河防之事渐有所闻者当是自汉武帝堵塞瓠子决河之后。据《汉书·沟洫志》记载:汉成帝鸿嘉年间(公元前20~公元前17年),勃海、清河、信都三郡,每郡每年组织"治堤救水"的吏卒都在万人以上。少后,处在成、哀之际的贾让也有类似的说法,"今滨河堤吏卒郡数千人,伐买薪石之费岁数千万。"[117]又说"今滨河十郡治堤岁费且万万。"[118]记载虽为片段,但大体情况可见。当时黄河下游沿岸各郡,每年都投入大量人力、物力维修、养护堤防。每郡少则数千人,多则万余人,人力来源多出自当地驻军,养护经费多达数万万,大决尚不在内。"及其大决,所残无数。"[119]遇有大的工程或较大险情,中央特派遣专使到现场督导,这些专使或称河堤使,或称河堤使者、河堤都尉,也有称河堤谒者的;有时也从地方官员中选派,如汉成帝建始四年(公元前29年),河决馆陶及东郡金堤,"河堤使者王延世使塞。"[120]再如鸿嘉四年(公元前17年),勃海等地河溢,"河堤都尉许商与丞相史孙禁共行视。"[121]还有"哀帝初,平当使领河堤"[122]等。所有这些专使都是临时设立的,事情办完之后,使命也就宣告结束了。东汉时,"滨河郡国置河堤员吏如西京旧制。"[123]前朝建立的管理体制,大约是作了全面的继承。

魏晋期间,河堤谒者似已改为常设。据《晋书·职官志》记载:"汉东京省都水置河堤谒者,魏因之,及武帝省水衡,置都水使者一人,以河堤谒者为都水官属,及江左省河堤谒者"。另据《晋书·傅玄传》载:"泰始四年(公元268年),御史中丞傅玄曾以"时颇有水旱之灾"向晋武帝司马炎提出建议,其中有言,"魏初未留意于水事,先帝统百揆分河堤为四部,并本凡五谒者,以水功至大,与农事并兴,非一人所周故也。今谒者一人之力,行天下诸水,无时得徧(遍)。伏见河堤谒者车谊,不知水势,转为他职,更选知水者代之,分为五部,使各精其方宜"。是说魏初未曾顾及水事,后来设河堤谒者五人,当是在司马懿代相之后,时间大约在嘉平元年(公元249年)或稍晚一些。晋武帝时,河堤谒者减至一人,再后在傅玄建议之下又增至五人。东晋寓居江左,北中国处在十六国分割之下,至北魏统一北方,河堤谒者之职始又见于记载。

从魏晋至南北朝,河堤谒者一职已不同于以往,已不再是中央一级的专使,职位明显不及过去,职责虽然未变,但范围则有所扩大,掌管"天下诸水"已不单单限于黄河。

(三)都水监分管时期

这一时期的管理特点是以地方行政为主,督水监分管。隋、唐、宋、元均采用此管理体制。

隋唐两代,黄河堤防管理主要是地方行政部门负责。中央设有水利管理机构,称都水监。该机构统领舟楫、河渠二署,其中河渠署掌管河渠、陂池、堤堰、鱼醢之事,但不过问黄河的事。黄河有事由所在地方行政部门负责,地方行政官员亲自主持,工程规模大者,则直接上报朝廷同意或朝廷指派专人主持。如唐开元十年(公元722年),博州(治今山东聊城东北)一次"黄河堤坏"[124],唐玄宗除令博州刺史李畬、冀州刺史裴子馀、赵州刺史柳儒到现场督办以外,还特派按察使萧嵩"总领其事"[125]。

宋代的黄河堤防管理,组织领导的力量显著加强。太祖乾德五年(公元967年),"诏开封、大名府、郓、澶、滑、孟、濮、齐、淄、沧、棣、滨、德、博、怀、卫、郑等州长吏,并兼本州河堤使。"[126]开宝五年(公元972年),又下令设置专职的堤防管理官员,"开封等十七州府各置河堤判官一员,以本州通判充,如通判阙员,即以本州判官充。"[127]通判品次下府州长吏一等,判官则又略低于通判。在中央一级,仁宗皇祐三年(公元1051年),置河渠司"专提举黄、汴河堤功料事。"[128]嘉祐三年(公元1058年),撤销河渠司,改置都水监,设判监事一人,同判监事一人,丞二人,主簿一人,"轮遣丞一人出外治河埽之事。"[129]"凡河防谨其法禁,岁计荄楗之数,前期储积,以时颁用。各随其所治地而任其责,兴役以后月至十月止。民功则随其先后,毋过一月……凡修堤岸,植榆柳,则视其勤惰、多寡以为殿最。"[130]都水监在澶州(今河南濮阳县西南)设有外派机构,称"外监",有南北外都水丞各一人,都提举官八人,监埽官一百三十五人。各按分工行事,如遇紧急而且外丞不能办理者,"则使者行视河渠事。"[131]意即由都水使者亲自办理。

宋室南迁之后,金人入主中原,金熙宗皇统三年(公元1143年)虽曾一度于怀州置黄沁河堤大管勾司,但仿佛没有开展什么工作。大约是大定初年(公元1162年)前后,中央置都水监,下设分治监,"专规措黄沁河。"[132]有都巡河官,"掌巡视河道,修完堤堰,栽植榆柳。凡河防之事,分治监巡河官同此。"[133]都巡河官之下有散巡河官。黄河下游沿河二十五埽,每埽设散巡河官一员,分别归六都巡河官统辖:黄汴都巡河官处河阴,兼汴河事,辖黄河雄武、荥泽、原武、阳武、延津五埽;黄沁都巡河官处怀州,兼沁河事,辖怀州、孟津、孟州及城北四埽;卫南都巡河官处新乡,辖新乡、崇福上、崇福下、卫南四埽;滑浚都巡河官处武城,辖武城、白马、书城、教城四埽;曹甸都巡河官处东明,辖东明、西佳、孟华、陵城四埽;曹济都巡河官处定陶,辖定陶、济北、寒山、金山四埽。全河共有埽兵一万二千人。金世宗大定二十年(公元1180年)又于归德设散巡河官一员;至哀宗正大二年(公元1225年),增设都水外监二处:一处在河阴,另一处在归德。大定二十年(公元1180年),鉴于河决频繁,仿照北宋"河防一步置一人之制"[134]下诏增置河防军的数目。大定二十七年(公元1187年),御史台以"沿河京、府州、县坐视管内河防缺坏,特不介意"[135],并建议:"令沿河京、府、州、县长贰官皆于名衔管勾河防事,如任内规措有方,能御大患,或守护不谨以致疏虞,临时闻奏,以议赏罚。"[136]后经同意,于是"以南京府及所属延津、封丘、祥符、开封、陈留、胙城、杞县、长垣,归德府及所属宋城、宁陵、虞城,河南府及孟津,河中府及河东、怀州河内、武陟，同州朝邑，卫州汲、新乡、获嘉，徐州彭城、萧、丰，孟州河阳、温，郑州河阴、荥泽、原武、氾水，浚州卫，陕州阌乡、湖城、灵宝，曹州济阴，滑州白马，睢州襄邑，滕州沛，单州单父，解州平陆，开州濮阳，济州嘉祥、金乡、郓城，四府十六州之长贰皆提举河防事，四十四县之令佐皆管勾河防事。"[137]即府州之长贰负责掌管，县之令佐具体办理河防之事。

元代的管理组织是"内立都水监，外设各处河渠司，以兴举水利、修理河堤为务。"[138]据《元史·百官志》记载：都水监，元世祖至元二十八年（公元1291年）置，设都水监二人，少监一人，监丞二人，经历、知事各一人。惠宋至正六年（公元1346年），因连年河决为患，分别于河南、山东设都水监，"以专疏塞之任。"至正八年（公元1348年），再于济宁、郓城置行都水监，九年又立山东、河南等处行都水监。至正十一年（公元1351年）十二月立河防提举司，隶属行都水监，掌管巡视河道之事。其时地方州县的情况，大致如前。《元史·河渠志》载有曹州济阴河防官县尹郝承务督役修堤之事，可见一斑。

（四）总河（河督）统领时期

明清两代黄河堤防的管理体制已有显著变化，明已不再设都水监，自宪宗成化七年（公元1471年）开始设立总理河道，亦称"总河"。一般以各部侍郎或尚书兼都察院佥都御史（位在都御史、副都御史之下）、都御史充任正二品或正一品，总揽河防大权。总河之下，一时尚无定制。弘治、正德年间，管河副使常由地方行政官吏充任。万历七年（公元1579年），河南、山东巡抚也曾一度兼管河道。徐州以下河段，当时似乎格外受重视，隆庆六年（公元1571年），尚书朱衡经理河工，兵部侍郎万恭总理河道，曾在该河段建立铺夫管理制度，"每里十人以防，三里一铺，四铺一老人巡视。"[139]万恭《治水筌蹄》一书记载的更加详细："邳、徐之堤，每里三铺（当为每三里一铺之误——引者注），每铺三夫。南岸自徐州青田浅起至宿迁小河口而止，北岸自吕梁洪城起至邳州直河而止。为总管府佐者二，为分管信地州县佐者六。南铺以千文编号，北铺以百家姓编号，按信地修补堤岸，浇灌树株"。"直河以上至境山，属淮安同知总管，直河以下，通判总管。"徐州以上河段也有类似的管理组织，主要设在险要堤段，其中属河南原武、封丘、祥符、兰阳、仪封、考城、荥泽县者，有"开、归府佐总管，而州县管河官分治之。"属山东曹县、单县者，"兖州府佐总管，而县管河官分治之。"而属丰、沛、砀黄河北岸者，平时三县典史分别管理，"有警则共守之。"

清代的管理体制，在前朝的基础上有进一步的发展和完善。明代称总理河道，清代改称河道总督。清河道总督之下，设有文、武两个组织系统。文职分道、厅、汛三级。道设道员，级别在省之下，高于府州；厅与地方府州同级，设官由同知、通判充任；汛与县同级，设官由县丞、主簿充任。武职与道同级者由河标副将、参将统率，厅则设守备，汛设千总，千总之下为把总，再下为河兵[140]。清初，河道总督只设一人总理黄、运两河，先驻济宁，后移清江浦。雍正二年（公元1724年），增设副总河一人驻河南武陟"专理北河"。雍正七年（公元1729年），以徐州为界，分设江南河道总督，驻清江浦；设河南山东河道总督，驻济宁；分别管理南北两河。江南河道总督辖河库道，驻清江浦；淮徐道，驻徐州；淮扬道，驻淮安。河南山东河道总督辖山东运河道，驻济宁；兖沂曹道，驻兖州；河南开归道，驻开封；彰卫怀道，驻武陟[141]。清咸丰五年（公元1855年），兰仪县铜瓦厢决口改道，咸丰十一年（公元1861年）六月，"省南河总督，及淮扬、淮海、丰北、萧南、宿南、宿北、桃南、桃北各道厅,改置淮扬、徐海兵备道,兼辖河务"。光绪二十四年(公元 1898 年),"省河东河道总督",不久复置,光绪二十八年(公元 1902 年)又省,河工改归各省巡抚兼管[142]。

二、法规与制度

《管子》一书中有言:"常令水官之吏,冬时行堤防可治者,章而上之都,都以春少事作之。已作之后,常案行。堤有毁作大雨,各保其所,可治者趋治,以徒隶给。大雨,堤防可衣者衣之,冲水可据者据之,终岁以毋败为固"。又说:"常以秋岁末之时,阅其民,案家人比地,定什伍口数,别男女大小,其不为用者辄免之,有锢病不可作者疾之,可省作者半事之;并行以定甲士当被兵之数,上其都。都以临下,视其余不足之处,辄下水官。水官亦以甲士当被兵之数,与三老、里有司、伍长行里,因父母案行,阅其备水之器……取完坚补弊,久去苦恶。常以冬少事之时,令甲士以更次益薪积之水旁,州大夫将之,惟毋后时。其积薪也,以事之已,其作土也,以事未起。"这是春秋前期黄河下游齐国境内河堤的常年维修制度:动工之前,要先作调查,上报计划;实施之后,还要时常检查,遇有损毁,无论是暴雨冲刷还是河水坍塌,都要及时予以恢复。文中之所谓"以徒隶给"者,大约是指因徒或战俘,这是当时劳动力的重要来源之一。此外,沿堤居民区分年龄大小、身体强弱,每年也要按一定比例出人执行防守堤防的任务。水官要结合当地三老、里有司和伍长检验居民备水的器具,到了冬天还要让他们各备料物和土方。所谓"其积薪也,以事之已;其作土也,以事未起",其中,"事"是指农事,意即积薪在农事之后,作土工则安排在农忙之前,这同《礼记·月令》的记载是颇为吻合的。《月令》的记载是:"季春之月……命司空曰,时雨将降,下水上腾,循行国邑,周视原野,修利堤防,导达沟渎,开通道路,毋有障塞……"据研究,西周至春秋早期以十二月为岁首,《月令》中的季春之月,约相当于今农历二月,"修利堤防,导达沟渎",也正是所谓农事未起之时。

汉代有"堤防备塞"[143],"岁增堤防"[144]和"滨河十郡治堤岁费且万万"[145]以及"不豫修治,北决病四五郡,南决病十余郡,然后忧之晚矣"[146]之说,反映出当时对堤防维修工作的重视程度和维修堤防制度的稳定,每年都有安排并且投入相当大的力量坚持进行堤防岁修养护。堤防有失,处罚也非常严厉,例如汉成帝建始四年(公元前 29 年)河决泛滥兖、豫等州,御史大夫尹忠因所对方略过于简略,"上切责之,忠自杀"[147]。东汉王景治河之后,"诏滨河郡国置河堤吏如西京旧制"[148],其管理制度一如既往,保持不变。

唐代,柳赞《唐律疏议序》有言:"盖姬国之下,文物仪章莫备于唐。"显示出自周之后,各项法律典章没有比唐更加齐备的了。其时有《营缮令》,原书早失,有部分内容保留在《唐律疏仪》和《文苑英华》之中,其中有关堤防管理维修方面的如:"近河及大水有堤防之处,刺史、县令以时检校,若须修理,每秋收讫量功多少,差人夫修理。若暴水泛滥损坏堤防,交为人患者,先即修缮,不拘时限。若有损坏,当时不即修补或修而失时者,主司杖七十……盗决堤防者杖一百。""诸侯堤水,内不得造小堤及人居,其堤内外各五步并堤上种榆柳杂树。""修城郭、筑堤防,兴起人功,有所营造,依《营缮令》,计人功多少,申尚书省听报,始合役功",等等。虽系零星的片段,但相关人员的责任、修缮堤防的要求和有关禁令以及盗决、破坏堤防的处罚办法等,还是约略可见的。

五代后晋,高祖石敬唐都汴(今河南开封),天福二年(公元 937 年),有人献策十七条,其中一条建议:"请于黄河夹岸防秋水漫涨,差上户充堤长,一年一替;本县令十日一巡。如怯弱处不早处治,施令修补,致临时渝决,有害秋苗,既失王租,俱为坠事,堤长、刺史、县令勒停"。建议被采纳之后,天福七年(公元 942 年),"令沿河广晋(今河北大名东北)、开封府尹逐处观察,防御史、刺史职兼河堤使名额,任便差选职员,分擘勾当。有堤堰薄怯水势冲注处,预先计度,不得临时失于防护"[149],曾一度在黄河下游局部河段建立起堤长、县令每年定期上堤检巡的制度。

北宋开国之初,即诏令开封、大名等十七州府长吏兼本州河堤使,并各置河堤判官一员,加强黄河堤防的管理养护。在管理制度方面,太祖乾德五年(公元 967 年)正月,便开始实行每年定期检查、及时维修的制度:"分遣使行视,发畿甸丁夫缮治,自是岁以为常,皆以正月首事,季春而毕。"[150]开宝五年(公元 972 年),又有诏令:"应缘黄、汴、清、御等河州县,除准旧制种蓺桑枣外,委长吏课民别树榆柳及土地所宜之木。仍案户籍高下,定为五等:第一等岁树五十本,第二等以下递减十本。民欲广树蓺者听,其孤、寡、茕、独者免。"[151]太宗淳化二年(公元 991 年)三月,诏令"长吏以及巡河主埽使臣,经度行视河堤,勿使坏隳,违者当置于法。"[152]真宗咸平三年(公元 1000 年),又诏"缘河官吏,虽秩满,须水落受代。知州、通判两月一巡堤,县令、佐迭巡堤防,转运使勿委以他职。"[153]并且申明严禁盗伐河堤榆柳。在法律上除《宋刑统》中仍保留唐代有关堤防管理的若干条款外,徽宗宣和二年(公元 1120 年),还编有《宣和类编河防书》292 卷。该书当是一部异常详细的河政全书,可惜早已散佚。此前,重和元年(公元 1118 年)三月,徽宗也曾颁诏:"滑州、浚州界万年堤,全藉林木固护堤岸,其广行种植,以壮地势。"[154]这里大有推广之意,实是一道推广沿堤植树的诏令。

宋代黄河堤防分段管理的制度已颇为正规。州县之间堤上已设有界碑,界碑之上除标有上下界起止地名以外,还标注有其间的里程。1987 年春,河南汲县黄河故堤中有界碑实物出土,现今仍存于黄河博物馆内。

宋代黄河堤上已有铺房设立,在《宋史·河渠志》中有所反映。哲宗元祐四年(公元 1089 年)七月,都水监建言中就曾提到:"要是大河千里,未见归纳经久之计,所以昨相度第三、第四铺分决涨水,少纾目前之急"。哲宗元祐五年八月,李伟在建言中也有"大河自五月后日益暴涨,始由北京南沙堤第七铺决口,水出于第三、第四铺并清丰口一并东流"之类的言语。还有,徽宗大观元年(公元 1107 年)二月,"诏于武阳上埽第五铺开修直河至第十五铺,以分减水势。"文中之"沙堤",也称"沙河直堤",地处北京(今河北大名)之南,似为商胡北流的一段左堤,小吴决口北流之后,"自澶注入御河",正在该堤之西,欲使东流分水,则非破此堤不可。所以才有"相度第三、第四铺分决涨水,少纾目前之急"之议。铺与铺之间,相距约一里,可从阳武上埽开直河十铺之间直河长"三千四百四十步"证之。

金泰和二年(公元 1202 年),针对黄河和海河水系各河流的河防修守颁布有《河防令》,原本有十一条,现保存在元沙克什《河防通议》中者有十条,且有删节。其中,有关堤防管理方面的内容如:"每岁选旧部官一员,诣河上下,兼行户工部事,督令分治都水监及京府州县守涨部夫官,从实规措,修固堤岸"和"州县提举管勾河防官,每六月一日至八月终,各轮一员守涨,九月一日还职"以及"河埽堤岸遇霖雨涨水作发暴变时,分都水司与都巡河官往来提控,官兵多方用心固护,无致为害。仍每月具河埽平安申覆尚书工部呈省",等等。《黄河河政志》录有十条原文可备查考。

金代沿用了北宋堤防设立铺房的制度,《金史·河渠志》中称:"戍屋",见于金宣宗贞祐四年(公元1216年)。是年三月,延州刺史温撒可喜的建议中有言:"南岸居民,既已藉其河夫修筑河堰,营作戍屋,又使转输刍粮,赋役繁殷,倍于他所,夏秋租税,犹所未论,乞减其稍缓者,以宽民力。"宋之铺房,金之戍屋,名异而实同,都是河夫守堤居住的地方。

宋元期间,河工役夫分差夫与雇夫两种,如《宋史·河渠志》:"京东、河北五百里差夫,五百里外出钱雇……"或说"乞次于河北、京东两路差正夫三万人,其他夫数,令修河官和雇"等,多见于哲宗元祐至元符之间(公元1086~1098年)。《金史·河渠志》的说法与此几乎是完全相同的。大定二十九年(公元1189年),世宗诏语中即如是说:"命去役所五百里州、府差雇,于不差夫之地均征雇钱,验物力科之"。元代有"差募"和"差倩"之说,俱见《元史·河渠志》"。所谓"差",即指科派,"募"乃是出钱招雇,"倩"为临时雇用,大体制度相沿不改。此期间,堤上铺房的设置是由当时的河夫派遣制度决定的,远路河夫驻守在堤,自不能没有居住之所。《元史·河渠志》中,虽未提及铺房或戍屋,似也不当例外。

明、清的堤防管理制度又有新的发展和变化。

(一)明代铺夫制的建立

前文已经述及宋、元期间河夫多由远路差雇而来,自明代中期开始,驻堤铺夫已不再远路差雇,代之以近堤居民驻守。万恭《治水筌蹄》有言:"三代之下,力役之征,莫善于雇役。黄河千里若带,堤铺千里若星,力役者守,非便也",明白地指出了前代所立制度的不便。关于新制度的建立,万恭说:"令近堤之民,各居铺而代之守;远堤之民,各输直而续之食。役者庐其庐,食其食,长子孙焉。鸡犬相闻,彼非守堤也,自守其居也。役者永利其利,征者永乐其乐,其益百世。"在刘天和《问水集》中也有类似的记载:"堤铺夫守堤防河,所系甚重。所历询之,多远地之民赴役,有数十百里外者,有别州县编役者。且岁一更易,以故堤多坍损,柳多砍伐,甚至河水已至,或被盗决而官犹不知,坐失防御,为害匪轻。已经行令,将近铺居民编当,如徭役已定,则将别差更换。别州县者,亦将别差兑编。以后编役更不必改易,仍将本铺所营堤岸,每夫画地分管,专令修堤植柳,时阅而劝惩之,均为徭役。初无损于公家,而铺夫便于守视,堤自固矣"。明代铺夫制度的建立,大约起自嘉靖前期。开始只限于徐邳河段,至万历年间(公元1573~1620年)在潘季驯努力推行之下,始徧(遍)及整个黄河下游:大名长堤,"每五里建铺一座","每铺设铺老一名,夫九名。"[155]临黄大堤,"每堤三里,原设铺一座,每铺夫三十名,计每夫分守堤一十八丈。"[156]潘季驯还建立有"四防"、"二守"的守堤制度。所谓"四防",即昼防、夜防、风防、雨防;"二守"乃是指官守和民守,详见《河防一览》卷四"修守事宜",《黄河河政志》亦有选载。

(二)清代河兵制的出现

清初,黄河堤防管理大约还维持着明代遗留下来的铺夫制。康熙十七年(公元1687年),砀山以下河段设立河防营,"按里设兵,画堤分守"[157],铺夫制则一度废止。河营初设时,人数不多,黄运两河至海口(包括高家堰、归仁堤)"河兵仅七千二百名"[158],也有说"河兵八营五千余人"的[159],深感不足,所以此后屡有增加。雍正九年(公元1731年),南

河增兵 5 000 人,同时豫河也增兵 1 000 人[160];另据《黄河河政志》:豫河原有河兵 1700
人,合计共 2 700 人。道光时又有增加,见魏源《筹河篇》:"康熙初,东河止四厅,南河止六
厅者。今则东河十五厅,南河二十二厅。凡南岸、北岸,皆析一为两。厅设而营从之,文武
数百员,河兵万数千,皆数倍其旧"。雍正九年(公元 1731 年)时,南河又将铺夫制恢复,
形成兵夫共存制。"按豫河例始设黄运守堤堡夫,二里一堡,每堡二夫,造堡屋子1150 间,
夫 3300 余。河夫除寒暑二月外,每月积土 15 方,运河 12 方。"[161]咸丰五年(公元 1855
年),黄河决兰仪县铜瓦厢,改道经山东利津入海后,南河管理机构裁撤,东河裁撤一半,
剩余豫省七厅,"仅留河东总督,专办河南工程,兼顾运河。而下游修守之工,其在开州
(今河南濮阳县)、东明、长垣者,则责之直隶总督,其在曹州、兖州等属者,则责之山东巡
抚。"[162]光绪十年(公元 1884 年),山东新河设立河防总局,专司本省河防。总局之下设
上、中、下三游分局,沿堤修建堡房,"按三里建堡房一座,设防兵三名。随时修整堤基,裁
植柳树。十堡派一守备、千总、把总管辖,有警飞报,防汛各员,督率勇丁,前往抢护"。
"三汛期内,仍需添雇土夫,帮同抢护。"[163]

参考文献

[1]《河防通议》. 守山阁丛书本.

[2] 周魁一. 中国科学技术史·水利卷[M]. 北京:科学出版社,2002.

[3] 贺业钜. 考工记营国制度研究[M]. 北京:中国建筑工业出版社,1985.

[4] 王贵民. 商代农业概述[J]. 农业考古,1985(2).

[5][6][8] 焦培民. 中国人口通史·先秦卷[M]. 北京:人民出版社,2007.

[7] 王育民. 先秦时期人口考(油印稿)[M]. 1988.

[9] 王健. 西周政治地理结构研究[M]. 郑州:中州古籍出版社,2004.

[10]《国语·周语下》. 丛书集成初编本. 商务印书馆,1937.

[11]《陆贾新语·道基》. 诸子百家丛书本. 上海古籍出版社,1990.

[12][14] 马世之. 黄河流域新石器时代的"村"与"城"[J]. 论仰韶文化,中原文物特刊,1986.

[13] 牛玉开.《从考古发现看我国沟洫的起源》(油印稿).

[15] 郑杰祥. 夏史初探[M]. 郑州:中州古籍出版社,1988.

[16]《国语·齐语》. 丛书集成初编本. 商务印书馆,1937.

[17][18][19]《管子·度地》. 叶昀校本. 上海广益书局,1936.

[20]《管子·霸形》. 上海广益书局,1936.

[21] 张含英. 历代治河方略探讨[M]. 北京:水利出版社,1982.

[22] 谭其骧. 长水集(下)[M]. 北京:人民出版社,1987.

[23]《战国策·韩策一》. 郭人民校注本.

[24]《战国策·赵策二》.

[25]《战国策·赵策三》.

[26][29]《汉书·沟洫志》. 周魁一等二十五史河渠志注释本. 北京:中国书店,1990.

[27]《史记·平准书》. 1955 年文学古籍刊行社影响南宋绍兴初杭州刻本.

[28][30][32]《后汉书·王景传》. 新编二十五史本.

[31]《后汉书·明帝纪》.

[33][34][36][37]《册府元龟·邦计部·河渠》. 转引自《黄河水利史述要》. 北京:水利电力出版社,

1981 年 1 月.

[35]《新唐书·裴耀卿传》.新编二十五史本.

[38]~[43][46][49]~[52]《宋史·河渠志》.周魁一等二十五史河渠志注释本.

[44]《续资治通鉴长编》卷 118.中华书局点校本.

[45]《续资治通鉴长编》卷 131.

[47]《续资治通鉴长编》卷 184.

[48]《续资治通鉴长编》卷 192.

[53]~[56]《金史·河渠志》.周魁一等二十五史河渠志注释本.

[57]姚汉源.中国水利史纲要[M].北京:水利电力出版社,1987.

[58][59]《续资治通鉴·元纪六》卷 188.上海古籍出版社 1986 年重印世界书局缩即本.

[60]《续资治通鉴·元纪十一》卷 193.

[61][63][64]《元史·河渠志》.周魁一等二十五史河渠志注释本.

[62]《续资治通鉴·元纪十二》卷 195.

[65][67]~[74][76][78]《明史·河渠志》.周魁一等二十五史河渠志注释本.

[66]《明通鉴》卷 37.上海古籍出版社,1990 年影印本.

[75]《河议辨惑》.见《历代治黄文选》(上).郑州:河南人民出版社,1988.

[77]《治水筌蹄》.朱更翎整理本.北京:水利电力出版社,1985.

[79]~[94]郑肇经.中国水利史[M].北京:商务印书馆,1993.

[95]《河防一览·恭报三省堤防告成疏》.转引自郭涛《潘季驯治理黄河的思想与实践》.见《潘季驯治河理论与实践学术研讨会论文集》.南京:河海大学出版社,1996.

[96][97]《治水鉴蹄·黄河》.朱更翎整理本.

[98]《尚书·尧典》.中华书局 1979 年影印十三经注疏本.

[99]《庄子·秋水》.王夫之解、王孝鱼点校本.中华书局,1964 年 10 月.

[100][101]《汉书·沟洫志》.周魁一等二十五史河渠志注释本.中国书店,1990 年 1 月.

[102]~[104]《宋史·河渠志》.周魁一等二十五史河渠志注释本.

[105]清张霭生《河防述言》.见历代治黄文选.郑州:河南人民出版社,1988.

[106][107][115]清靳辅《治河方略》.转引自周魁一中国科学技术史水利卷.

[108][110][114]明刘天和《问水集》.转引自周魁一中国科学技术史水利卷.

[109]潘季驯《河防一览·修守事宜疏》.水利珍本丛书,1936.

[111]《皇朝经世文编》卷九十六.

[112]《韩非子·喻老》.诸子百家丛书本.上海:上海古籍出版社,1989.

[113]万恭.治水筌蹄[M]//朱更翎整理本.北京:水利电力出版社,1985.

[116]周魁一.中国科技史·水利卷[M].北京:科学出版社,2002.

[117]~[122][143]~[147]《汉书·沟洫志》.周魁一等二十五史河渠志注释本.北京:中国书店,1990.

[123][148]《后汉书·王景传》.中华书局点校本.

[124][125][149]《册府元龟·邦计部·河渠》.转自《黄河水利史述要》.北京:水利电力出版社,1981.

[126][127][150]~[154]《宋史·河渠志》.周魁一等二十五史河渠志注释本.

[128]《宋会要·职官》.转自周魁一《中国科技史·水利卷》.北京:科学出版社,2002.

[129]~[131]《宋史·职官志》.上海古籍出版社,上海书店 1986 年拼缩本.

[132]《金史·百官志》.上海古籍出版社,上海书店 1986 年拼缩本.

[133]~[137]《金史·河渠志》.周魁一等二十五史河渠志注释本.

[138]《元史·河渠志》.周魁一等二十五史河渠志注释本.

[139]《明史·河渠志》.周魁一等二十五史河渠志注释本.

[140] [159]~[161]姚汉源.中国水利史纲要[M].北京:水利电力出版社,1987年12月.

[141] [142]《清史稿·职官志》.上海古籍出版社,上海书店1986年拼缩本.郑肇经,《中国水利史》.商务印书馆,1993年7月影印本.

[155]潘季驯.《议守大名长堤疏》.转自郭涛《潘季驯治理黄河的思想与实践》.见《潘季驯治河理论与实践学术研讨会论文集》.南京:河海大学出版社,1996.

[156]潘季驯.《修守事宜》.转自《黄河河政志》.郑州:河南人民出版社,1996.

[157]《清史稿·河渠志》.

[158]靳辅.治河余论[C]∥历代治黄文选.郑州:河南人民出版社,1988.

[162]《再续行水全鉴》黄河卷五十九.武汉:湖北人民出版社,2004.

[163]《再续行水全鉴》黄河卷六十一.武汉:湖北人民出版社,2004.

第二章　古代悬河

悬河是河床明显高于堤防背河侧地面的一种独特的河道形态。黄河自古多泥沙,下游平原河道堆积强烈,古代文献中虽无"悬河"之称,但"悬河"之实却是早已存在的。

第一节　古代悬河发展史

早在中更新世末至晚更新世初(距今 10 万年左右),黄河上下游河道已经贯通,与此同时下游冲积扇便开始不断扩展。进入全新世之后,随着上中游土壤侵蚀的加剧,下游沉积相应加快,河道摆动剧烈,入海三角洲发育,冲积平原面积不断扩大。大约至全新世中期(距今 3 000 年前)以后,在大规模人工堤防尚未修筑的情况下,黄河下游河道存在一个相当长的散流期。此期间,河道处于多股分流的状态,《禹贡》中所说的"播为九河",或多或少地反映了这一点。局部河段因受自然堤的影响,可能已有淤积,河床抬高现象已有发生,但远未形成真正意义上的悬河,真正意义上的悬河的出现,应该是在全新世中期以来大规模人工堤防出现之后。

一、战国时代悬河初现的若干信息

截至目前,《汉志》河是已知的最古老的一条黄河河道,全新世中期即已形成,距今已有 7 000 余年。据《汉书·沟洫志》记载:这条古河道自今郑州以下向北经原阳、延津以西,新乡、汲县以东,过滑县旧城西,经浚县东北折向东,经濮阳县西向北,经河北大名东,又东经山东冠县北、临清南,过高唐、茌平间,向北经高唐、禹城之间,又经德州东,再下经河北东光县东,然后东北经沧州以南,又东入古渤海。全新世后期(相当于西周、春秋、战国时代)两岸堤防相继建立,两堤间河床淤积加快,悬河的某些迹象已渐有所显现。

在《庄子·列御冠》中已有"河润九里"之说。"河润九里",反映的是一种沮洳现象。由于长时期受黄河水侧渗的影响,沿河两岸地下水位上升,甚至局部地方出露,呈现出湿地或沼泽景观。"九"在古代汉语中不一定是实数,有时泛指多数,这里所谓"九里",大约是表示影响的范围较为广大。《庄子·列御冠》中的这则资料,真实地透露出这样一个信息,即战国时代的黄河下游河道已经显现出地上河的形态。战国时代黄河下游地上河形态的显现,还可以从其他方面获得佐证。据《竹书纪年》记载:魏惠王十二年(公元前 359 年),"楚师出河水以水长垣之外。"又,《史记·赵世家》载:赵肃侯十八年(公元前 332 年),"齐魏伐我,我决河灌之,兵去。"赵惠文王十八年(公元前 281 年),"王再之卫东阳,决河水伐魏氏。"赵惠文王二十七年(公元前 272 年),"河水出,大潦。"毫无疑问,"河水出"是一次大水决溢,"出"者,乃是决堤而出。如果说"河水出"只表明水位高,尚不足以说明河床高,那么楚师出河水灌长垣和赵决河水淹魏军则要借助于地上河的有利形势,否则是难以实现的。再如《战国策·燕策二·秦召燕王章》所言:"乘夏水,浮轻舟,强弩在前,铚戈在后,决荥口魏无大梁,决白马之口魏无济阳,决宿胥之口魏无虚、顿丘"。又言:"陆攻则击河内,水攻则灭大梁"。这里的"夏水",即夏季平日之水,大约只相当于现今所说的中水。这样的河水,通常是不出河槽的,决之灌城,需借地上河的有利形势,河床高于两岸地面方可。

二、西汉时期的悬河形势

《汉志》河,在战国时代地上河的形态已初见端倪,进入西汉之后,地上河的形势更有新的发展,《汉书·沟洫志》中可以见到多处记载。

(一)贾让言论中的悬河

《汉书·沟洫志》所载贾让治河言论中有三处言及地上悬河,其一为:"难者将曰:'河水高于平地,岁增堤防,犹尚决溢,不可以开渠'"。其二为:"往六七岁,河水大盛,增丈七尺,坏黎阳南郭门,入至堤下。水未逾堤二尺所,从堤上北望,河高出民屋,百姓皆走上山……臣循堤上,行视水势,南七十余里,至淇口,水适至堤半,计出地上五尺所。"其三为:"水行地上,凑润上彻,民则病湿气,木皆立枯,卤不生谷"。其一和其三叙述的是平时未涨水的情形,一说是"河水高于平地",一说是"水行地上",悬河形势是显而易见的。其二叙述的是洪水盛涨时的情形,"河高出民屋",悬河形势更异常严峻(见图2-1)。

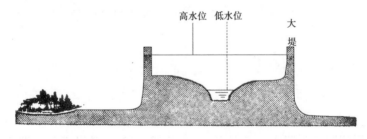

图 2-1　古代悬河示意图

(二)张戎言论中的悬河形势

张戎论及悬河的话语也见《汉书·沟洫志》,其中有言:"春夏乾燥,少水时也,故使河流迟,贮淤而稍浅;雨多水暴至,则溢决。而国家数堤塞之,稍益高于平地,犹筑垣而居水也。"文中所谓"稍益高于平地"者,是说由于河床淤积抬高成为地上河,所以河水稍有增加,水位便会高于两岸平地。

(三)《瓠子歌》中的悬河形势

西汉元封二年(公元前109年),堵塞濮阳瓠子决河时,汉武帝亲临堵口现场,目睹堵口成功之后,作《瓠子歌》以示庆贺。《瓠子歌》是即景之作,其所述多为实情,歌词中有"北渡回兮迅流难"一语,《史记·河渠书》作"北渡污兮浚流难"。古时"污"与"纡"通,《说文》糸部:"纡,诎也","一曰萦也",均为迂曲萦回之意。这句歌词的意思是说,堵口回河北流,一开始河水曾一度萦回壅积,未能顺畅下泄,反映出决河跌塘低下和旧河河底高仰回河北流艰难的真实情景。宋欧阳修有言:"避高就下,水之本性,故河流已弃之道,自古难复",同是就地上河而言,道理是一样的。

三、北魏时期的悬河信息

西汉末年(王莽始建国三年,公元 11 年),黄河自魏郡决口,六十余年不塞,泛滥清河以东数郡,至东汉明帝永平十三年(公元 70 年)经王景与王吴协同治理之后,始稳定下来形成一道新河。新河约自今濮阳县以西由旧河分道,向东经范县北,向北经莘县东、阳谷西,向东经聊城南,至东阿西折向东北,经茌平东、禹城西、平原东南、临邑县北,过临邑向东,经商河南、滨州北,至利津东南入海。王景和王吴治河时,沿河两岸修筑了堤防,尽管留有许多缺口,但是某些河段的淤积抬高还是存在的。据《水经·河水注》记载:今山东商河县东境有沙沟水,"水南出大河之阳,泉源之不合河者二百步,其水北流注商河。"这是黄河河床淤积抬高的表现。大河北岸一侧已有渗水出现,而且渗出之水与大河相距仅200 步,不入大河却北流注入商河,显然是大河河身隆高所致。

四、北宋悬河

北宋前期,黄河仍行汉唐旧道,河床抬升已高于平地,悬河形势已相当突出。据《宋史·河渠志》记载,大中祥符四年(公元 1011 年),近海的棣州(治今山东惠民县东南)河段,"河势高民屋殆逾丈矣"。棣州以上,从当时欧阳修提供的情况看,河底高隆,悬河之势同样是很突出的。欧阳修于至和二年(公元 1055 年)在《论修河第二状》中言道:"臣闻议者计度京东故道(即本文所说之'汉唐旧道',庆历八年(公元 1048 年)商胡决口改道后,称'京东故道')功料,止云铜城(今山东阿县城)已上地(旧河河底)高。不知大抵东去皆高,而铜城已上乃特高耳,其东比铜城已上则似低,比商胡已上则实高也。"正是由于铜城以上及其以下河段淤积抬高之甚,遂导致滑州、澶州境内屡屡横溃。所以欧阳修又说:"河出京东,水行于今所谓故道者。水既淤涩,乃于滑州天台埽决。寻而修塞,水复故道,未几又于滑州南铁狗庙决。其后数年,又议修塞水,令复故道。已而又于王楚埽(今濮阳县西王助)决,所决差小,与故道分流,然而故道之水终以壅淤,故又于横陇大决。"[1]

五、明清悬河

南宋建炎二年(公元 1128 年),杜充为阻止金兵南下,掘黄河右岸李固度(今河南滑县沙店西南三里)堤,出河水改道南流,由于长时间没有固定的河槽,泛滥于泗、濉、涡、颍之间,汇入淮河,而后夺淮河下游河道入海,直到明嘉靖以后(公元 1520 年以后),两岸堤防修筑完备,才使河道固定在开封、商丘、徐州、淮阴一线。所以,明清悬河的消息多见于嘉靖、万历及其以后。如《行水金鉴》卷 32 引《神宗实录》:"自徐(州)而下,河身日高,而为堤以束之,水行堤上,与徐州城等"。再如《砀山县志》引《神宗实录》:万历二十九年(公元 1601 年)时,砀山毛城铺以下至徐州河段,"近河滩地每为淤垫,较之二三十里外原筑堤之地竟高五七尺或丈余不等。"《行水金鉴》卷 34 引《神宗实录》还说:"自开(封)归(德)以至安东(今江苏涟水县),地皆卑于河,不独徐、泗"。悬河形势见于清代文献者如《行水金鉴》引《河防杂说》议康熙年间萧县境河床形势是"以近河滩地而论,较二三十里外原旧筑堤之处竟高五七尺或丈余不等。"再如《续行水金鉴》引《南河成案续编》铁保嘉庆十三年(公元 1808 年)奏书:"今河身日淤日高,河堤益卑矮,外滩多与堤平,堤身不能束水，水至漫滩，即不免越过堤顶。"自道光七年（公元1827年）以后，淮水基本不入黄河，这时对黄河的整个情况，河东河道总督张井曾指出："臣历次周履各工，见堤外河滩高出堤内平地至三、四丈之多。询之年老弁兵，金云嘉庆十年（公元1805年）以前，内外高下不过丈许。"（《南河成案续编》卷十三，道光五年（公元1825年）九月二十三日奏）光堵十三年（公元1887年），童宝善《治河议》（见《皇朝经世文编》）中论及砀山至清口河床淤积情形时也说："王营西北至山东单县界口止，两堤计长五百余里，堤内积淤高出平地者七八尺至丈余不等。"另据研究，黄河尾闾河段于16世纪初泥沙淤积开始突出，明嘉靖以后，尾闾因淤积变为地上河，开始摆动，决口点在清口上下。[2]

第二节　古代悬河遗存

历史上黄河下游河道曾有过多次的迁徙，先期的河道被遗弃之后，又常常被后期泛滥的洪水泥沙所冲毁或掩埋，即使不被冲毁和掩埋，长时期暴露于地表，风雨剥蚀之下，牛羊践踏加人为的种种破坏，多有不能被保留者。所以现今已无法看到古代悬河的真实面貌，所能见者只是其部分残存而已。图2-2所示的为黄河下游冲积平原地貌图，图中黄河古河床高地脉络尚清晰可见，其中显示有两条相对完整：一条在北，起武陟，经新乡、濮阳、内黄、大名、冠县、临清、德州、宁津、至黄骅止；另一条在南，起兰考，经商丘、丰县、徐州、淮阴，于灌南、阜宁之间东北至海滨止。还有一条，虽不完整但大的走势还能辨别，约自今濮阳县向东，而后东北经禹城向利津。对照历史文献，此三条古黄河河道自北向南排列，其中最北一条与《汉志》河相符合，是所见最古老的一条。濮阳以下河段，辍流于西汉末年，距今近2000年；濮阳县以上河段至滑县，一直行河至南宋初，距今近900年。滑县至原阳一河段，明中期还在行河，辍流时间大约在明末清初，距今360余年。次北的一条，北宋时称京东故道，形成于东汉早期，辍流于宋景祐元年（公元1034年），距今970余年。向南的一条，今习称明清故道，形成于明代中期，终止于清咸丰五年（公元1855年），距今也已150余年。以下借助部分古河道地质剖面图进一步了解三条现存故河道的淤积形态以及其突显于地表的实际状况。

一、《汉志》河悬河横断面形态

河南辉县吕村—新乡—原阳—官厂一线第四纪沉积建造图（见图2-3，取自萧楠森《新乡平原土壤盐碱化水文地质作用问题》一文，原载新乡专区科学技术协会、河南新乡专区水利学会合编《水利科学论文选集》1962~1963年卷），图中共分6个沉积单元：Ⅰ为吕村至共产主义渠山前洪积、冲积扇堆积；Ⅱ为古黄河沉积建造；Ⅲ为现代黄河沉积建造；Ⅳ为第一、第二沉积单元交界处卫河的沉积建造；Ⅴ为古阳堤南和现行黄河北大堤以南人工筑堤后发生的沉积；Ⅵ为风沙堆积的流动沙丘。就各部沉积建造的叠压关系而言，位居新乡与原阳之间的古黄河河床高高隆起，覆盖在由砂砾石夹壤土构成的吕村以下的山前洪积、冲积层之上，而原本隆高的古黄河沉积建造的河床堆积体的右翼，则又被更高的现代黄河沉积建造的堆积体所压盖。《汉志》河此段辍流时间最晚，堆积时间最长，尽管其右侧被更高的现代黄河沉积建造所压盖，但其自身隆高之势，依然异常突出。

图 2-2　黄河下游冲积平原地貌

　　《汉志》河今新乡以下至濮阳县之间的古河床悬河形势,因为后期黄河决泛影响相对较小,原有的面貌保留较为完整。1984 年春夏之交,黄河水利委员会(简称黄委)徐福龄等人曾深入实地进行过查看,当时所见古河床临背悬差多在 4~6 m 之间,滑县曹村上下最多达 6.7 m[3]。少后,河南省水利厅徐海亮在此基础上组织进行了 14 个断面的探测工作,图 2-4~图 2-6 是其中的 3 个断面:即新集—沙店—灵河断面,董堤—鲁庄营—谢道口断面和牡丹区—北呼—曹村断面。单就其悬河形势而言,不难看出,临背河悬差均在 4 m以上[4]。

二、北宋京东故道的悬河形态

　　北宋京东故道的悬河形态,可见者仍有三段。一是河南清丰卫城至山东莘县古城一段,古河床滩面明显高于河堤以外平地,其中将军寨至张青营断面,临背河悬差最高达3 m 以上。二是山东东阿顾官屯至齐河潘店一段,古河床至今仍高于两侧地面,当地百姓

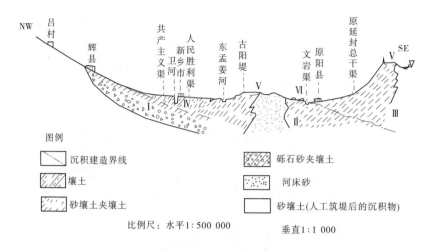

图 2-3　《汉志》河悬河断面形态 I

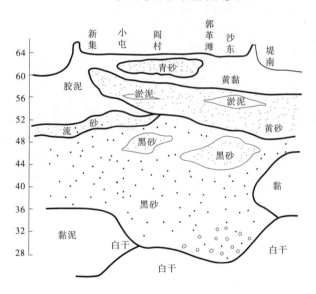

新集—沙店—灵河断面

图 2-4　《汉志》河悬河断面形态 II

称"青龙背"。青龙背正脊部微凹,为古河槽行经之地,有所谓"自铜城东北至杜郎口为十二连洼"之说,堆积性河流宽浅的河道形态,仍可略见。第三段起平原县苏集,至临邑县宿安镇,古河床仍高于两侧地面 1~1.5 m,其上有宽浅河槽,堆积性河道的一般特征也十分突出[5]。卫城至古城一段的三个横断面,如图 2-7 所示,其右岸堤防为近世所改造,称北金堤。清咸丰五年(公元 1855 年)黄河在兰仪铜瓦厢决口改走现行河道后,北金堤曾是黄河左岸的遥堤,京东故道背河一带已成为现行河道的滩地,民国 1933 年等大水年份多次发生淤积,已非故有面貌。为了排泄涝水,在北金堤南岸还开挖形成了金堤河。

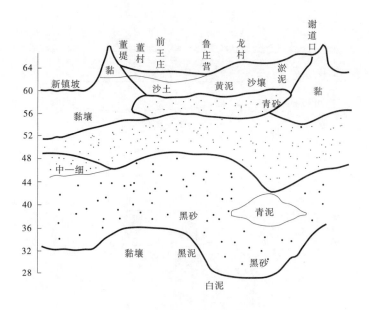

董堤—鲁庄营—谢道口断面

图 2-5　《汉志》河悬河断面形态Ⅲ

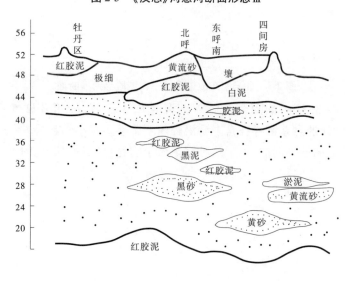

牡丹区—北呼—曹村断面

图 2-6　《汉志》河悬河断面形态Ⅳ

三、明清故道悬河形态

黄河明清故河道,某些文献也称"废黄河",因为辍流时间距今较近,其河道形态保存相对完整,悬河态势更为突出。20 世纪 70 年代末,黄委曾有过全面地考察与研究,所见大堤的临背悬差一般为 7 ~ 8 m[6]。80 年代初期,中国科学院地理研究所孙仲明现场调查中发现,明清故道不同河段其悬河的临背悬差还有变化,而且同一河段内,南北两岸也不相同:今兰考东坝头至徐州一段,南岸 6 ~ 8 m,北岸 5 ~ 10 m;徐州至淮阴一段,南岸

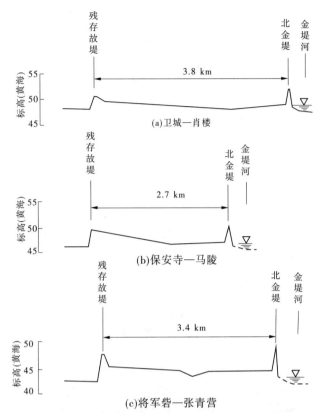

图 2-7 北宋京东故道卫城—古城段悬河横断面

4.5~8 m,北岸 3~8.5 m;淮阴至大淤尖一段,南岸 3.5~8 m,北岸 2.5~6.0 m[7]。显然,两岸堤防临背河的悬差都存在自上游沿程向下游逐渐减小的趋势,图 2-8 为明清故道堤内滩面与堤外地面的纵剖面,图中这种逐渐减小的趋势也是很明显的。

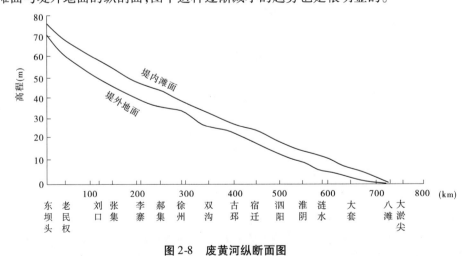

图 2-8 废黄河纵断面图

另外,本书还选择了三处横断面,一处在河南民权县境,两处在江苏徐州市近郊。民权县境内的明清黄河故道,其悬河形势是异常典型的(见图 2-9),北岸因受太行堤的影响,呈现出二级悬河的态势,二级悬差已超过 10 m;南岸大堤内外的悬差不及北岸,但也在 6 m 以上。据研究,这里南北两岸临背悬差的差别之所以如此之大,一个非常重要的原因是源自于明代中期的治河方略。明弘治初至嘉靖中期,中牟以下至徐州一段一直奉行北塞南疏的治河方针,南岸地面因长时间泥沙淤积而抬高,南堤的临背河悬差也便随之减小。

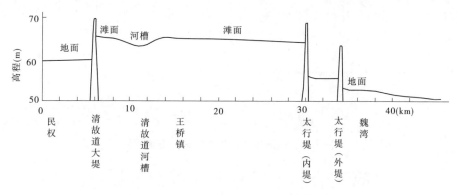

图 2-9　明清故道民权—魏湾悬河横断面

徐州河段的横断面,如图 2-10、图 2-11 所示(采自 1924 年《江苏水利协会杂志》第 17 期,本为费礼门《导淮计划书》的附图)。费氏《导淮计划书》发表于民国 1920 年,距离公元 1855 年辍流时间更近,图中反映应当更加接近实际。横断面位置俱在徐州东南狮子山、奎山之下游。从中可以看出,该河段堤距宽度只有 2 km 左右,而南北(东西)大堤的临背河悬差均在 8 m 上下。

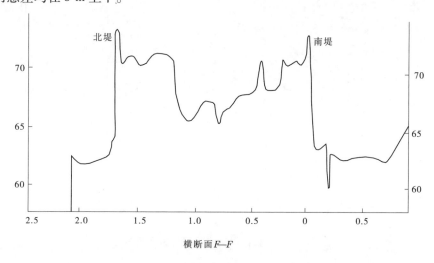

图 2-10　明清故道徐州近郊悬河横断面 I

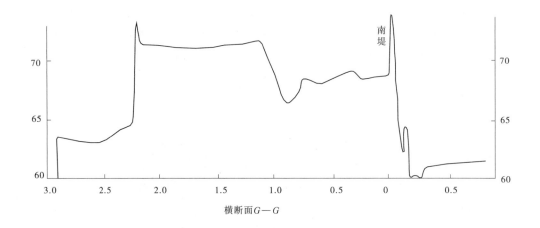

横断面 G—G

图 2-11　明清故道徐州近郊悬河横断面Ⅱ

第三节　古代悬河的沉积率初议

　　黄河泥沙的沉积率是随沉积环境的不同而变化的,因此沉积环境一旦发生变化,便会有新的沉积率出现。古黄河是在距今 10 万年以前即穿越豫西山地于孟津出山口泄入下游平原的。在漫长的岁月里,它把黄土高原的巨量泥沙带到下游平原,在这里沉积并随着河道的南北迁徙摆动,使得其沉积范围不断扩展(见图 2-12),泥沙沉积的速率是缓慢的,自有人工堤防之后,黄河泥沙的沉积范围开始受到限制,除堤防决口泛滥外,主要沉积在两堤之间的河床上和河口三角洲区域,沉积范围大大缩小,沉积速率也明显加快。

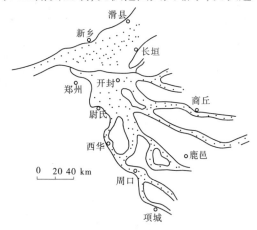

图 2-12　晚更新世早期冲积扇与古河道分布

一、冲积平原的沉积速率

　　对于黄河下游冲积平原的沉积速率,在 20 世纪 80 年代地理界已有一些研究成果。
　　关于全新世时期的沉积速率,叶青超等人在《黄河下游河流地貌》一书第十二章第一节"黄河下游地区沉积地质的特点"中指出:第四纪以来,下游平原在地体继续缓慢沉降和黄河南北迁徙摆动的地质历史时期内,随着一边沉降和一边堆积的推移,沉积地层一般厚 300~500 m。全新世经历的时间较短,11 000 年以来沉积了 30~60 m 厚度不等的泥沙,年平均的沉积速率为 2.7~5.5 mm。

关于华北平原北部 2 万年以来的沉积速率,吴忱的《华北平原北部古河道研究报告》(1988 年油印本)中,是在分析 3 000 余个钻孔资料的基础上进行华北平原北部沉积速率估算的。《华北平原北部古河道研究报告》称:"冲积扇、冲积平原、滨海平原平均 2 万年来沉积厚度 31.59 米,平均年沉积速率 0.159 厘米。其中,晚更新世末期至早全新世沉积厚度 14.58 米,年沉积速率 0.12 厘米;中全新世沉积厚度 11.97 米,年沉积速率 0.27 厘米;晚全新世沉积厚度 5.24 米,年沉积速率 0.17 厘米"。此外,吴忱在《华北平原北部新构造运动分析》一文中还曾进一步概括地言道:"冲积扇、冲积平原、三角洲平原地区,前 2 万年以来的总沉积厚度平均 31.8 米,平均年沉积速率 0.16 厘米"。

二、黄河古河道的沉积速率

对黄河古河道沉积速率的研究,已有成果的有两条,一条是豫北现存的《汉志》河河道,另一条是起兰考东坝头至江苏云梯关的明清故道。

(一)《汉志》河滑县至濮阳河段沉积速率

现今河南省北部滑县至濮阳县间一段黄河故道,是《汉志》河旧道,公元 1128 年辍流之后,每遇洪水盛涨,仍时有泛水进入。所以,这段古河道的泥沙堆积金初尚未停止,大约一直延续到金明昌五年(公元 1194 年)。此河段沉积速率的研究,目前仅见于徐海亮《黄河故道滑澶段历史河流泥沙的几个问题》一文(载《人民黄河》1986 年 4 期)。此项研究先是利用古河床煤渣、灰渣夹层探测资料和考古发掘资料找出属于西汉初期和北宋初期的古河道床面,扣除公元 1128~1194 年 66 年的表层淤积,分别得到两个不同时期的淤积厚度,再分别计算出两个时段古河道的年沉积速率,其计算结果为:西汉初年至北宋初年平均每年为 0.26~0.34 cm,北宋初至金初平均每年为 1.29~2.14 cm,详见表 2-1。

表 2-1　《汉志》河滑县至濮阳河段沉积速率

淤积时段	淤积厚度(m)	沉积速率(cm/年)
汉初至北宋初	3.0~4.0	0.26~0.34
北宋初至金初	4.5	1.29~2.14

(二)明清故道沉积速率

就已有的研究成果看,由于各家采用的初始条件不尽相同,因而沉积速率的估算结果还存在有明显的差异。

叶清超等在《黄河下游河流地貌》一书中,以金明昌五年(公元 1194 年)黄河南流夺淮起算,至清咸丰五年(公元 1855 年)止,取明清故道行河期为 661 年,其结果是:"黄河故道的沉积厚度平均达 17 米,年平均沉积速率 2.6 厘米"。然而,历史的实际情况是,黄河自公元 1194 年全河入淮之后,河道一直处在剧烈变动之中,至明代嘉靖中期始稳定在兰阳、归德、徐州、清口一线,至清咸丰五年(公元 1885 年)止,其行河期徐州以下稍长一些,徐州以上不过 300 余年。徐海亮在研究中注意到了这一点,并照顾到各河段的历史和实际情况,采用各不相同的起算年,提出了一组新的沉积速率估算结果(详见表 2-2)[8]。其中兰考、民权境内,有明故道和清故道之别,故特意分别列出了计算数据。很显然,表 2-2 中所列沉积速率,不同河段之间变化甚大,有的悬殊可达数倍。

表 2-2　明清故道沉积速率

	河段	研究时段(年)	部位	沉积厚(m)	沉积速率(cm/年)
明清故道	兰考	1495~1781	河漫滩	7.0~10.0	2.45~3.49
		1783~1855	河漫滩	6.0~9.0	8.33~12.5
	民权	1495~1781	河漫滩	7.0~10.0	2.45~3.49
		1783~1855	河漫滩	4.0~8.1	5.56~11.25
	商丘—虞城	1572~1855	河漫滩	8.0~12.0	2.83~4.24
	丰县二坝	1572~1855	河漫滩	8.7	3.11
	徐州市	1572~1855	河漫滩	5.0~10.0	1.77~3.53
	睢宁魏集	1572~1855	河漫滩	5.5	1.94
	泗阳苗圃	1578~1855	河漫滩	8.4	3.03
	云梯关	1590~1855	河漫滩	6.05	2.28
	大淤尖	1677~1855	河漫滩	7.55	4.24

颜元亮曾利用顺黄坝水志桩的观测资料,研究计算清口河段的沉积速率,特意选择道光元年至二十年(公元 1821~1840 年)决溢较少、河道相对稳定的 20 年作为计算时段,计算结果表明,该河段此时的沉积速率平均每年高达 12.2 cm。颜元亮在研究中还计算了砀山河段和徐州河段的沉积速率,计算时段前者是清乾隆二十七年至嘉庆二十五年(公元 1762~1820 年),后者是清康熙二十三年至嘉庆十三年(公元 1684~1808 年),均有不同程度的河决影响。计算出的结果是,砀山河段平均每年沉积 11.7 cm,徐州河段平均每年沉积 6.7 cm[9]。

(三)古代悬河沉积速率计算评析

古代悬河的堆积是一个颇为复杂的变化过程。悬河沉积速率的计算,目前已见到的只能说是粗略的,因为采用的计算依据,诸如淤积厚度的判定、计算时段的选择等主观影响因素还相当大,尤其是河决冲刷的影响,更是难以准确把握。历史上黄河决溢频繁,影响巨大。西汉瓠子决口,20 余年未能堵塞;北宋期间的多次决口、数次改道,特别是曹村一次决口,口门跌塘也"陡绝三丈,水如覆盎破缶"等。决口发生时,大量泥沙外泄,口门以上溯源冲刷,河床降低。据研究,清咸丰五年(公元 1855 年)一次铜瓦厢决口,在口门跌塘 6 m 深的情况下,溯源冲刷的距离可达 130 余 km,一直延及沁河口附近,受河槽冲刷的影响,两岸高滩突显,虽已过去 150 余年,迄今依然举目可见。河决自不免给人类社会带来巨大的灾难,但对河道自身而言,每一决口必挟带大量泥沙外流,使得河床因冲刷而降低。古代悬河正是在这种不断淤积,又不断地冲刷调整的过程中发展起来的。在古代,黄河下游河道决溢是经常的、绝对的,不决溢则是短时间的、相对的,因而在古代悬河沉积速率计算中,计算时段中有无决溢发生以及决溢次数的多或少,差异是异常明显的。从已有的计算成果看,古代悬河的沉积速率,正常情况下平均每年只有 2 ~ 4 cm,决溢稀少时,平均每年可达 10 cm 以上。

参考文献

[1]《欧阳修文集》.世界书局 1936 年本.

[2]李元芳.历史时期黄河河口及三角洲演变特性[C]∥黄河流域环境演变与水沙运行规律研究文集第四集.北京:地质出版社,1993.

[3]黄河水利委员会黄河志总编室.河南武陟至河北馆陶黄河故道考察报告[R].郑州:1984(油印本).

[4]徐海亮.从黄河到珠江[M].北京:中国水利水电出版社,2007.

[5]杨国顺.东汉黄河下游河道研究[C]∥黄河流域环境演变与水沙运行规律研究文集第一集.北京:地质出版社,1991.

[6]徐福龄.河防笔谈[M].郑州:河南人民出版社,1993.

[7]孙仲明.黄河下游 1855 年铜瓦厢决口以前的河势特征及决口原因[C]∥中国水利学会水利史研究会编《黄河水利史论丛》.西安:陕西科学技术出版社,1987.

[8]徐海亮.黄河下游的堆积历史和发展趋势[J].水利学报,1990.

[9]颜元亮.清代铜瓦厢改道前的黄河下游河道[J].人民黄河,1986.

第三章　黄河设计洪水与防洪工程体系

第一节　黄河设计洪水

了解、掌握黄河设计洪水是进行黄河防洪的必要条件之一。1919 年我国就开始设立水文站,现已遍布黄河的干支流。堤防工程的尺度主要取决于堤防的保护范围和洪水的大小。通过观测黄河水沙数据,分析研究黄河水沙特性,调查历史洪水,确定设计洪水,为防洪工程建设提供依据。半个世纪以来,陈赞廷、史辅成、王国安等对黄河洪水进行了大量研究,取得了可喜成果[1-3]。本节仅述黄河设计洪水。

一、干流天然设计洪水

自 20 世纪 50 年代以来,为满足流域和河段规划以及工程设计的需要,黄委对黄河上、中游各代表站的设计洪水曾进行过多次分析计算。但总的来说,成果变化不大,这是因为黄河干流洪水系列相对较长,各站均有调查历史洪水加入分析计算,而且在每次研究过程中均对成果进行了合理性分析。

洪水频率计算时,经验频率公式采用数学期望公式,均值和变差系数 C_v 用矩法计算,偏态系数 C_s 用适线法确定。在适线时,对 C_v 可略作调整,均值一般不动。适线准则是尽可能照顾全部点据,有困难时则侧重中上部大水年点据。频率曲线线型采用皮尔逊Ⅲ型。

对于黄河干流设计洪水的成果,水利部水利水电规划设计总院于 1976 年、1980 年、1985 年、1994 年进行过多次审查。审查成果无大变化,现将 1990 年修订的《黄河治理开发规划报告》中采用的设计洪水数据列于表 3-1[4]。

表 3-1　黄河干流站设计洪水成果

（单位:洪峰 Q_m,m^3/s;洪量 W_t,亿 m^3）

站名	控制面积（km^2）	项目	均值	C_v	C_s/C_v	频率为 $P(\%)$ 的设计值		
						0.01	0.1	1.0
贵德	133 650	Q_m	2 470	0.36	4	8 650	7 040	5 410
		W_{15}	26.2	0.34	4	86.5	71.0	55.0
		W_{45}	62.0	0.33	4	199	164	128
上诠	182 821	Q_m	3 270	0.34	4	10 800	8 860	6 860
		W_{15}	35.1	0.34	4	116	95.1	73.6
		W_{45}	82.8	0.32	3	238	201	162

续表 3-1

站名	控制面积（km²）	项目	均值	C_v	C_s/C_v	频率为 P(%)的设计值		
						0.01	0.1	1.0
兰州	222 551	Q_m	3 900	0.35	4	12 700	10 400	8 110
		W_{15}	40.8	0.33	4	131	108	84.0
		W_{45}	97.8	0.31	3	274	232	188
安宁渡	243 868	Q_m	4 070	0.33	4	13 000	10 700	8 400
		W_{15}	41.8	0.33	4	134	110	86.0
		W_{45}	99.7	0.31	3	279	236	191
青铜峡	295 010	Q_m	3 790	0.33	4	12 300	10 000	7 810
		W_{15}	40.0	0.33	4	128	106	82.1
		W_{45}	96.0	0.31	3	268	228	184
河口镇	385 966	Q_m	2 882	0.40	3	10 300	8 420	6 510
		W_1	2.38	0.38	3	8.04	6.66	5.21
		W_5	11.5	0.39	3	39.9	32.9	25.5
		W_{12}	25.9	0.40	3	92.2	75.6	58.3
		W_{45}	73.4	0.40	3	261	214	166
义门	403 878	Q_m	5 030	0.60	3	28 500	22 000	15 600
		W_1	2.51	0.40	3	8.95	7.34	5.68
		W_5	11.4	0.42	3	40.7	33.4	25.8
		W_{12}	26.4	0.40	3	94.0	77.1	59.7
吴堡	433 514	Q_m	9 010	0.64	2.5	51 200	40 000	28 600
		W_1	3.56	0.50	3.5	17.2	13.5	9.8
		W_5	13.1	0.41	3.0	47.9	39.2	30.1
		W_{12}	28.3	0.38	3.0	95.7	79.2	62.0
		W_{45}	86.1	0.37	2.5	270	227	181
龙门	497 552	Q_m	10 100	0.58	3	54 700	42 600	30 400
		W_1	4.75	0.50	3	21.6	17.2	12.7
		W_5	16.4	0.40	3	57.3	47.0	36.4
		W_{12}	32.2	0.36	3	103	86.0	68.0
		W_{45}	96.1	0.33	3	284	239	191
三门峡	688 399	Q_m	8 880	0.56	4.0	52 300	40 000	27 500
		W_5	21.6	0.50	3.5	104	81.4	59.1
		W_{12}	43.5	0.43	3.0	168	136	104
		W_{45}	126	0.35	2.0	360	308	251

续表 3-1

站名	控制面积（km²）	项目	均值	C_v	C_s/C_v	频率为 $P(\%)$ 的设计值		
						0.01	0.1	1.0
小浪底	694 155	Q_m	8 880	0.56	4.0	52 300	40 000	27 500
		W_5	22.3	0.51	3.5	111	87	62.4
		W_{12}	44.1	0.44	3.0	172	139	106
花园口	730 036	Q_m	9 770	0.54	4.0	55 000	42 300	29 200
		W_5	26.5	0.49	3.5	125	98.4	71.3
		W_{12}	53.5	0.42	3.0	201	164	125
		W_{45}	153	0.33	2.0	417	358	294
三花间	41 637	Q_m	5 100	0.92	2.5	46 700	34 600	22 700
		W_5	9.80	0.90	2.5	87.0	64.7	42.8
		W_{12}	15.0	0.84	2.5	122	91.0	61.0
		W_{45}	31.6	0.64	2.0	161	132	96.5

二、小浪底至花园口区间天然设计洪水

小浪底水库自 1999 年 10 月下闸蓄水后,对黄河下游的防洪具有十分明显的作用,小浪底至花园口区间(简称小花间)的洪水进一步引起了重视。在编制黄河流域防洪规划时,对小花间洪水进行了重点研究,将洪水资料延长到 1997 年,先计算伊洛河夹滩地区和沁河下游堤防不决溢且无水库情况下设计洪水,再计算在现状堤防情况下,无水库、考虑伊洛河夹滩和沁南滞洪区滞洪后设计洪水。2000 年 11 月通过了水利部水利水电规划设计总院的审查,设计洪水值见表 3-2[5]。与原审定成果相比,小花间洪峰流量减少了 4%～8%;设计 5 日洪量、100 年一遇及以下洪水减少了 5% 左右,1 000 年一遇、10 000 年一遇洪水差别不大;设计 12 日洪量减少了 5%～10%。由于小花间成果变化不大,规划中仍采用原审定成果。

表 3-2 小浪底至花园口区间设计洪水 2000 年审定成果

设计洪水条件	项目	频率为 $P(\%)$ 的设计值			
		0.01	0.1	1.0	3.3
无库不决堤设计洪水	洪峰流量(m³/s)	38 900	28 300	17 900	12 600
	5 日洪量(亿 m³)	73.2	53.7	34.5	24.7
	12 日洪量(亿 m³)	96.1	71.5	47.1	34.6
无库现状堤设计洪水	洪峰流量(m³/s)	32 700	25 000	16 200	12 600
	5 日洪量(亿 m³)	70.0	51.6	33.7	24.7
	12 日洪量(亿 m³)	95.1	70.6	46.7	34.6

三、支流沁河、渭河、汶河天然设计洪水

沁河武陟站(小董站)、渭河干流及其支流主要站、汶河戴村坝站的天然设计洪峰流量见表3-3[5]。

表3-3　沁河、渭河、汶河各主要站天然设计洪峰流量

河名	站名	不同频率P(%)时设计洪峰流量(m³/s)			
		1	2	5	10
沁河	武陟	7 110	5 540	3 620	
渭河	桃园(泾河)	15 400	12 600	9 090	6 580
	洑头(北洛河)	8 500	6 790	4 620	3 120
	朝邑(北洛河)	4 030	3 280	2 340	1 660
	咸阳	9 700	8 570	7 080	5 910
	临潼	14 200	12 400	10 100	8 350
	华县	11 700	10 300	8 530	7 160
黄河	潼关	27 500	23 600	18 800	15 200
汶河	戴村坝	10 900	8 950	6 440	

四、水库调节后黄河下游各站设计洪水

黄河下游洪水主要来自花园口以上,上、中游水库尤其是中游水库对黄河下游洪水有着十分重要的作用。花园口以下河道宽阔,具有滞蓄洪水、削减洪峰的作用,超过河道排洪能力的洪水,还要利用东平湖(近30年一遇分洪滞洪)、北金堤(1 000年一遇以上洪水分洪滞洪)滞洪区滞蓄洪水,考虑三门峡、小浪底、故县、陆浑水库作用后,下游各站洪峰流量见表3-4[5]。

表3-4　水库运用后黄河下游各站各级洪峰流量及设计防洪流量

断面名称	不同重现期洪峰流量(m³/s)					设计防洪流量(m³/s)
	30年	100年	300年	1 000年	10 000年	
花园口	13 100	15 700	19 600	22 600	27 400	22 000
柳园口	12 000	15 120	18 800	21 900	26 900	21 800
夹河滩	11 500	15 070	18 100	21 000	26 100	21 500
石头庄	11 400	14 900	18 000	20 700	25 100	21 200
高村	11 200	14 400	17 550	20 300	20 000	20 000
孙口	10 400	13 000	15 730	18 100	17 500	17 500
艾山	10 000	10 000	10 000	10 000	10 000	11 000
泺口	10 000	10 000	10 000	10 000	10 000	11 000
利津	10 000	10 000	10 000	10 000	10 000	11 000

注:1. 10 000年一遇考虑了运用北金堤滞洪区。

2. 艾山、泺口、利津三站设防流量考虑了东平湖滞洪区至济南的南山支流加水的影响。

3. 高村、孙口的重现期洪峰流量10 000年一遇小于1 000年一遇是北金堤滞洪区造成的。

第二节　黄河防洪工程体系

一、防洪方略

黄河治理已有几千年的历史,主要是与洪水作斗争,可以说治黄方略就是防洪方略。不同时期的治黄方略大体可分为筑堤防洪、分流、束水攻沙、蓄洪滞洪等几类[1]。①筑堤防洪:黄河下游堤防,西周时期已开始修堤,春秋时期已有较多记述。春秋战国时期,各诸侯国筑堤治河。秦统一中国后,"决通川防,夷去险阻"(《史记·秦始皇本记》),调整黄河下游堤防工程布局。西汉贾让提出了"不与水争地"的思想,主张按宽河固堤修建堤防。东汉王景率数十万人,筑西自荥阳东至千乘海口的千余里堤防。宋以后均注重堤防建设,筑堤防洪长盛不衰。②分流:除利用原河道外,另辟一条水道排泄洪水,但该方略被采纳较少,如运用得当也可获一时之效。为减轻河患,宋朝河北都转运使韩赞提出分流建议,被宋朝采纳。嘉祐五年(公元 1060 年)在魏州第六埽(约在今河北大名与南乐之间)破堤分流,分出的水流称为二股河,分流后两河并存达 17 年之久。③束水攻沙:明朝隆庆末、万历初,万恭、朱衡治理徐、邳一段河道时,采用虞城县一位读书人所献的以河治河之策,进而初步建立了束水攻沙的理论基础,认为"夫水专则急,分则缓;河急则通,缓则淤"(《治水筌蹄》,明万历张文奇重刻本),利用水流的动力作用,减缓淤积,减少决口。潘季驯发展了束水攻沙方略,他认为:"筑堤束水,以水攻沙,水不奔溢于两旁,则必直刷乎河底,一定之量,必然之势"(《河防一览·河议辩惑》)。他先采用缕堤"束水攻沙",又主张利用遥堤"束水归槽";后来又发展到"弃缕守遥"。万历六年(公元 1578 年)六月潘季驯在第三次总理河道初期对缕堤就已持否定态度,如"北岸自古城至清河,亦应创筑遥堤一道,不必再议缕堤,徒费财力"(《河防一览·两河经略疏》)。后又指出"今双沟一带,已议弃缕守遥矣",并肯定灵壁双沟"弃缕守遥,固为得策"(《河防一览·河防险要》)。④蓄洪滞洪:大河洪水暴涨时,选择合适处所蓄洪滞洪,分出部分水流,减少洪水对两岸的威胁。蓄洪滞洪多为利用天然湖沼。王莽时征集治河意见,长水校尉关并提出人工开辟滞洪区为大河蓄洪减水,虽未实现,但对治河思想的发展是有意义的。东汉王景治河修堤时,留有许多通往两岸湖沼的缺口,这些湖沼具有分减洪水、蓄洪滞洪的作用。

1946 年中国共产党领导治理黄河以来,在黄河下游防洪仍为治黄的首要任务,随着国家经济发展对治黄要求的提高、投资力度的加大以及科学技术的发展,防洪方略也在相应地变化。

(一)宽河固堤方略

1946 年以后,为了适应堵复花园口扒口口门、黄河回归故道的情况,减少黄河洪水灾害,基本沿用 1938 年黄河改道前的堤防旧线进行了大规模的复堤,采用了历史上的宽河格局,实际上是按宽河固堤的方略进行防洪工程建设的。1950 年正式提出宽河固堤方略[6]。按此方略,主要采取了以下措施:①大力培修堤防,连年不断地对堤防进行加高培厚,提高堤防的抗洪能力。②石化险工,将历史上的秸料埽工程改为石坝。③采取锥探灌浆等措施处理堤身隐患,发动沿河群众捕捉害堤动物。④植树种草,防止风浪、雨水侵蚀大堤。⑤废除河道内民埝(生产堤),充分发挥洪水期含沙水流的淤滩刷槽作用,扩大河道行洪能力。⑥开辟北金堤、东平湖滞洪区,防御大洪水及特大洪水。⑦组织群众防汛队伍,加强人防建设。

（二）蓄水拦沙方略

1952 年,王化云提出蓄水拦沙方略,并在 1954 年编制的《黄河综合利用规划技术经济报告》中得到很好的体现。王化云在治黄工作总结时做了进一步论述[7]:"黄河在下游的毛病是泥沙淤淀,过去治理黄河的理论与办法是'以堤束水,以水攻沙',用意就是要用堤把河缩窄,集中水把泥沙冲到海里去,河道越来越深,排洪能力越来越大,总之是把黄河由宽、浅变为窄、深,河患自然就没有了"。这一治河理论和办法实行了很长时间。"但是历史的实践却告诉我们,宽、浅的黄河并没有能够变为窄、深,而河患也没有得到基本解决。束水攻沙不能奏效的原因究竟何在呢? 这主要是由于黄河的水沙不平衡、泥沙太多、坡度平缓等三个因素所形成的黄河下游河道淤淀与宽、浅的自然规律,决非束水攻沙所能改变。……因此我们整个治黄的方案,改变'束水攻沙'为'蓄水拦沙',……对下游治理方案就不采取用堤缩窄河道的办法,而就现有情况,采用宽河道的方策"(王化云,1955 年)。按照该方略拟采取的主要措施为,一是在黄河干支流上修建一系列的拦河坝和水库,拦蓄洪水和泥沙,同时调节水量,发展灌溉、航运,进行水力发电;二是在黄河水土流失严重的地区,开展大规模的水土保持工作,减少入黄泥沙,并有利于当地农业增产、改变落后面貌。

（三）上拦下排、两岸分滞方略

治黄实践表明,蓄水拦沙方略不全面,不完全符合黄河的情况。单纯强调了"拦",忽视了"排",因此不能解决下游防洪问题。1963 年 3 月,王化云在"治黄工作基本总结和今后的方针任务"中提出了"上拦下排,是今后治黄工作的总方向"。黄河治本不仅是上、中游的事,下游也有治本任务,黄河治理是上、中、下游的一项长期艰巨的任务。

1975 年 12 月黄河下游防洪座谈会结束后,水利电力部和河南、山东两省联名向国务院报送了《关于防御黄河下游特大洪水的报告》,提出"拟采取'上拦下排、两岸分滞'的方针,即在三门峡以下兴建干支流工程,拦蓄洪水;改现有滞洪设施,提高分滞洪能力;加大下游河道泄量,排洪入海。"1976 年 5 月 3 日国务院批复,原则上同意《关于防御黄河下游特大洪水的报告》。"上拦下排、两岸分滞"的内容正如王化云所说的,"上拦,主要是在干流上修建大型水库工程,控制洪水,进行水沙调节,变水沙不平衡为水沙相适应,以提高水流输沙能力;下排,就是利用下游现行河道尽量排洪、排沙入海,用泥沙填海造陆,变害为利;'两岸分滞',就是遇到既吞不掉又排不走的特大洪水时,向两岸预定的分滞洪区分滞部分洪水,这是在非常必要时牺牲小局保全大局的应急措施。"[8]

（四）"上拦下排、两岸分滞"控制洪水,"拦、排、放、调、挖"处理利用泥沙

1986 年 5 月,为纪念人民治黄 40 周年,在王化云所写的"辉煌的成就 灿烂的前景"一文中,提出了用"拦、用、调、排"4 个字概括的治黄设想[7]。①"拦":就是在中、上游拦水、拦沙。水土保持是面上拦的措施,修建干、支流水库拦进入河道的泥沙,这些都是减轻下游河道淤积的重要措施。②"用":就是用洪用沙。多用浑水,按周恩来总理说的"把水土结合起来解决,使水土资源在黄河上、中、下游都发挥作用"。引洪漫地、库坝群用洪用沙、浑水灌溉、引黄放淤改土、放淤固堤、滩地放淤等都是处理泥沙、"以黄治黄"的有效办法。用洪用沙是群众的需要,生产的需要,治河的需要,具有很强的生命力和广阔的发展前途。③"调":就是调水调沙。黄河的主要特点是水少、沙多、水沙不协调。通过修建黄河干支流水库,调节水量,调节泥沙,变水沙不协调为水沙相适应,使水沙过程有利于排洪排沙,达到为下游河道减淤的效果。④"排":就是充分利用黄河下游河道比降陡、排沙能力大的特点,排洪排沙入海,这是解决黄河洪水泥沙的主要出路。总之,就是把黄河看成一个整体,采用系统工程的办法,按照"拦、用、调、排"4 套办法,统筹规划,综合治理,统一调度,黄河就能够实现长治久安,逐步由害河变为利河。

1998 年以来,根据党中央、国务院关于加快大江、大河、大湖治理步伐的精神,黄委开展了"黄河的重大问题及其对策"的研究,于 2000 年提出报告,在此基础上于 2002 年编制完成了《黄河近期重点治理开发规划》。国务院 2002 年 7 月 14 日以国函［2002］61 号文批复,原则同意,请认真组织实施。在《黄河近期重点治理开发规划》中提出的防洪减淤的基本思路是:"'上拦下排、两岸分滞'控制洪水;'拦、排、放、调、挖'处理和利用泥沙。"解决黄河洪水问题的"上拦"是指在中游干支流修建大型水库,以显著削减洪峰;"下排"是指利用河道排洪入海;"两岸分滞"是指在必要时利用滞洪区分洪,滞蓄洪水。解决泥沙问题需要采取综合措施,"拦"是指靠上中游地区的水土保持和干支流控制性骨干工程拦减泥沙;"排"是指通过各类防洪工程的建设,将进入下游河道的泥沙利用现行河道尽可能多地输送入海;"放"是指在下游两岸处理和利用一部分泥沙;"调"是指利用干流骨干工程调节水沙过程,使之适应河道的输沙特性,以利排沙入海,减少河道淤积或节省输沙水量;"挖"是指挖河淤背,加固黄河干堤。

(五)"稳定主槽、调水调沙,宽河固堤、政策补偿"河道治理方略

通过水土保持等措施,进入黄河下游的沙量将有所减少,但随着经济社会的不断发展,流域及有关地区对黄河的需水量将明显增加,在干流骨干工程调节能力不足和未能从外流域调水入黄的情况下,黄河下游水少、沙多、水沙不协调的矛盾将会更加突出,并将长期存在。2004 年,黄委组织召开了"黄河下游治理方略高层专家研讨会"和"黄河下游治理方略专家研讨会"。在黄河下游河道不改道的前提下,按照水沙条件及其变化趋势、科学发展观和构建社会主义和谐社会的方针,从人水和谐的要求出发,经研究黄委提出,当前和今后一个时期黄河下游河道的治理方略为:"稳定主槽、调水调沙,宽河固堤、政策补偿。"为了保证黄河下游两岸的防洪安全,利于引黄供水、滩区生产安全和交通航运,必须进行河道整治,控导河势,稳定主槽;进行调水调沙,改造水沙不协调状况,利于维持、改善主槽的排洪输沙能力,并利于稳定主槽。固堤是堤防安全的需要;宽河具有的广阔滩地,可以滞洪、削峰、沉沙,并可通过洪水期间的滩槽水沙交换,实现淤滩刷槽,增大主槽的过洪输沙能力,利于防洪安全。通过滩区安全建设,保障滩区居民生命及主要财产安全,洪水漫滩会影响滩区居民的生产发展,通过实行补偿政策,弥补受灾损失,使滩区也能像附近地区一样,生活水平得到提高,以利做到人水和谐相处。

二、防洪工程体系组成

(一)防洪工程措施取决于洪灾成因

黄河的洪水灾害是由黄河决口泛滥造成的。按照自然原因黄河决口可分为 3 种类型:①漫决:水流漫过堤防,或水位接近堤顶,在风浪作用下爬上堤顶,使堤防发生破坏而造成的决口。②溃决:河流水位尽管低于设计洪水位,但由于施工质量不满足要求、堤身或堤基有隐患,水流偎堤后发生渗水、管涌、流土等险情,进而发展为漏洞,因抢护不及,漏

洞扩大,堤防溃塌,水流穿堤而过造成的决口。③冲决:水流冲淘堤身,造成坍塌,当抢护的速度赶不上坍塌的速度时,塌断堤身而造成的决口。防洪采取的措施,应针对造成决口成灾的原因来确定。

(二)防洪工程标准随经济社会发展而提高

防洪工程体系要随着经济社会的变化而变化。随着经济社会的发展,对河流防洪安全度的要求会愈来愈高,采取的工程标准也会相应提高;同时,经济的发展又为防洪工程建设提供了资金支持,使提高防洪工程标准成为可能。因此,随着时间的推移和经济社会的发展,除战争等特殊年代外,防洪工程防御洪水的能力是逐渐提高的。

(三)防洪工程体系随科学技术发展而完善

随着科学技术的进步,人们采取防御洪水灾害的措施由简单到复杂,由低级到高级,防洪工程体系逐渐完善。开始阶段只能采用人工堆筑堤防的办法,限制洪水泛滥淹没区的范围,进而主动地利用一些低洼地、湖泊等处理一部分洪水。随着经济和技术的发展,为了控导河势,人们在河道内修建河道整治工程,减少冲塌堤防;或者修建拦河大坝,形成防洪水库,拦蓄洪水,提高工程以下河道的防洪标准。

防洪工程体系取决于不同时期的防洪方略,随着防洪方略的变化而不断变化和不断完善。

(四)黄河下游的防洪工程体系

黄河上采取的工作措施主要有以下几种形式:修筑堤防、约束洪水,限制洪水的泛滥范围;利用天然湖泊滞蓄洪水;人工修建滞洪区,洪水期有计划分洪,减小其下河段的洪峰和洪量;修建河道整治工程,控导河势,减少水流对堤防的破坏;在防洪任务重的河段以上干支流上,修建防洪水库,提高水库以下河段的防洪标准。

黄河各个干流河段及其支流的防洪工程体系不完全相同,其主要工程措施为堤防、滞洪区、河道整治工程、防洪水库。部分支流河段往往仅靠堤防。至2010年,干流兰州河段靠堤防和上游水库,宁夏、内蒙古河段的防洪(防凌)靠堤防、河道整治和上游水库。渭河下游靠堤防和河道整治工程;沁河下游目前主要靠堤防,正在修建的河口村水库建成后为靠堤防和上游水库;汶河下游、汾河下游靠堤防和上游水库。

黄河下游的防洪工程体系比较完整,但也有一个发展过程。20世纪50年代以前主要靠堤防和沿河的湖泊洼地,50年代有计划地开辟了滞洪区,60年代初三门峡水库投入运用,天然的东平湖也改建成了滞洪区。同时,从50年代初开始进行河道整治。60年代初期即初步形成了由堤防、河道整治、滞洪区、防洪水库组成的黄河下游防洪工程体系。经过几十年的不断完善,至2000年已基本建成了由堤防、河道整治工程、滞洪工程和位于中游的干流三门峡水库、伊河陆浑水库、洛河故县水库、干流小浪底水库组成的黄河下游防洪工程体系(见图3-1)。同时,半个多世纪以来还逐步进行了防汛组织、水情测报预报、防汛通信等防洪非工程措施建设。本节将重点介绍黄河下游的防洪工程体系。

三、堤防是长盛不衰的防洪工程措施

堤防是防御洪水的屏障,它是最古老的防洪工程,也是最简单的防洪工程。在人们由逃避洪水向防御洪水转变的时期,由于生产力低下、技术落后,不可能修筑复杂的工程来抵御洪水的侵袭,只能用简单的工具,就近取土,堆起土埝、土堤,防止一般洪水的泛滥。

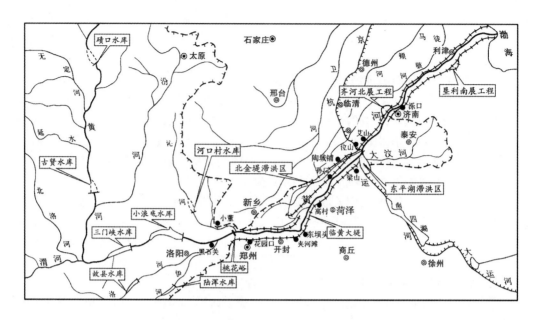

图 3-1　黄河下游防洪工程体系示意图

在不断防御洪水的过程中逐渐提高筑堤技术与堤防规模,修起的堤防由窄变宽,由低变高,由松散到相对密实,抵御洪水的能力也逐渐提高。由于堤防对材料、施工工具、施工技术要求不高,所以在生产力和科学技术均很落后的古代,人们为了生存,首先利用堤防防洪,并且得到了较快的发展。

堤防是各个防洪方略的重要防洪工程措施。在黄河防洪的历史长河中,利用堤防约束洪水是共同使用的措施,只是有的方略单靠堤防约束洪水,有的方略以水库、滞洪区拦蓄洪水为主,降低河道内的洪峰流量,但在河道部分仍靠堤防约束洪水。因此,黄河上的筑堤技术不断发展,管理能力不断提高,随着时间的推移,堤防的规模也在不断扩大。历史上由于黄河决口改道,已修建的堤防就会失去作用,不得不在新的行河线路两侧重新修建堤防,因此数千年来,黄河下游一直有修堤的记载。

自 1946 年中国共产党领导治黄以来的 60 余年中,国家重视黄河的防洪工程建设,除一般的修堤外,还进行了 4 次大规模的修堤,同时修堤技术也在不断提高,堤防抗御洪水的能力大大提高。

1938 年花园口扒口黄河改道后,黄河故道已有七八年的时间没有走河,加上战争原因,原有的防洪工程已惨遭破坏,堤防千疮百孔,已失去挡水作用。在原河道内除进行耕种外,还有大量的村庄,人口相当稠密,故道内当时绝大部分属于解放区。1947 年堵复花园口扒口口门,黄河回归故道。1946～1949 年在解放区进行了大规模的复堤,4 年共完成修防土方 3 369 万 m³(黄河下游修防资料汇编,第一集,1955.6),其中绝大部分为复堤土方。

经过 1946～1949 年的复堤,堤防工程得到了初步恢复,但总的来讲堤防的防洪标准还是很低的,尚有大量的险工需要整修。1950～1957 年进行了第一次大修堤,年年动员大量农民参加堤防施工,堤防断面不断加大(见图 3-2)。8 年共完成土方 14 090 万 m³,用工 4 936 万工日。

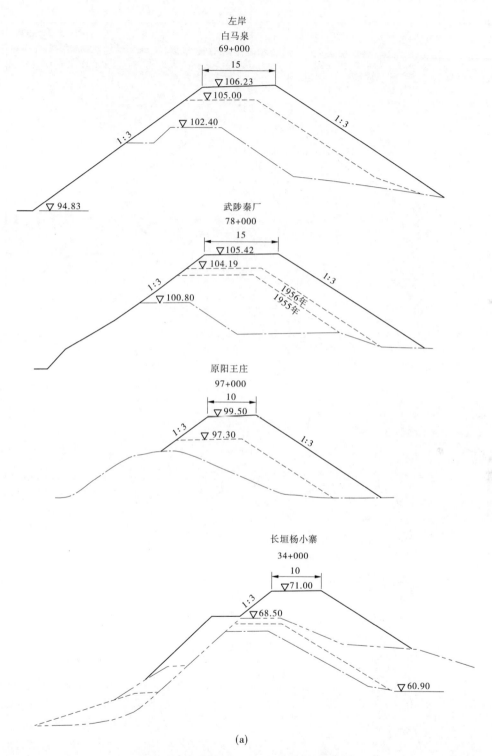

(a)

图 3-2 堤防横断面 1980 年前加高培厚情况

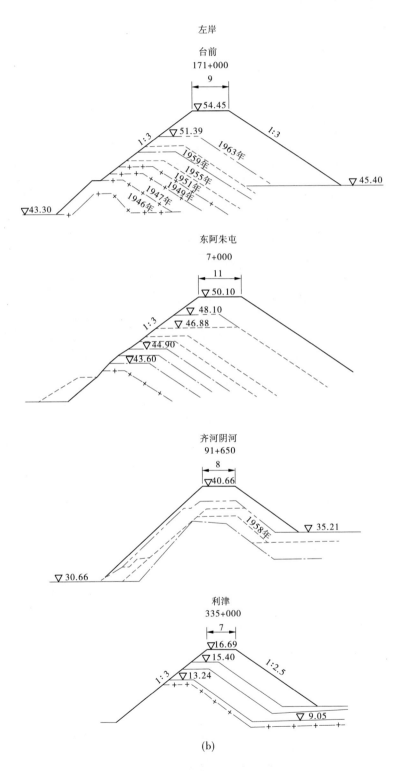

(b)

续图 3-2

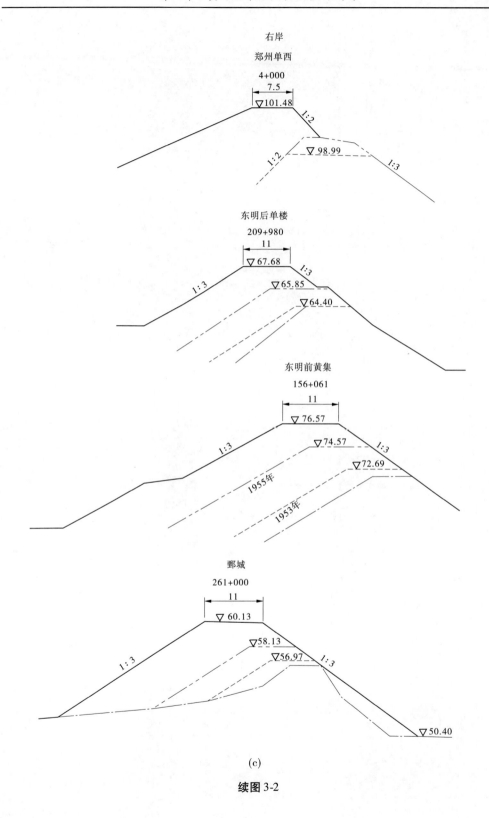

(c)

续图 3-2

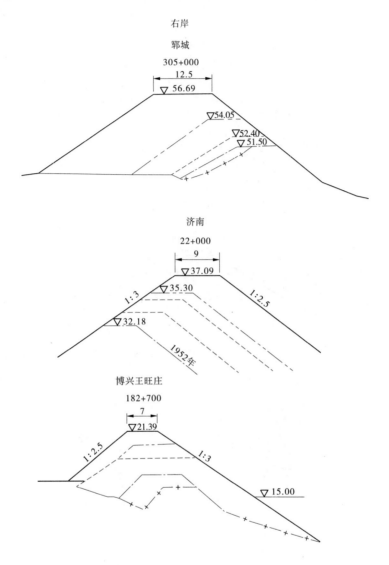

注：1.图中尺寸以m计；
  2.采用大沽高程系。

图 例	
—+—+—+—+—	1946年前
—————	1946~1950年
————————	1951~1959年
——— —— ———	1960~1965年
—————	1974~1980年

(d)

续图 3-2

三门峡水库修建前后,曾一度放松黄河下游的修防工作,下游工程防洪能力有所下降。由于三门峡水库的严重淤积,1962 年水库运用方式由"蓄水拦沙"改为"滞洪排沙",库区淤积泥沙的下排势必增加下游河道的防洪负担。从 1962 年冬开始到 1965 年进行了第二次大修堤,4 年大修堤共完成土方 5 396 万 m³,用工 3 197 万工日。

1969 ~ 1972 年,黄河下游河道发生了严重淤积,同流量水位明显抬高。河槽淤积速度远高于滩地淤积速度,东坝头—高村部分河段已出现了二级悬河,防洪形势非常严峻。1973 年 12 月在郑州召开的黄河下游治理工作会议上决定进行第三次大修堤。经过 12 年的努力,至 1985 年,平均加高堤防 2.12 m,除个别缺口外,大堤普遍达到防御花园口站 22 000 m³/s 洪水相应的 1983 年水平年设计洪水位标准。共完成土方 19 824 万 m³,用工 10 787 万工日。

1950 ~ 1985 年,除进行 3 次大修堤的年份外,其他年份都进行了规模大小不同的加修堤防。据统计,1950 ~ 1985 年共完成修堤土方 4.2 亿 m³,用工 2.07 亿工日。

1986 ~ 1995 年间也进行了一些防洪工程建设,完成土方 26 299 万 m³(其中堤防建设土方 14 937 万 m³),石方 234 万 m³,完成工日 2 796.68 万个(其中堤防 1 267.24 万个)。

1990 年 4 月,水利部指示黄委编制 2000 年前黄河下游防洪工程建设的设计任务书(以后与可行性研究阶段合并,简称可行性研究)。这次设计水平年为 2000 年,1992 年水利部进行了初审,同意 2000 年水平年设计洪水位。1995 年第四季度,黄委根据《黄河下游防洪工程近期建设可行性研究报告》,编制并上报了《黄河下游 1996 年至 2000 年防洪工程建设可行性研究报告》。经审查批复后,从 1996 年开始进行黄河下游第四次大修堤。第四次大修堤防御洪水目标仍采用花园口站洪峰流量 22 000 m³/s 的洪水。设计洪水演进到艾山站以下为 10 000 m³/s,考虑平阴、长清河段南山支流加水后,堤防按流量 11 000 m³/s 设计,相应的设计洪水位仍采用按 2000 年水平年确定的洪水位。1996 ~ 2000 年防洪工程共完成土方 23 662 万 m³(其中堤防 14 927 万 m³),石方 311 万 m³。2001 ~ 2005 年防洪工程共完成土方 32 201 万 m³(其中堤防 23 540 万 m³),石方 631 万 m³。至此,黄河下游第四次防洪工程建设的任务尚未完成,2006 年以后仍按 2000 年水平年设计洪水位继续进行堤防建设。

四、河道整治是解决堤防冲决的工程措施

冲决是堤防决口的主要形式之一,冲决主要是由于河势变化造成的,黄河下游是平原堆积性河道,淤积的泥沙大部分是沙性土,河床对水流的约束能力很弱,因此河势很容易发生变化。在河势演变的过程中,往往造成塌滩,当塌至堤防时,就会冲淘堤身堤基,发生险情后若抢护不力,就可能造成堤防决口。在天然情况下,河势变化可能危及堤防的各个堤段,使防守非常被动。

洪水时期是堤防易于出现险情的时期,堤防的高度和宽度是按洪水情况设计的。漫决发生在洪水期,溃决也主要发生在洪水期。对于冲决而言,不仅洪水期有发生冲决的可能,而且在中水流量情况下,河势变化剧烈,发生冲决的可能性更大;即使是枯水期,在河势得到控制之前,若在河势演变的过程中出现畸形河势,也会直冲堤防,危及堤防安全,冲决的可能性依然是存在的。

因此,为了保证防洪安全,在修建堤防约束洪水的同时,还必须修建河道整治工程,以控制河势,减小防洪被动,防止冲决发生。

平原河道一般堤距较大,黄河下游绝大部分河段更是滩面宽阔,控制河势不仅靠依堤修建的险工,还要在河道内选择适当部位修建控导工程,控导工程与险工相配合,控制河势的变化。

河道整治包括河槽整治和滩地整治。由于主流的变化对河势变化起主导作用,所以河道整治的重点是进行控导主流的河槽整治,尤其是在整治初期,但滩地整治也是必要的。黄河下游几十年来主要进行河槽整治,但也进行了少量的滩地整治。

1949 年汛期是水量较丰的一年,花园口站发生大于 5 000 m³/s 的洪峰 7 次,最大洪峰流量达 12 300 m³/s,弯曲性河段出现了严重的抢险局面,有 40 余处险工发生严重的上提下挫,并有东阿李营等 15 处险工脱河。1949 年汛期十分被动的抢险表明,即使在黄河下游堤距最窄、河床黏粒含量最高、控制水流条件最好的河段,单靠两岸堤防及沿堤修建的险工,也是无法控制河势的。在充分调查 1949 年汛期河势变化、研究滩地弯道与险工靠溜关系的基础上,1950 年选择因河势变化而大量塌滩的河弯,试修控导护滩工程,经汛期洪水考验,取得了好的效果。1951 年又在连续几个弯道试修河道整治工程,取得了成功,为弯曲性河段进行河道整治提供了支撑,为防洪保安全找到了新的途径。1952 ~ 1955 年在泺口以下河段修建了大量的控导护滩工程,技术上也有大的改进。这些工程经受了 1957 年、1958 年大洪水的考验,险工与控导护滩工程相配合,控制了大部分河弯的河势,减少了被动抢险。

高村—陶城铺过渡性河段,在 1959 年以前,尚未在滩区修建控导护滩工程。1959 年以后因受"左"的思想影响,对黄河下游河道整治提出了"三年初控,五年永定"的治河口号,盲目引用其他河流控制河势的方法,用"树、泥、草"结构修建了 10 余处控导护滩工程,后几乎全被洪水冲垮,以失败而告终。在认真总结弯曲性河段河道整治经验、本河段"树、泥、草"治河教训的基础上,结合本河段的特点,1965 ~ 1974 年大力开展了河道整治。按照微弯型整治方案,采用以坝护弯、以弯导流的办法修建河道整治工程,控导河势。过渡性河段经过初期修建护滩工程—失败—总结经验、修建控导工程并改建部分险工,取得了基本控制河势的效果。

黄河下游游荡性河段纵比降陡,流速快,水流破坏能力强,塌滩迅速,对堤防威胁大。河势演变的任意性强、范围大、速度快、河势变化无常。游荡性河段是情况最为复杂、最难进行河道整治的河段。经认真总结过渡性河段的河道整治经验,结合本河段的情况,采用先易后难、先限制游荡范围再控制河势,并不断改进整治措施。20 世纪 60 年代后半期以后,在重点整治过渡性河段的同时,按照微弯型整治方案,游荡性河段也在滩区修建了部分河道整治工程,明显缩小了游荡范围。其中,东坝头—高村、花园口—武庄、花园镇—神堤河段已初步控制了河势。

黄河下游自 1950 年开始进行河道整治以来,按照先易后难、自下而上、分河段(在局部河段整治时是自上而下)进行了河道整治,修建了大量的河道整治工程,加上已有的老险工,至 2007 年底黄河孟津白鹤镇以下计有河道整治工程 354 处,工程长 731.866 km,坝垛 9 852 道。这些工程经受了洪水考验,在控制河势等方面发挥了显著作用。

五、滞洪区是解决其下堤防防洪能力不足的工程措施

黄河下游是河床高悬于两岸地面以上的"悬河",汇入的支流很少,水量较大的支流仅为汶河和金堤河,但汶河、金堤河的大洪水均与黄河干流大洪水不遭遇,因此河道排洪能力的大小取决于花园口以上来水的大小。

黄河下游堤防工程的布局是历史上形成的。堤距是上宽下窄,相应的排洪能力是上大下小。其原因主要为陶城铺以下是黄河夺大清河后形成的河道,原为地下河,河道很窄;历史上黄河下游多次决口,宽河段的决口使原河道下排的洪水流量减小。这就造成黄河下游上下河段排洪能力不相适应。

黄河下游历史上沿程也有天然湖泊、洼地,大水时可以调节洪水,削减洪峰,现行河道右岸的东平湖在 20 世纪 50 年代以前就是一个在黄河洪水期能够削减洪峰的天然湖泊。东平湖位于黄河下游宽窄河段的变化处,排洪能力由大变小的突变处,位置重要,在修建位山枢纽后为东平湖水库,位山枢纽破坝并经改建后成为东平湖滞洪区。在 20 世纪 50 年代,黄河下游堤防低矮且破烂不堪,抗御洪水的能力很低,短期内使宽河段的堤防都达到花园口河段的排洪能力是不可能的。为保黄河大堤不决口,依照两岸地形及历史上决口情况,在黄河左岸开辟了大宫滞洪区和北金堤滞洪区。

黄河下游总的流向是由西南流向东北,冬季大河结冰,不利年份就会出现卡冰结坝,造成凌灾,严重的还会酿成决口。在上游无大型水库时,无法调节径流,为处理凌汛洪水,在易于卡冰结坝发生"武开河"的堤距过窄河段,修建了滞洪区。

20 世纪 50 年代初期,堤防防洪标准为陕州站洪峰流量 18 000 m³/s。历史上多次发生大于该标准的洪水,更会超过当时高村站安全泄量 12 000 m³/s。黄河下游堤防的平面格局是上宽下窄,排洪能力上大下小,进入下游的大洪水单靠上段宽阔的滩地滞洪,仍不能将洪峰削减至堤防的防御洪水能力以内。为了防止大洪水时堤防决口,除加高加固堤防外,黄委提出拟采取有计划地分洪滞洪办法,"牺牲局部,保全整体",以达"舍小救大,缩小灾害"的目的。经商平原、河南、山东 3 省同意,编制了防御黄河异常洪水的报告,1951 年 4 月 30 日,政务院财政经济委员会做出《关于预防黄河异常洪水的决定》,水利部以[1951]工字 4383 号文下达,原则同意举办沁黄滞洪区、北金堤滞洪区,利用东平湖自然分洪。据此从 1951 年开始先后开辟了沁黄滞洪区、北金堤滞洪区、东平湖分洪工程和大宫分洪区。三门峡水库建成后,提高了下游防洪标准,在每年洪水处理方案中仅考虑利用北金堤滞洪区和东平湖滞洪区处理超过堤防防御能力的洪水。为了解决艾山以下窄河道的凌洪威胁,经水利电力部批准,从 1971 年开始,兴建了齐河和垦利展 2 处宽工程。随着小浪底水库的建成,2000 年后诸滞洪工程的运用概率大为减小。

(一)东平湖滞洪区

东平湖滞洪区(见图 3-3)现在总面积为 627 km²,其中老湖区为 209 km²,新湖区为 418 km²。原设计蓄水位为 46.0 m(大沽高程,下同),总库容为 39.79 亿 m³,其中老湖为 11.94 亿 m³,新湖为 27.85 亿 m³。20 世纪 90 年代以来,分滞黄河洪水运用水位为 45.0 m,总库容为 33.54 m³,其中老湖为 9.87 亿 m³,新湖为 23.67 亿 m³。单独利用老湖处理汶河洪水时,老湖运用水位为 46.0 m,相应库容为 11.94 亿 m³。

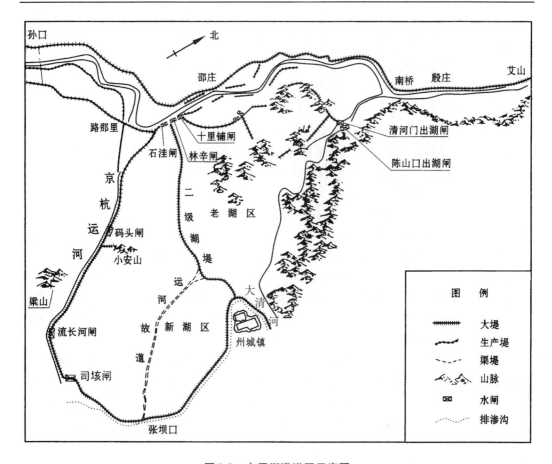

图 3-3　东平湖滞洪区示意图

1. 滞洪工程

东平湖滞洪区的主要滞洪工程包括围堤和二级湖堤、分洪工程、退水工程。

(1)围堤和二级湖堤。

围堤长 100.307 km,其中河湖两用堤长 13.936 km,山口隔堤长 8.542 km。

二级湖堤将东平湖滞洪区分为老湖区和新湖区两部分,长 26.731 km。

(2)分洪工程。

经过改建,现有 3 座分洪闸,设计分洪能力为 8 500 m³/s。

石洼闸,位于东平县石洼村附近,是 1967 年修建的黄河下游第一座钢筋混凝土灌注桩开敞式水闸,1976 年 10 月~1979 年 12 月进行了全面改建加固,设计分洪能力为 5 000 m³/s,是向新湖区分洪的水闸,至今尚未运用过。

林辛闸,位于东平县林辛村附近,是 1967~1968 年修建的桩基开敞式水闸,1977 年 10 月~1980 年 12 月进行了加固改建。设计分洪能力为 1 500 m³/s,是向老湖区分洪的水闸。1982 年花园口站发生 15 300 m³/s 洪水,8 月 7 日孙口站出现洪峰 10 100 m³/s,分洪 72 h,最大分洪流量为 1 350 m³/s,运用情况正常。

十里堡闸,位于东平县十里堡村附近,1960 年修建,1978 年 12 月~1981 年 10 月进行了加固改建,设计分洪能力为 2 000 m³/s,是向老湖区分洪的水闸。建成后于 1960 年 9 ~

10 月断续过流 22 d。1982 年 8 月 7 日孙口站出现洪峰 10 100 m³/s,投入运用 60 h,最大分洪流量为 1 340 m³/s,运用情况正常。

(3)退水工程。

现有退水闸 3 座。

陈山口退水闸,位于东平县陈山口附近,1958~1959 年修建,设计泄流量 1 200 m³/s。

清河门退水闸,东与陈山口退水闸间净间距为 625 m,1968 年修建,设计泄流量 1 300 m³/s。陈山口、清河门两闸泄水入黄河,因受黄河河道淤积影响,两闸泄流日趋困难。为防止在黄河滩地上长近 6 km 的退水河道,在黄河漫滩时淤堵,20 世纪末修建了庞口防沙闸。

司垓退水闸,位于新湖区南部围堤、梁山县司垓村附近,1987 年 10 月~1989 年 10 月修建,设计泄水流量 1 000 m³/s。司垓退水闸是退水入南四湖的退水闸,运用时需按照东平湖滞洪区的滞洪情况报请国家防总批准后运用。

2.运用情况

历史上自然滞洪运用较多。1949~1958 年 10 年间有 5 次较大的洪水滞洪,分别为 1949 年 9 月洪水、1953 年 8 月洪水、1954 年 8 月洪水、1957 年 7 月洪水、1958 年 7 月洪水。最高湖水位:1949 年为 42.25 m,1954 年 8 月 3 日为 42.94 m(土山站),1957 年为 44.06 m,1958 年 7 月 21 日 24 时为 44.81 m。

1960 年位山枢纽主体工程基本完成后,1960 年 7 月 26 日开始蓄水运用,9 月中旬东平湖最高蓄水位达 43.50 m(土山站),最大蓄水量为 24.5 亿 m³。11 月 9 日后向黄河放水,年底湖水位降至 42.50 m,并一直持续到 1961 年 3 月下旬,1961 年汛前水位降至 41 m。1963 年新湖区大部分土地恢复耕种。

1982 年 8 月 2 日,花园口站出现洪峰流量为 15 300 m³/s 的洪水,孙口站洪峰流量为 10 100 m³/s。当时按控制艾山站下泄不超过 8 000 m³/s,于 8 月 6 日 22 时开启林辛闸向老湖分洪,8 月 7 日 11 时又开启十里堡闸向老湖分洪。8 月 9 日 23 时两分洪闸全部关闭,历时 72 h,最大分洪流量为 2 400 m³/s,分洪水量为 4 亿 m³,分洪后老湖水位为 42.11 m,分洪后艾山站最大流量为 7 430 m³/s。

(二)北金堤滞洪区

按照 1951 年政务院财经委员会《关于预防黄河异常洪水的决定》,1951 年在长垣县石头庄附近修筑了溢洪堰分洪工程。1960 年三门峡水库建成后,北金堤滞洪区曾一度停止使用,1963 年海河流域发生大暴雨后,从 1964 年开始,又着手北金堤滞洪区的恢复工作。1975 年 8 月淮河发生特大洪水后,1977 年开始兴建了渠村分洪闸,由石头庄溢洪堰分洪改由渠村分洪闸分洪,并加培了北金堤,进行了滞洪区安全建设。

北金堤滞洪区(见图 3-4)主要滞洪工程包括北金堤、渠村分洪闸、张庄闸。

北金堤是滞洪区的北围堤。始筑于东汉,为黄河的右堤。黄河改道迁徙后成为黄河的左堤。1935 年进行了培修,20 世纪 50、60 年代再次进行了培修。北金堤通常指濮阳县城南关火厢头至阳谷县陶城铺的堤防,长 123.335 km。

渠村分洪闸,位于濮阳县渠村乡,1976 年设计,1978 年建成,设计分洪流量 10 000 m³/s。

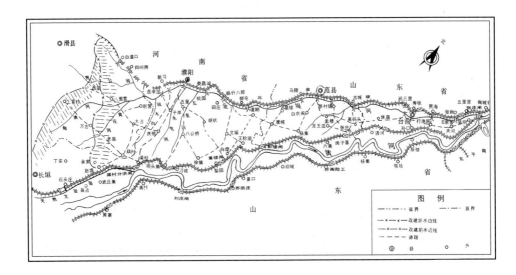

图3-4　北金堤滞洪区示意图

张庄闸,位于台前县吴坝乡张庄附近。该闸具有退水、挡水、倒灌、排涝4种功能。当北金堤滞洪区滞洪时,开闸退水;当黄河水位高于金堤河水位时,关闸挡水;当黄河发生洪水时,视情况开闸倒灌入滞洪区;金堤河是排涝河道,当金堤河水位高于黄河水位时,开闸排涝。张庄闸是双向闸,退水、倒灌运用时,设计流量均为 1 000 m^3/s,排涝时设计流量为270 m^3/s。

按照设计,北金堤滞洪区可分滞黄河洪水20亿 m^3,并考虑了金堤河来水7亿 m^3。滞洪区呈狭长的三角形,长150余 km,最宽处40余 km,改建后面积为 2 316 km^2,涉及河南、山东2省7个县。中原油田80%的生产设施在滞洪区内。

(三)窄河段展宽工程

历史上"凌汛决口,河官无罪"的谚语,表明凌汛难防,且对两岸安全的威胁很大,尤其是在堤距很窄的河段。济南、齐河之间及垦利、利津之间的两段窄河道,在凌汛期间极易卡冰结坝,壅高水位,威胁堤防安全。为解决凌汛威胁,水利电力部于1971年4月和9月分别批准兴建齐河展宽工程和垦利展宽工程,20世纪80年代初2处展宽工程基本建成。

1. 齐河展宽工程

齐河展宽工程也称北展。展宽区南为临黄堤,北为展宽堤,总面积为106 km^2,宽一般 3 km 左右。设计最大库容为4.75亿 m^3,其中有效库容为3.9亿 m^3,展宽工程于1971年10月开工,1982年基本建成。

2. 垦利展宽工程

垦利展宽工程也称南展。展宽区北为临黄堤,南为展宽堤,总面积为123.3 km^2,宽3.5 km 左右。设计最大库容为3.27亿 m^3,其中有效库容为1.1亿 m^3。展宽区于1971年10月开工,1978年底完成主体工程。

小浪底水库建成后,具有20亿 m^3 的防凌库容,加上三门峡水库的15亿 m^3 防凌库容,35亿 m^3 防凌库容可以满足黄河下游防凌的需要。在经国务院以国函〔2008〕63号文批复的《黄河流域防洪规划》中提出,"综合考虑,取消齐河、垦利展宽区。"

六、水库是削减洪峰洪量的工程措施

具有防洪作用的水库,即是削减洪峰洪量的工程措施,具有提高水库以下河道防洪标准的作用。由于水库工程浩大,技术复杂,黄河流域自20世纪50年代后半期以来才开始修建水库。

利用水库处理堤防或者堤防、滞洪区无法处理的洪水,也可以说是在堤防、滞洪区规模不变的情况下,有效提高堤防的防洪标准。就黄河下游而言,20世纪60年代以来都是按照花园口洪峰流量22 000 m³/s为标准修筑堤防的,通过修建水库大大提高了下游的防洪标准。

自1959年以来,黄河下游设计洪水采用的典型年为1933年、1954年、1958年,发生1982年洪水后,又增加了1982年型洪水。对于花园口22 000 m³/s的洪水,经过宽河段滩区调蓄和东平湖调蓄后,控制进入艾山以下的洪峰流量不超过10 000 m³/s。考虑到平阴、长清山丘地区的南山支流加水1 000 m³/s,艾山、泺口、利津站的堤防设防流量采用11 000 m³/s。根据1986年计算成果,各典型年和各种标准情况下,花园口站和孙口站的洪峰、12日洪量及大于10 000 m³/s的洪量见表3-5[1]。由表3-5可以看出,在保证排向艾山的流量不超过10 000 m³/s的情况下,艾山以上需要处理的洪水(以孙口为代表)为:对于100年一遇的洪水约为30亿m³,对于1 000年一遇的洪水约为60亿m³,对于10 000年一遇的洪水约为100亿m³。扣除孙口至艾山之间的东平湖滞洪区处理的库容,即为需要的水库防洪库容。

表3-5　黄河下游各典型年流量大于10 000 m³/s的洪量

洪水标准	典型年	花园口站		孙口站洪峰 (m³/s)	>10 000 m³/s的洪量 (亿m³)	
		洪峰 (m³/s)	12日洪量 (亿m³)		花园口	孙口
实测	1933	20 400	101	16 400	16.5	
	1954	15 000	77.1	8 610	4.3	
	1958	22 300	88.8	15 900	17.1	
	1982	15 300	75.1	10 100	14.4	
100年一遇	1933	29 200	125	21 890	36.9	28.4
	1954	28 590	124	20 940	29.8	24.5
	1958	29 200	125	21 200	31.5	29.4
	1982	28 250	124	17 360	31.2	28.9
1 000年一遇	1933	42 100	164	31 620	72.6	62.1
	1954	39 120	161	28 440	61.6	58.3
	1958	24 100	164	29 580	62.2	60.4
	1982	39 960	161	31 160	61.6	57.9
10 000年一遇	1933	55 000	200	40 730	109.0	102.0
	1954	50 100	194	35 940	94.1	90.6
	1958	55 000	200	38 360	97.9	96.9
	1982	51 120	195	40 083	92.5	89.5

注:花园口100年一遇、1 000年一遇和10 000年一遇洪量为按5日洪量倍比放大后的数值。

黄河下游洪水具有峰高量小的特点,一次洪水的洪量主要集中在 5~7 d 之内。在中游干支流上修建水库可以达到削减洪峰、控制下游洪水的目的;同时利用这些水库调水调沙,还可减缓下游河道的淤积抬升速度。从 1957 年开始修建防洪水库以来,已先后建成了干流三门峡水库、伊河陆浑水库、洛河故县水库、干流小浪底水库,在黄河下游花园口站 22 000 m³/s 设防流量不变的情况下,黄河下游的防洪标准已由 30 年一遇提高到近 1 000 年一遇。

(一)三门峡水库

三门峡水库是黄河中游干流上修建的第一座大型水库,位于河南省陕县(右岸)和山西省平陆县(左岸)交界处。枢纽处控制黄河流域面积 68.84 万 km²,占全流域面积(不包括内流区)的 91.5%,控制黄河水量的 89%、黄河沙量的 98%。开发任务是防洪、防凌、灌溉、发电和供水。三门峡水利枢纽于 1957 年 4 月 13 日开工,1958 年 11 月截流,1960 年 9 月下闸蓄水运用,1961 年 4 月,大坝修到 353 m(大沽)高程,枢纽工程基本竣工。由于三门峡水库库区淤积严重,对枢纽多次进行增建、改建。

1960 年 9 月~1962 年 3 月按"蓄水拦沙"运用,1962 年 3 月以后改为"滞洪排沙",由于泄流规模小,水库仍继续淤积。从 1965 年 1 月开始增建两条泄流隧洞(在枢纽左岸)、改建四条发电引水钢管为泄流排沙管道(简称"两洞四管")。为进一步解决库区淤积问题,在 1970~2003 年又进行了第二次改建。

三门峡水利枢纽为混凝土重力坝,最大坝高 106 m,防洪运用水位 335 m,目前相应防洪库容约为 56 亿 m³。泄流建筑物包括 12 个深孔、12 个底孔、2 条隧洞、1 条钢管,共 27 个孔洞。315 m 水位时泄流能力达 10 096 m³/s(含 2 台机组)。发电机组 7 台,总装机 40 万 kW,年发电量约 12 亿 kW·h。

(二)陆浑水库

陆浑水库位于黄河支流洛河的最大支流伊河中游的河南嵩县境内。控制流域面积 3 492 km²,占伊河流域面积 6 029 km² 的 57.9%。开发任务是以防洪为主,结合灌溉、发电、供水和养殖等。

陆浑水库于 1959 年 12 月开工,1965 年 8 月主体工程建成。1972 年 2 月~1974 年 7 月建设灌溉发电洞。1975 年 8 月淮河发生特大洪水后,按照特大洪水进行保坝设计及加固设计,1976~1988 年将土坝顶由 330 m 加高至 333 m,泄洪塔架也相应抬高 3 m,并对西坝头进行了处理。

枢纽工程包括大坝、溢洪道、泄洪洞、灌溉发电洞、输水洞和电站 6 部分。陆浑水库总库容为 13.20 亿 m³,防洪库容为 6.77 亿 m³。除可提高枢纽以下支流的防洪标准外,还可削减黄河下游的洪峰、洪量。

(三)故县水库

故县水库位于黄河支流洛河中游峡谷区,在河南省洛宁县境内。控制流域面积 5 370 km²,占洛河流域面积 12 037 km²(不含支流伊河面积)的 44.6%。开发任务为以防洪为主,兼顾灌溉、发电、供水等。

水库于 1958 年开始兴建,经过"四上三下"的漫长过程,于 1980 年 10 月 7 日截流,1993 年底竣工,1994 年正式投入拦洪运用。

枢纽主要建筑物有大坝、泄水建筑物、电站。水库总库容为 11.75 亿 m^3,近期防洪库容 6.98 亿 m^3(设计水位以下),远期防洪库容 4.56 亿 m^3。除可提高枢纽以下洛河及洛阳市的防洪标准外,还可削减黄河下游的洪峰、洪量。

(四)小浪底水库

小浪底水库位于河南省洛阳市以北 40 km 处的黄河干流上,上距三门峡水利枢纽 130 km,下距花园口站 128 km,坝址处控制流域面积 69.4 万 km^2,占花园口以上流域面积(不含内流区)的 95.1%,占黄河流域面积(不含内流区)的 92.3%。控制黄河径流量的 91.2%、输沙量的近 100%。枢纽的开发目标是以防洪、防凌、减淤为主,兼顾供水、灌溉、发电,综合利用。

小浪底水利枢纽 1991 年 9 月前期准备工程开工,1994 年 9 月主体工程开工,1997 年 10 月 28 日截流,1999 年 10 月 25 日下闸蓄水,2000 年 1 月 9 日首台机组发电,2001 年 12 月竣工。

小浪底水利枢纽主要由大坝、泄洪排沙建筑物、引水发电建筑物组成。泄洪洞、发电洞、灌溉洞进水口建筑物集中布置在大坝左岸岩体内,溢洪道进口也位于左岸,诸出口集中布置在大坝下游左岸。地下式厂房位于左岸"T"形山梁交汇处的腹部。泄洪排沙建筑物由孔板洞、排沙洞、明流洞和溢洪道组成。

小浪底水库总库容为 126.5 亿 m^3,其中长期有效库容为 51 亿 m^3,防凌库容为 20 亿 m^3,可长期发挥防洪和调水调沙作用。在修建三门峡、陆浑、故县 3 座水库后,黄河下游防洪标准在已提高到 60 年一遇的基础上,进一步提高到近 1 000 年一遇。利用 75.5 亿 m^3 的拦沙库容拦沙,可减少下游河道约相当于 20 年的淤积量,相应减少下游堤防加高的次数,可改善下游供水及灌溉条件。多年平均发电 51 亿 kW·h。

七、黄河下游需长期进行防洪工程建设

1946 年以来,不论是在战争年月,还是在和平建设时期,国家都十分重视黄河治理工作,安排大量人员进行黄河调查、测绘、勘探、研究,编制治黄规划和各种工程建设技术方案,投入大量资金进行防洪工程建设。60 多年来,多次加高培厚了堤防,提高了抗御洪水的能力;按照微弯型整治方案进行了河道整治,限制了河势变化,改善了横断面形态,减轻了防洪压力,改善了引水条件,减少了塌滩掉村;进行了滞洪区建设,适应了黄河下游排洪能力上大下小的特点;修建了防洪水库,提高了黄河下游的防洪标准。每年调集大量沿黄群众参加防汛抢险,在党政军民的共同努力下,战胜了一次次洪水,谱写了一曲曲抗洪抢险凯歌,保卫了黄河两岸广大黄淮海平原的安全,为我国经济社会持续发展作出了巨大贡献。

但是,黄河下游防洪工程建设的任务仍将是长期的和艰巨的。按照 2000 年水平年设计防洪水位所确定的防洪任务还没有完成,以后仍需继续进行。基本建成"上拦下排,两岸分滞"的黄河下游防洪工程体系后,还需要按照"'上拦下排、两岸分滞'控制洪水;'拦、排、放、调、挖'处理利用泥沙"的要求继续进行防洪工程体系建设。由于黄河在一个相当长的时期内,仍是一条多沙河流,河道的淤积抬高不可避免,原已达到防洪标准的防洪工程,随着河道淤积又变成达不到标准。因此,黄河治理任务仍是十分艰巨的,尚需长期进

行防洪工程建设。

参考文献

［1］胡一三.中国江河防洪丛书·黄河卷［M］.北京:中国水利水电出版社,1996.

［2］陈先德.黄河水文［M］.郑州:黄河水利出版社,1996.

［3］胡一三.黄河防洪［M］.郑州:黄河水利出版社,1996.

［4］水利部黄河水利委员会.黄河治理开发规划报告(一九九〇年修订)［R］.1990.

［5］水利部黄河水利委员会.黄河流域防洪规划［M］.郑州:黄河水利出版社,2008.

［6］王化云.我的治河实践［M］.郑州:河南科学技术出版社,1989.

［7］黄河水利委员会.王化云治河文集［M］.郑州:黄河水利出版社,1997.

［8］王化云.上拦下排 两岸分滞［C］∥当代治黄编辑组.当代治黄论坛.北京:科学出版社,1990.

第四章　堤防系统

堤防是为了防止洪水漫溢、风暴潮侵袭、输送水流、限制蓄滞洪水时的淹没范围、围垦海滩造地等,沿着河流、湖泊、渠道、海岸边或蓄滞洪区、围垦区边缘修筑的挡水建筑物。堤防大部分用土料筑成,也有用石料、混凝土或钢筋混凝土修建的堤防。用土料筑成的堤防大部分都采取护坡措施。为发挥堤防的作用,必须在一个河段、一个渠段、湖泊、海边、蓄滞洪区、围垦区边缘,依照水流情况,形成一个完整的系统。

第一节　堤防功能及类型

一、堤防功能

堤防的功能是防止洪水灾害和输水至需要的地方造福人类。本书内容为防止洪水灾害的堤防。

为防止洪水灾害而修建的堤防,绝大部分位于河流中下游的平原地区。我国的平原地区,人口稠密,土地肥沃,气候适宜,农业发达,是我国粮、棉、油等农产品的生产基地;城镇,尤其是大城市也往往集中在这些地区,工业、交通发达,是经济最为发展的地区;政治中心、文化中心也往往集中在这些地区。堤防工程具有保护这些地区安全的作用。堤防一旦决口失事,就会造成巨大的灾害。

我国是个水灾频发的国家。由于泥沙淤积,黄河决口泛滥成灾频繁。从已有文字记载的情况看,黄河在周定王五年(公元前602年)决口泛滥后至1938年的2540年中,发生决口的有543年,平均4~5年就有一年发生决口。部分年份年决口几次甚至几十次,2540年中决口次数共达1590余次,素有黄河三年两决口之说。有些年接连发生决口,清康熙前期连续15年中,就有13年决口。清光绪三十四年中,就有25年发生了决口。需要说明的是,上述决口仅是能查到文字记载的,实际发生的决口次数还会超过此数。从决口在时间上的分布来看,距现在越远,发生决口的频次越低。而就修堤技术水平来看,距现在越远,修堤技术水平越低。这表明实际发生决口的次数可能还会更多。决口后给沿河地区带来严重灾害。如1933年洪水,陕县站洪峰流量22 000 m³/s,洪水来自三门峡以上,峰高量大,45 d洪量达220亿m³。洪水传至黄河下游,决口达50余处,主要口门集中在长垣,长垣一个县决口就达30多处,由于洪水延续时间长,有67个县受灾,面积达1.2万km²,受灾人口约340万人,死亡约1.8万人。洪水所经之处,"庐舍倒塌,牲畜淹没,人民多半湮死",灾情之惨,不可言状。黄河下游为河道高悬于沿岸地面以上的悬河,致灾能力远大于其他河流,一旦决口成灾,其危害更是难以估量,可见黄河堤防的减灾作用更较其他河流大。

总的来讲,堤防的功能是:防御洪水泛滥,保护居民、田园、村庄、城镇的安全;保护工业、古迹、交通、矿产等的安全;限制蓄滞洪区、平原水库的淹没范围;防御海洋风暴潮侵袭,防止海岸坍塌、蚀退;围垦浅海水域,增加土地开发利用面积等。堤防是防御洪水的屏障,通过修建堤防防止水灾,保卫已有的建设成果,为经济社会发展提供支持。

二、堤防类型

(一)按所在位置分类

1. 河堤

河流堤防建在河流两侧或一侧,一般是在洪水时防止洪水外溢、泛滥成灾。对于悬河而言,在中水甚至枯水时,也需要靠堤防约束水流,防止外溢、泛滥成灾。黄河下游的堤防具有约束洪水、中水、枯水的功能。

2. 湖堤

湖泊堤防沿湖周修建,用于约束水流。主要作用是保护湖区周围地区的工农业生产及居住区。湖泊水面宽阔,水位变化小,但风浪大,风浪对堤坡的淘刷作用强,堤防迎水坡一般需要修作护坡。堤的位置及长度根据湖周地形确定,要尽量利用湖周的高地及山丘,以减少堤防长度。

3. 水库围堤

水库围堤是指平原水库两岸,地面比降缓,在库水位抬高时,淹没面积会很快增大,为减少淹没面积,在保证所需库容的条件下,在水库一侧或两侧修建的堤防。

4. 海堤

海堤也称为海塘,是指沿海岸或浅海区围海造田外围修建的防浪挡潮的堤防。东南沿海有沿海岸修建海塘的历史,著名的有钱塘江海塘等。海堤是围海造陆工程的重要建筑物。海堤一般不允许越浪,堤顶高程要求较高。海堤除承受波浪作用外,还要挡潮,对防浪的要求高。在结构上,海堤由挡潮防渗土体和防浪结构两部分组成。按照临水坡防浪结构的形式可分为斜坡式海堤、陡墙式海堤和混合式海堤 3 种。中国古代海塘多为陡墙式,下打梅花桩,上用条石丁砌,防浪结构后为土体。

5. 蓄滞洪区堤

蓄滞洪区堤是指沿滞洪区周边修建的、限制蓄滞洪水时淹没范围的堤防。蓄滞洪区往往与河流相邻,有些蓄滞洪区堤防与河流堤防共用,即一部分新修,另一部分利用河流的堤防。河流与蓄滞洪区共用的堤防,除按一般要求修建外,还需按挡水运用情况进行必要的加固。

(二)按城乡区划分类

在按所在位置分类中所述的各类堤防,紧靠城市市区或从城中穿过的,为城市堤防,其他为乡村堤防。我国的大部分堤防为乡村堤防,不加说明的一般是指乡村堤防。

1. 城市堤防

城市堤防因在市区,土地紧张,寸土寸金,城市河流往往被各种建筑物挤的很窄;在窄的河道内,又常常被侵占一部分面积;城区内地面大部分被硬化,降雨时集流快,对中小河流,洪水涨势猛;城市堤防一旦决口,造成的经济损失要比在农村决口造成的损失大若干倍。因此,城市堤防的标准要远高于乡村堤防的标准。

城市沿河一带有交通要道,建筑密集,有时还受已建工程的限制,当市区较大时,常缺乏土源或土料运距很远,在新建、扩建、改建堤防时,尤其是在大中城市,往往采用钢筋混凝土结构或圬工结构的防洪墙。防洪墙边坡陡,往往采用临河侧垂直的断面,以节约用地,减少拆迁量,有利于城市整体规划,且有利于现代化管理。

2.乡村堤防

乡村堤防基本都修成土堤。土堤可就地取材,造价又低,广为采用。

(三)按被保护对象分类

1.保护对象为城市的

根据城市的经济社会地位的重要性或非农业人口的数量,确定城市的等级和防洪标准[1],见表4-1。

表4-1 城市的等级和防洪标准

等级	重要性	非农业人口(万人)	防洪标准(重现期(年))
I	特别重要的城市	≥150	≥200
II	重要的城市	150～50	200～100
III	中等城市	50～20	100～50
IV	一般城镇	≤20	50～20

2.保护对象为乡村的

以保护乡村为主的防护区,根据人和耕地面积,确定乡村防护区的等级或防洪标准[1],见表4-2。

表4-2 乡村防护区的等级和防洪标准

等级	防护区人口(万人)	防护区耕地面积(万亩)	防洪标准(重现期(年))
I	≥150	≥300	100～50
II	150～50	300～100	50～30
III	50～20	100～30	30～20
IV	≤20	≤30	20～10

3.堤防级别

堤防工程的级别应根据被保护区内防洪标准较高防护对象的防洪标准确定。按照堤防工程保护对象的情况及防洪标准,可将堤防分为5级,见表4-3[2]。

表4-3 堤防工程的级别

防洪标准 (重现期(年))	≥100	<100,且≥50	<50,且≥30	<30,且≥20	<20,且≥10
堤防工程级别	1	2	3	4	5

(四)按建筑材料分类

1.土堤

堤防战线长,土堤可以就地取材,降低造价,同时堤防的维修养护要求相对较低。现在我国绝大多数堤防为土堤。均质土堤宜采用亚黏土修筑,粉细砂、冻土块、水稳定性差的膨胀土与分散性土不宜修堤,淤泥或自然含水率高且黏粒含量过高的黏土也不宜修堤,如需要采用上述土料填筑堤防时,需采取相应的处理措施。

2.圬工堤

圬工堤利用圬工自重达到稳定,一般用两种材料筑成。一种用块石浆砌而成,古代的海塘多采用此种;另一种用混凝土长方体预制块浆砌而成。迎水面多采用垂直或很陡的坡度。

3.钢筋混凝土防洪墙

钢筋混凝土防洪墙主要用于城市。因布置有钢筋,故承载能力强,断面小。视情况可选用扶臂式防洪墙、空箱式防洪墙、有土质后戗台的钢筋混凝土防洪墙等多种形式。

(五)按是否允许堤顶过水分类

1.非溢流堤

绝大部分的堤防为非溢流堤,不加说明的堤防指的也是非溢流堤。均质土堤是不允许溢流的。在堤防运行过程中,当遇特殊情况,堤防可能漫溢时,必须采取措施防止堤防漫溢,以策堤防安全。

2.溢流堤

对具有特殊要求的局部堤段,才修建可以溢流的堤防。溢流堤必须有专门设计,堤坡、堤顶有保护措施,堤后有消能设备,并在两端修做裹头,或采取砌石、混凝土等结构形式。在局部溢流的堤段,过流形式已成为堰流。

第二节　黄河下游堤防

在黄河河段划分时,黄河下游是指郑州桃花峪至黄河入海口的河段,河道长786 km。黄河中游尾端大河出山口后,河道展宽,比降变缓,流速降低,大量的泥沙落淤,成为堆积性河道。孟津白鹤镇至桃花峪河段,长92 km,其河性与桃花峪以下相近。另外,长期以来,黄河下游治理中均包括该段河道,因此本书中的黄河下游均指黄河孟津白鹤镇以下长878 km的河道。

黄河干流两岸的堤防,习惯上称为黄河堤防、黄河大堤、临黄大堤、临黄堤等。滞洪区的堤防有时称为围堤或围坝。

黄河堤防,广义说包括临黄大堤、滞洪区堤防、河口堤防、主要支流堤防,这些堤防都是设防堤防,按照一定的标准进行建设与防守。由于历史上河流改道等原因,还存在一些不设防的堤防。

一、临黄大堤

黄河下游河道,由于长期的淤积,不仅在洪水期,而且在中水期甚至枯水期水位都高于沿河地面,只能靠堤防约束水流。除孟津至桃花峪河段南有邙山、北有青风岭及东平湖至济南河段南有山岭外,其余全靠堤防约束水流。

(一)左岸堤防

左岸堤防可分为3个大段和2个小段,自上而下依次为以下堤防。

1.第Ⅰ大段,孟州至封丘堤防

孟州市中曹坡至封丘县鹅湾,长约200 km。其中,孟州中曹坡至孟州下界黄庄,长15.430 km,相应桩号为0+000~15+430。该段堤防原长15.6 km,1985年河势发生大的变化,造成孟州大堤头抢险,塌入河中170 m,以后未再修复。

温县上界至北平皋,北有青风岭,长26.774 km,没有堤防。北平皋至沁河口左堤与黄河大堤相接处的武陟方陵修有堤防,长23.040 km,相应桩号为42+374~65+414。自沁河口左堤与黄河大堤相接处的武陟白马泉起,经原阳至封丘鹅湾,堤防长132.411 km,相应桩号为68+469~200+880。

第Ⅰ大段堤防实际长度为170.881 km。

2.贯孟堤

贯孟堤是20世纪20年代初计划修建的堤防,上起封丘贯台以东一里之西坝头,下至长垣孟岗,故称贯孟堤。该堤是民国十年(1921年)由河南灾区救济会(后改为河南华洋义赈会)用以工代赈方法修建的,后因右岸兰封绅民反对而中止。民国二十三年(1934年)全国经济委员会会同黄河水灾救济委员会工赈组、黄河水利委员会及豫、冀两省建设厅,接修此堤至长垣姜堂,长21.123 km。20世纪50年代末进行了加修。20世纪80年代以后,对其封丘县范围内的上段,按临黄大堤修建,上自鹅湾,下至封丘县下界吴堂,长9.320 km,相应桩号为0+000~9+320。

3.太行堤

太行堤为明代黄河故堤,西起河南延津胙城,经魏丘、蒋村、封丘黄德集、长垣大车集,以及山东东明三春集、码头,至江苏丰县五神庙止,1855年铜瓦厢决口后废弃。这里所说的太行堤是指延津魏丘至长垣大车集的一段,长44 km。1956年为防止黄河大水自天然文岩渠倒灌北溢,加修作为屏障。根据现在河道淤积情况及设计防洪标准,20世纪80年代以来进行培修的设防堤段为位于长垣上界西宁庄南至大车集一段堤防,长22.000 km,相应桩号为22+000~0+000。

4.第Ⅱ大段,长垣至台前堤防

该段堤防是1855年铜瓦厢决口改道以后修建的。原修的堤防自长垣大车集,经濮阳、范县,至台前枣包楼,枣包楼以下为民埝。1949年枣包楼民埝决口,1950年将这段民埝加修成临黄大堤。现在堤防从长垣大车集至台前县张庄(即河南、山东两省交界处),堤防长194.485 km,相应桩号为0+000~194+485。

5.第Ⅲ大段,阳谷至利津堤防

该段堤防是1855年铜瓦厢决口改道黄河夺大清河后修建起来的。在历次的修堤中,有2段堤防进行了裁弯,在临河侧修建了新堤。①济阳178+200~179+000堤段,修筑新堤长0.590 km,原来长0.800 km的堤防不再设防。②滨州273+700~279+960堤段,修筑新堤长4.447 km,原来长6.260 km的堤防不再设防。上自阳谷陶城铺(相应桩号3+000),经东阿、齐河、天桥区、济阳、惠民、滨州,至利津四段村(相应桩号355+264),堤防长350.241 km。

左岸堤防全长746.927 km,详见表4-4。

表4-4　黄河下游干流临黄大堤统计

堤防名称		岸别	起止地点	起止桩号	长度(km)
左临黄Ⅰ		左	河南孟州市中曹坡至封丘县鹅湾	0+000~200+880	170.881
贯孟堤		左	河南封丘县鹅湾至封丘县吴堂	0+000~9+320	9.320
太行堤		左	河南长垣县西宁庄南至长垣县大车集	22+000~0+000	22.000
左临黄Ⅱ		左	河南长垣县大车集至台前县张庄	0+000~194+485	194.485
左临黄Ⅲ		左	山东阳谷县陶城铺至利津四段村	3+000~355+264	350.241
左岸合计					746.927
孟津堤		右	河南孟津牛庄至和家庙	0+000~7+600	7.600
右临黄Ⅰ		右	郑州邙山根至梁山国那里	-(1+172)~336+600	338.642
河湖两用堤甲	国十堤	右	国那里至十里堡	336+600~339+826 (湖:10+471~7+245)	3.226
	徐十堤	右	十里堡至徐庄	347+071~339+826 (湖:0+000~7+245)	7.245
	徐庄闸堤	右	原徐庄闸		0.103
	耿山口堤	右	原耿山口闸		0.071
	小计				10.645
山口隔堤	银马堤	右	马山头至银山	1+792~0+000	1.792
	石庙堤	右	银山至石庙	0+000~0+280	0.280
	郑铁堤	右	铁山头至郑沃	2+230~0+000	2.230
	子路堤	右	子路村至元宝山	0+000~0+789	0.789
	斑隔堤	右	斑鸠店至八号防汛屋	0+000~0+528	0.528
	小计				5.619
河湖两用堤乙	斑清堤	右	八号防汛屋至清河门闸	0+000~2+310	2.310
	闸间堤	右	清河门闸至陈山口闸	0+000~0+625	0.625
	青龙堤	右	陈山口闸至青龙山	0+356~0+000	0.356
	小计				3.291
右临黄Ⅱ		右	济南市槐荫区宋庄至垦利县二十一户	-(1+980)~255+160	257.140
右岸合计					622.937
总计					1 369.864

注:1. 左临黄Ⅰ中间断开两段:15+430~42+374,65+414~68+469共长29.999 km。

　　2. 左临黄Ⅲ计入济阳178+200~179+000、滨州273+700~279+960改直段长分别为0.590 km、4.447 km的
　　　堤防。

　　3. 右临黄Ⅰ计入三义寨闸渠堤3.481 km和东明200+080-202+375、菏泽219+600-221+040改直段长分别
　　　为1.498 km、1.167 km的堤防。

　　4. 槐荫区临黄堤1999年上延增加550 m。

(二)右岸堤防

右岸堤防可分为 2 个大段和 4 个小段,自上而下依次为以下堤防。

1.孟津堤

为了保护汉光武帝陵(俗称刘秀坟),清同治十二年(1873 年)自孟津县牛庄以下开始修建民埝,以后民埝续修至和家庙,长 7.600 km,相应桩号为 0 +000 ~ 7 +600。1938 年后改为官堤,即正式的黄河堤防。孟津堤以下,南有邙山,直至郑州邙山根,没有堤防。

2.第Ⅰ大段,郑州至梁山堤防

该段堤防西起郑州邙山根,东至梁山国那里。兰考东坝头以上绝大部分为明清时期修建的,东坝头至国那里为 1855 年铜瓦厢决口改道后修建的。西端原在 0 km 处,由于黄河河道淤积,设计防洪水位升高,零公里桩以西地面不能满足挡洪要求,已向西延长 1 172 m,相应桩号为 0 +000 ~ -(1 +172),西与邙山山坡相接。该段堤防自西向东,经中牟、兰考、东明、牡丹区、鄄城、郓城至梁山。

铜瓦厢决口改道后,由于溯源冲刷,在兰考、封丘一带形成了特大洪水也不会上水的高滩。1958 年左兰考修建三义寨闸时,把闸修在高滩的前沿,由于闸后受两条大渠的影响,黄河大堤在 129 +290 ~ 130 +831(断堤口长 1.541 km)断开。以后由于河床淤高,滩面高程低于设计洪水位,又将黄河大堤的两个断堤头至闸门的渠堤,加修成黄河大堤,两段渠堤共长 3.481 km。三义寨闸将于 2013 年后退重建,闸门退建后渠堤段堤防将会变短。

在黄河下游第三次大修堤时,对东明桩号 200 +080 ~ 202 +375 堤段及菏泽 219 +600 ~ 221 +040 堤段进行了裁弯,裁弯后的堤防长分别为 1.498 km 和 1.167 km。

目前,郑州邙山根至梁山国那里实有黄河大堤长 338.642 km,相应桩号为 -(1 +172) ~ 336 +600。

3.河湖两用堤甲

梁山国那里以下,部分堤段一侧是黄河,另一侧为东平湖滞洪区,即既为黄河大堤,又为东平湖滞洪区围堤,习惯上称为河湖两用堤。该段又分布一些小山包,在两个山包之间修建的堤防称为山口隔堤。在东平湖滞洪区一带的黄河堤防,自上而下可分为河湖两用堤甲、山口隔堤、河湖两用堤乙,每段又分成若干小段。

河湖两用堤甲分为 4 段。

(1)国十堤。

国十堤上自梁山国那里,下至东平县十里堡,长 3.226 km,相应桩号为 336 +600 ~ 339 +826(湖堤桩号为 10 +471 ~ 7 +245)。

(2)徐十堤。

徐十堤上自十里堡,下至东平县的原徐庄,长 7.245 km,相应桩号为 347 +071 ~ 339 +826(湖堤桩号为 0 +000 ~ 7 +245)。

(3)徐庄闸堤。

东平湖滞洪区原来的徐庄进出湖闸封堵后形成的堤防,长 0.103 km。

(4)耿山口堤。

东平湖滞洪区原来的耿山口进出湖闸封堵后形成的堤防,长 0.071 km。

以上 4 段堤防共长 10.645 km。

4. 山口隔堤

山口隔堤共 5 段,均位于东平县境内。

(1)银马堤。

银马堤上自马山头,下至银山,长 1.792 km,相应桩号为 1 +792 ~ 0 +000。

(2)石庙堤。

石庙堤又称银石堤,上自银山,下至石庙,长 0.280 km,相应桩号为 0 +000 ~ 0 +280。

(3)郑铁堤。

郑铁堤上自铁山头,下至郑沃,长 2.230 km,相应桩号为 2 +230 ~ 0 +000。

(4)子路堤。

子路堤上自子路村,下至元宝山,长 0.789 km,相应桩号为 0 +000 ~ 0 +789。

(5)斑隔堤。

斑隔堤上自斑鸠店,下至八号防汛屋,长 0.528 km,相应桩号为 0 +000 ~ 0 +528。

以上 5 段堤防共长 5.619 km。

5. 河湖两用堤乙

河湖两用堤乙共 3 段。

(1)斑清堤。

斑清堤上自八号防汛屋,下至清河门闸,长 2.310 km,相应桩号为 0 +000 ~ 2 +310。

(2)闸间堤。

闸间堤上自清河门闸,下至陈山口闸,长 0.625 km,相应桩号为 0 +000 ~ 0 +625。

(3)青龙堤。

青龙堤上自陈山口闸,下至青龙山,原长 0.300 km,2012 年后加修时,因山体高程不足又将延长 0.056 km,延长后长 0.356 km,相应桩号为 0 +000 ~ 0 +356。

以上 3 段堤防共长 3.291 km。

6. 第Ⅱ大段,济南至垦利堤防

在东平湖滞洪区至济南区间,左岸为山,靠山挡水,没有堤防。

该段堤防上自济南市槐荫区宋庄,经天桥区、历城、章丘、邹平、高青、博兴、东营区,至垦利县二十一户。该段堤防是在 1855 年兰考铜瓦厢决口改道夺大清河后修建的。济南段的堤防,上段位于济南市西郊,由上(南)而下(北)地势逐渐降低,起点(0 km 桩号)原在田庄,在第三次大修堤时,由于设计防洪水位抬高,堤防上延 1 430 m,至宋庄;在第四次大修堤期间,也是由于设计防洪水位的抬高,1999 年修堤时又上延了 550 m。

目前,济南市宋庄至垦利县二十一户实有黄河大堤长 257.140 km,相应桩号为 - (1 +980) ~ 255 +160。

右岸堤防全长 622.937 km,详见表 4-4。

黄河下游临黄大堤总长为 1 369.864 km。

二、滞洪区堤防

为了处理进入黄河下游堤防不能安全下泄的洪水,以及凌汛期卡冰结坝造成壅水时河道不能安全下泄的洪水,20 世纪 50 年代以来先后设置的滞洪区有东平湖滞洪区、北金堤滞洪区、齐河展宽区、垦利展宽区。曾经设立、20 世纪末已不用的沁黄滞洪区和大宫滞洪区没有修建堤防。

(一)东平湖滞洪区堤防

东平湖滞洪区原为自然滞洪区,1958 年后修建东平湖水库,建成东平湖的湖周堤防,1963 年破除位山拦河坝后,东平湖成为人工修建的滞洪区。全湖面积为 627 km²,由二级湖堤将滞洪区分为老湖、新湖两部分,新湖面积是老湖的 2 倍。汶河(下游为大清河)流入老湖区,常年有水;新湖区为耕作区,不分洪时没水。

东平湖滞洪区老湖东侧为山地;北部部分与黄河相邻,部分为孤立的小山;西部为围堤;南部为二级湖堤。新湖区北部为二级湖堤,西、南、东部均为围堤。

东平湖滞洪区的堤防包括湖周堤防和二级湖堤。湖周堤防可分为围堤(围坝)、河湖两用堤及山口隔堤。堤防曾经过数次演变,现在的堤防情况按逆时针方向依次为以下堤防。

1. 河湖两用堤甲

(1)耿山口堤。

东平湖滞洪区原来的耿山口进出湖闸封堵后形成的堤防,长 0.071 km。

(2)徐庄闸堤。

东平湖滞洪区原来的徐庄进出湖闸封堵后形成的堤防,长 0.103 km。

(3)徐十堤。

自徐庄闸至十里堡,长 7.245 km,湖堤桩号为 0 +000 ~7 +245,相应黄河堤防桩号为 347 +071 ~339 +826。

(4)国十堤。

自十里堡至国那里,长 3.226 km,湖堤桩号为 10 +471 ~7 +245,相应黄河堤防桩号为 336 +600 ~339 +826。

以上 4 段堤防长 10.645 km。

2. 围堤

围堤也称大湖围坝,1958 年修建,自国那里南偏东方向至流畅河闸,转向东至张坝口,再向北至解河口,转向东至武家漫,接大清河左堤。长 77.829 km,相应桩号为 10 +471 ~88 +300。

3. 河湖两用堤乙

大清河右岸以北为山地,不需要修建堤防。

(1)青龙堤。

自青龙山至陈山口闸,长 0.356 km,相应桩号为 0 +356 ~0 +000。

(2)闸间堤。

自陈山口闸至清河门闸,长 0.625 km,相应桩号为 0 + 625 ~ 0 + 000。

(3)斑清堤。

自八号防汛屋至清河门闸,长 2.310 km,相应桩号为 0 + 000 ~ 2 + 310。

以上 3 段堤防共长 3.291 km。

4. 山口隔堤

(1)玉斑堤。

自斑鸠店附近的八号防汛屋至玉皇顶,长 3.907 km,相应桩号为 3 + 907 ~ 0 + 000。

(2)卧牛堤。

自玉皇顶至卧牛山,长 1.830 km,相应桩号为 0 + 000 ~ 1 + 830。

(3)西旺堤。

自西旺村至郑沃村,长 2.805 km,相应桩号为 2 + 805 ~ 0 + 000。

以上 3 段共长 8.542 km。

东平湖新湖区、老湖区周边堤防长共计 100.307 km,不计河湖两用堤堤防长 86.371 km。

5. 二级湖堤

二级湖堤西起林辛分洪闸南侧(相应围堤桩号为 8 + 486,黄堤桩号 338 + 585),东至解河口与湖东围堤相接(相应围堤桩号为 77 + 350),1965 年建成,长 26.731 km。相应桩号为 0 + 000 ~ 26 + 731。

综上所述,东平湖滞洪区堤防全长为 127.038 km,不计河湖两用堤为 113.102 km,详见表 4-5。

(二)北金堤滞洪区堤防

按照政务院财政经济委员会《关于预防黄河异常洪水的决定》(1951 年 4 月 30 日),1951 年开辟了北金堤滞洪区。1960 年三门峡水库投入运用后,一度停止使用。1963 年 8 月海河流域发生大洪水后,根据国务院 1963 年 11 月 20 日《关于黄河下游防洪问题的几项决定》,又恢复了北金堤滞洪区。1975 年 8 月淮河流域发生大洪水后,北金堤滞洪区又进行了改建。改建后滞洪区面积 2 316 km^2,涉及河南、山东两省 7 个县。

北金堤滞洪区是由临黄大堤、北金堤围成的西南、东北向形似"牛角"的三角形地区,西南高、东北低,西南侧无堤防。

北金堤始修于东汉,原为黄河的南堤(右堤)。1855 年铜瓦厢决口改道后,该堤位于黄河以北,故称北金堤。按照冀鲁豫黄河水利委员会提出的"确保临黄,固守金堤,不准决口"的方针,1946 ~ 1949 年进行了培修。1950 ~ 1958 年、1963 ~ 1973 年以及 1976 年又对北金堤进行了加高培厚。

北金堤上自河南濮阳县南关火厢庙,下至山东阳谷县陶城铺。其中:火厢庙至阳谷颜营为东汉王景始修,长 120.335 km,相应桩号为 0 + 000 ~ 120 + 335;颜营至陶城铺为清光绪十四年(1888 年)始修,长 3.000 km,相应桩号为 0 + 000 ~ 3 + 000(见表 4-5)。

综上所述,黄河下游蓄滞洪区现有设防堤防,不计河湖两用堤为 236.437 km,计入河湖两用堤为 250.373 km。

表 4-5　蓄滞洪区堤防统计

位置	堤防名称		黄河岸别	起止地点	起止桩号	长度（km）
东平湖滞洪区	河湖两用堤甲	耿山口堤	右	原耿山口闸		0.071
		徐庄闸堤	右	原徐庄闸		0.103
		徐十堤	右	徐庄至十里堡	0+000~7+245	7.245
		国十堤	右	国那里至十里堡	10+471~7+245	3.226
		小计				10.645
	围堤		右	山东梁山国那里至东平县武家漫	10+471~88+300	77.829
	河湖两用堤乙	青龙堤	右	青龙山至陈山口闸	0+356~0+000	0.356
		闸间堤	右	陈山口闸至清河门闸	0+625~0+000	0.625
		斑清堤	右	清河门闸至八号防汛屋	2+310~0+000	2.310
		小计				3.291
	山口隔堤	玉斑堤	右	斑鸠店至玉皇顶	3+907~0+000	3.907
		卧牛堤	右	玉皇顶至卧牛山	0+000~1+830	1.830
		西旺堤	右	西旺村至郑沃村	2+805~0+000	2.805
		小计				8.542
	二级湖堤		右	山东东平县林辛至东平县解河口	0+000~26+731	26.731
	合计			不计河湖两用堤		113.102
				计入河湖两用堤		127.038
北金堤滞洪区	北金堤		左	河南濮阳县南关至山东阳谷县陶城铺	0+000~120+335 0+000~3+000	123.335
总计	不计河湖两用堤					236.437
	计入河湖两用堤					250.373

三、河口堤防

黄河河口属陆相弱潮强烈堆积性河口。由于泥沙淤积,1855 年以来河道在河口范围内改道 9 次,1947 年以后,河口河道摆点暂时下移到洼渔以来,改道 3 次,由于河口地区原来人烟稀少,修建堤防少,1976 年黄河走清水沟流路后,才修建了较多的堤防,相应原来流路的堤防即成为非设防堤防。下面所述堤防为渔洼以下的河口堤防,兹将清水沟流路现行的设防堤防分述于后。

（一）左岸堤防

为改道清水沟流路,在改道前先修长约 35.8 km 的北大堤(刁口河行河部分为以后修筑),因油田发展较快,北大堤按防御西河口 12 m 防洪水位标准于 20 世纪 90 年代进行了加修。1985 年石油部门在孤东油田四周修建了围堤,1987 年又修建了一条六号公路(以路代堤)与孤东油田南围堤相接,后经《入海流路规划》研究,此线作为北大堤的延长工程。相应的原北大堤下段的三十公里至防潮堤的一段作为不设防堤。

北大堤的利津四段村至三十公里堤段,长 30.200 km,相应桩号为 0 +000 ~ 30 +200。

三十公里至孤东油田南围堤西端,长 14.431 km,相应桩号为 30 +200 ~ 44 +631。

孤东油田南围堤西端至东端,长 5.100 km。

以上堤防共长 49.731 km。

（二）右岸堤防

右岸堤防俗称南防洪堤,上自临黄大堤二十一户,向下利用刁口河流路的二十一户至生产村的一段堤防,以下新修南防洪堤。清水沟流路改道准备阶段,南防洪堤接修加长共计约 28.6 km,当时为了沿地势高的地方修堤,其中一段堤防突入河中。1976 年改道当年,水量丰沛,9 月上旬南防洪堤原桩号十八公里一段堤防出险,新堤坍塌严重,经紧急抢护方保住堤防未发生决口,1977 年退修了该段堤防,在原防洪堤 10 +175 ~ 25 +900 之间,沿甜水沟北岸,于 5 月修筑了长 13.5 km 的新防洪堤。经过这次改线和调整后,南防洪堤长 27.735 km,相应桩号为 0 +000 ~ 27 +735。

河口段设防堤共长 77.466 km,详见表 4-6。

表 4-6　河口堤防统计

堤防名称	岸别	起止位置	起止桩号	长度(km)
南防洪堤	右	垦利二十一户至防潮堤	0 +000 ~ 27 +735	27.735
右岸小计				27.735
北大堤	左	利津四段至三十公里	0 +000 ~ 30 +200	30.200
	左	三十公里至孤东油田南围堤西端	30 +200 ~ 44 +631	14.431
	左	孤东油田南围堤西端至东端		5.100
左岸小计				49.731
合计				77.466

四、不设防堤防

黄河下游两侧,在河道演变、防洪工程演变过程中,原修建的一些堤防或堤段,在现行的防洪体系中不再具有直接防御洪水的功能,防洪工程建设时不再按设计标准进行加修,在特殊情况下,还可能被用于防御洪水。把历史上遗留下来的现在不直接防御洪水的堤防,称为不设防堤防。

（一）孟津白鹤镇至垦利渔洼河段

1.北围堤

20世纪50年代末,在郑州河段修建了花园口枢纽。1963年7月破除拦河坝恢复河道过流。花园口枢纽主要由泄洪闸、拦河坝、溢洪堰、北围堤组成,泄洪闸已经废弃,拦河坝已经破坝,溢洪堰已被冲毁。北围堤位于黄河滩区,北围堤以北为1855年高滩,北围堤靠溜很少,仅在1983年发生了北围堤抢险。北围堤位于现在河道的左侧,长9.696 km。

2.长垣段贯孟堤

贯孟堤在长垣段是河务部门不进行修守的堤防,上与封丘段贯孟堤相接,下至姜堂,长11.803 km,相应桩号为9+320~21+123。

3.太行堤上段

按照河道淤积现状及设计防洪流量,太行堤需要设防的仅为22.000 km,相应桩号22+000~0+000。其上的封丘胡庄至延津魏丘长22.000 km的太行堤为非设防堤段,相应桩号为22+000~44+000。

4.阳谷至齐河北金堤

该段不设防堤,起自阳谷颜营,上与北金堤滞洪区的设防堤相接(北金堤桩号为120+335),经阳谷(120+335~124+250)、东阿(124+250~180+000)和齐河县刘营至白庄(0+000~28+228),总长87.893 km。

5.齐河境内北金堤隔堤

该段堤防是左岸临黄大堤至北金堤的一段堤防,上自齐河县尹庄(临黄大堤桩号74+180),下至齐河王厅村,长3.100 km。

6.济南老铁路桥导流堤

在津浦铁路跨黄河北端的鹊山附近修有老铁路桥导流堤,长1.400 km。

7.济阳改直段背河侧老堤

济阳商家村附近的一段黄河大堤,原是一段半径很小的半圆形堤防,在第三次大修堤期间进行了裁弯。新堤修建后,背河侧的桩号为178+200~179+000的一段堤防成为不设防堤,长0.800 km。

8.滨州改直段背河侧老堤

紧靠滨州市的一段黄河大堤,拐一个陡弯,临河侧陡弯内是一个老县城,老县城内人已搬出,常年积水,堤防临河侧也多为洼地、水塘。在第三次大修堤时,进行了裁弯,修筑了新堤,新堤背河侧的原堤防不再设防,长6.260 km,相应原堤桩号为273+700~279+960。

9.东明堤防改直段背河侧老堤

东明境内黄河大堤原桩号200+080~202+375为一段后退幅度大的堤防,在第三次大修堤时,将该段堤防裁弯修建了新堤,原堤防以后未再进行过加修。该段堤防长2.295 km。

10.菏泽牡丹区堤防改直段临河侧老堤

菏泽牡丹区境内黄河大堤原桩号219+600~221+400为一段突向河中的堤防,原刘庄引黄闸就位于该段堤防。由于刘庄闸防洪标准不够及河势变化等原因,该闸废除,位置下移重建新闸。在第三次大修堤时,根据堤防外形及涵闸已经搬迁的情况,该段取直后新建堤防,原堤防未再进行加修,该段堤防长 1.440 km。

11. 障东堤

1855 年铜瓦厢决口改道后,光绪元年(1875 年)四月,山东巡抚丁宝桢奏准修筑南岸新堤,名曰障东堤,上自东明谢寨,下至东平十里堡,共长 125 km。后来,障东堤与河道之间,多筑民埝,经过多次演变,形成了新的临黄大堤。现在说的障东堤仅指菏泽市牡丹区上界岔河头至东高庄的一段堤防,长 9.8 km。

12. 南金堤

南金堤原是防御洪水的官堤,在南金堤与河道之间形成新的临黄大堤之后成为不设防堤。上起自鄄城县临濮集乡马堂(临黄大堤桩号为 234 +500),经郓城,至梁山县小路口镇古陈庄与现在临黄大堤相交(相应桩号为 326 +064),长 84.880 km。

以上堤防共长 241.367 km。

(二)滞洪区不设防堤防

1. 濮阳县南关火厢庙以上北金堤

20 世纪 50 年代对北金堤进行了培修。1954 年对北金堤桩号 0 +000 以上,下自濮阳县南关火厢庙北金堤零公里桩、上至濮阳新习乡杜寨村的金堤岭沟口进行了填筑,形成了长 16.5 km 的堤防。北金堤滞洪区 1976 年改建后,水已达不到零公里以上,上述堤防成为不设防堤。

2. 滑县北金堤

滑县北金堤,下接濮阳北金堤,下自四间房乡王寨村,上至白道口镇蔡胡村,长 18.750 km,相应桩号为 -(16 +500)~ -(35 +250)。

3. 东平湖小安山隔堤

该段堤防为修建东平湖水库时修建,位于新湖区内,西自围堤西段(桩号为 25 +600),东至小安山。东平湖水库运用后为两边皆水的交通路,东平湖水库改为滞洪区后,新湖至今未再运用,实为不设防的一段堤防,长 2.200 km。

4. 梁山国那里一段旧湖堤

为了开发航运,入黄船闸位置需选择在靠主流的地方。根据修建船闸时的河势情况,入黄船闸修在国那里附近的黄河大堤上,背河侧为东平湖新湖区的西北角。为使船闸位于湖区以外,将船闸附近的湖堤改线为现行的围堤。原来的一段长 1.800 km 的新湖围堤就成了不设防围堤。

以上堤防共长 39.250 km。

(三)窄河段展宽区堤防

济南、齐河之间及利津、垦利之间的两段河道,堤距很窄,窄处不足 0.5 km,凌汛期间极易卡冰结坝,壅高水位,威胁两岸安全。20 世纪 50 年代发生的 2 次堤防凌汛决口,就是发生在利津、垦利之间的窄河段。为解决凌汛威胁,水利电力部于 1971 年 4 月和 9 月分别批准兴建齐河展宽工程和垦利展宽工程。20 世纪 80 年代初 2 处展宽工程基本建成。小浪底水库 2000 年投入运用,防洪能力大大提高,经 2008 年 7 月 21 日"国务院关于黄河流域防洪规划的批复(国函[2008]63号)"的黄河流域防洪规划中,未列齐河展宽区和垦利展宽区建设。2个展宽区堤防共长76.431 km。

1. 齐河展宽区堤防

齐河展宽工程也称北展。展宽区是在齐河南坦险工至济南盖家沟险工河段的北侧、由临黄大堤和展宽堤围成的区域。展宽区面积106 km²,宽3 km左右。涉及齐河、天桥2个县(区)。

展宽堤上起齐河县曹营(左岸临黄堤桩号102+002),下至天桥区八里庄(左岸临黄堤桩号140+762),展宽堤长37.780 km,相应桩号为0+000~37+780。

2. 垦利展宽区堤防

垦利展宽工程也称南展。展宽区是在博兴老于家至垦利西冯村之间、由临黄大堤和展宽堤围成的区域。展宽区面积123.3 km²,宽3.5 km左右,涉及博兴、东营、垦利3个县(区)。

展宽堤上起博兴老于家皇坝(右岸临黄大堤桩号189+121),下至垦利西冯村(右岸临黄大堤桩号234+950),展宽堤长38.651 km,相应桩0+000~38+651。

(四)沁河杨庄改道段原左堤

沁河流经武陟县城的一段河道,堤距很窄,成为上下河段的卡口,"文化大革命"期间在此段下口修建的公路桥进一步缩窄了过流断面,如遇大洪水,极易壅高上游水位,威胁武陟县城等广大地区的安全;该段沁河河道又处在黄河大洪水时壅高水位的范围之内(是黄河大洪水时黄沁并溢的堤段)。为保防洪安全,1982年汛前修建了沁河杨庄改道工程,从1982年汛期开始,水流从新河道通过。改道后原来的一段左堤就成了非设防堤。该段堤长4.084 km,相应原沁河左岸堤防桩号为67+813~71+897。

(五)河口不设防堤

1. 南大堤

在1953年小口子改道前,黄河由宋春荣沟、甜水沟和神仙沟3股入海,南大堤位于宋春荣沟右岸,具有约束洪水的作用。1953年小口子改道后,黄河由神仙沟一股入海,南大堤不再靠河,成为不设防堤。该段堤防上自二十一户,下至防潮堤,长25.883 km,相应桩号为255+160~281+043。

2. 老南防洪堤

1976年黄河改行清水沟流路后,南防洪堤突入河中的一段堤防,在十八公里上下发生了严重险情,1977年退修了新堤,堤线长度缩短。原来的一段堤防不再按设防水位设防。该段堤防长15.800 km,上端相应现南防洪堤桩号为10+180,下端为23+300。

3. 河道右岸滩地东大堤

东大堤为刁口河流路的东大堤,起自南防洪堤4 km处,北至姜沟以下,全长22 km,1971年建成。1976年5月改走清水沟流路后,东大堤分为3段,一段在河道右岸滩地,另一段在河道左岸滩地,第三段在北大堤以北。

河道右岸滩地东大堤,长2.700 km,原东大堤桩号为0+000~2+700。

4. 河道左岸滩地东大堤

1976年5月改走清水沟流路后,在北大堤以南现左岸滩地上遗留的一段东大堤堤防长为 4.000 km,原东大堤桩号为 3 + 500 ~ 7 + 500。

5. 北大堤以北东大堤

北大堤以北东大堤,上自北大堤(桩号 16 + 050),下至三道沟(桩号 20 + 700)以下的三号坝,长 14.500 km,相应原东大堤桩号为 7 + 500 ~ 22 + 000。

6. 原北大堤末段

在 1976 年改道前修建的北大堤为自利津四段村至防潮堤,长 35.821 km。经《入海流路规划》研究,将 1987 年从北大堤 30 + 200 修的六号路和 1985 年修的孤东油田围堤南围堤作为北大堤的延长线。北大堤 30 + 200 ~ 原(35 + 821)部分,就成为非设防堤,长 5.621 km。

7. 四老民坝

利津四段村至老爷庙(现庙二村)民坝始建于 1948 年,1971 年进行了培修,标准按四段村 1983 年设计防洪水位 14.10 m,培修长 20.436 km,相应桩号为 355 + 264 ~ 375 + 700。1976 年改走清水沟流路后成为不设防堤。

以上河口非设防堤防共长为 88.940 km。

黄河下游不设防堤防全长为 450.072 km,详见表 4-7。

表 4-7　黄河下游不设防堤统计

类型	黄河岸别	堤防名称	位置	长度(km)
白鹤镇至渔洼河段河道两岸不设防堤	左	北围堤	京广铁路桥北端至原阳北裹头	9.696
	左	贯孟堤	长垣上界左寨至姜堂	11.803
	左	太行堤	封丘胡庄至延津魏丘	22.000
	左	阳谷至齐河北金堤	阳谷颜营至齐河白庄	87.893
	左	齐河北金堤隔堤	齐河尹庄临黄堤 74 + 180 至王厅村	3.100
	左	济南老铁路桥导流堤	济南天桥区鹊山	1.400
	左	济阳改直段背河侧老堤	临黄大堤桩号 178 + 200 ~ 179 + 000	0.800
	左	滨州改直段背河侧老堤	临黄大堤桩号 273 + 700 ~ 279 + 960	6.260
	右	东明堤防改直段背河侧老堤	黄河大堤桩号 200 + 080 ~ 202 + 375	2.295
	右	菏泽牡丹区堤防改直段临河侧老堤	黄河大堤桩号 219 + 600 ~ 221 + 040	1.440
	右	障东堤	菏泽牡丹区岔河头至东高庄	9.800
	右	南金堤	鄄城马堂至梁山古陈庄	84.880
	小计			241.367

续表 4-7

类型	黄河岸别	堤防名称	位置	长度(km)
滞洪区堤防不设防堤	左	濮阳县南关火厢庙以上北金堤	濮阳县南关火厢庙至濮阳新习乡杜寨	16.500
	左	滑县北金堤	四间房乡王寨村至白道口镇蔡胡村	18.750
	右	东平湖小安山隔堤	梁山小安山至新湖西围堤	2.200
	右	梁山国那里一段旧湖堤	梁山国那里	1.800
	小计			39.250
窄河段展宽区不设防堤	左	齐河展宽堤	山东齐河县曹营至天桥区八里庄(0+000~37+780)	37.780
	右	垦利展宽堤	山东博兴老于家至垦利西冯村(0+000~38+651)	38.651
	小计			76.431
支流	左	沁河杨庄改道左岸老堤	武陟县城西侧(67+813~71+897)	4.084
河口不设防堤	右	南大堤	垦利二十一户至防潮堤(255+160~281+043)	25.883
		老南防洪堤	对应南防洪堤桩号10+180~23+300	15.800
		河道右岸滩地东大堤	在河道内滩区0+000~2+700	2.700
	左	河道左岸滩地东大堤	在河道内滩区3+500~7+500	4.000
		北大堤以北东大堤	北大堤同兴至三姜沟7+500~22+000	14.500
		原北大堤末段	三十公里至防潮堤30+200~原35+821	5.621
		四老民坝	利津四段至老爷庙(庙二村)	20.436
	小计			88.940
合计				450.072

五、结语

综上所述,黄河下游按照堤防性质可分为设防堤和不设防堤。在设防堤中,孟津白鹤镇至垦利渔洼,黄河大堤长 1 369.864 km,滞洪区堤长 236.437 km,支流沁河、大清河堤防长 195.367 km(详见第四章第四节),计长 1 801.668 km。垦利渔洼以下河口堤防长 77.466 km。黄河下游现在共有设防堤长 1 879.134 km,详见表 4-8。

表 4-8　黄河下游堤防统计

堤防性质	所在河段	堤防类别	堤防长度(km)
设防堤	孟津白鹤镇至垦利渔洼	黄河大堤	1 369.864
		滞洪区堤	236.437
		沁河、大清河堤防	195.367
		小计	1 801.668
	渔洼以下	河口堤防	77.466
	合计		1 879.134
不设防堤	孟津白鹤镇至垦利渔洼	河道两岸不设防堤	241.367
		滞洪区不设防堤	39.250
		窄河段展宽区不设防堤	76.431
		沁河不设防堤	4.084
		小计	361.132
	渔洼以下	河口不设防堤	88.940
	合计		450.072
总计			2 329.206

注:"黄河大堤"中计入"河湖两用堤","滞洪区堤"中未计入"河湖两用堤"。

在不设防堤中,孟津至渔洼的河道两岸非设防堤长 241.367 km,滞洪区不设防堤长 39.250 km,窄河段展宽区不设防堤长 76.431 km,沁河杨庄改道老左堤长 4.084 km,计长 361.132 km。垦利渔洼以下河口区不设防堤长 88.940 km,黄河下游现在共有不设防堤长 450.072 km。

黄河下游总计堤防长度为 2 329.206 km(见表 4-8)。

第三节　黄河上中游堤防

黄河上中游防洪河段主要有宁夏河段、内蒙古河段及兰州市河段。兰州市河段堤防较短,本节仅述宁夏和内蒙古黄河干流堤防。

一、宁夏堤防

(一)堤防沿革

据清乾隆《宁夏府志》卷八记载,雍正年间因"惠民渠迫近河岸,恐河水泛涨,渠被冲决,沿河筑堤以束之"。"旧堤埂沿开惠农渠筑,起宁夏县王太堡至平罗县石嘴口,长三百五十里;新堤埂乾隆三年(地震后)修复惠农渠时筑,起宁夏县王太堡至平罗县北贺兰山坂长三百二十里"。为保护惠民、利民二渠,陶乐县于清代末年沿河修筑防洪堤。历史上沿河群众多自发修筑小堤,20 世纪 50 年代以后,群众自发修筑的局部小堤,发展为国家主办的顺河长堤。1964年按防御6 000 m³/s洪水的标准,组织11个县的劳力,按照统一规划设计筑堤,当年汛前完成堤防长140 km。在"文化大革命"期间,堤防遭到破坏,1981年9月大水前,整理堤防257 km,新修堤防167 km[3]。

1981年大洪水后,1982年春,按照设计防洪流量6 000 m³/s(相当于20年一遇)、校核洪峰流量7 310 m³/s(相当于50年一遇),确定河岸线、防洪堤线,堤顶高程要求高于1981年9月洪水最高水位1.0~1.2 m,内、外边坡为1:2,堤顶宽一般为4 m,险工段为7 m,共修筑新堤防长146 km,加固原有堤防长254 km。经过1982年大规模修堤后,沿河11个县市都建立了堤防管理所。共有堤防长447 km,其中左岸堤防长266.9 km,右岸堤防长180.1 km[3]。

(二)堤防组成

为了提高宁夏、内蒙古河段的防洪能力,黄委于1996年编制黄河宁夏、内蒙古河段工程建设可行性研究报告,经国家批准后,尤其是1998年长江大水后,进行了大规模的防洪工程建设,加固并新修了堤防。至2007年,宁夏河段堤防情况如下。

1. 左岸堤防

自上而下为:下河沿至青铜峡库区末端堤防,长85.000 km;青铜峡大坝至仁存渡堤防,长37.177 km;仁存渡至头道墩堤防,长79.065 km;头道墩至石嘴山堤防,长81.185 km。左岸堤防共长282.427 km(见表4-9)。

表4-9　黄河宁夏段干流堤防统计

岸别	河段	位置	起止桩号	长度(km)
左岸	下河沿—青铜峡	下河沿至青铜峡库区末端	0+000~85+000	85.000
	青铜峡—仁存渡	青铜峡大坝至仁存渡	0+000~37+177	37.177
	仁存渡—头道墩	仁存渡至头道墩	37+177~116+242	79.065
	头道墩—石嘴山	头道墩至石嘴山	116+242~197+427	81.185
	小计			282.427
右岸	下河沿—青铜峡	下河沿至青铜峡库区末端	0+000~87+000	87.000
	青铜峡—仁存渡	青铜峡大坝至仁存渡	0+000~38+899	38.899
	仁存渡—头道墩	仁存渡至灵武县北滩大队	38+899~66+937	28.038
		灵武、陶乐交界处	0+000~0+896	0.896
		小计		28.934
	头道墩—石嘴山	陶乐县红崖子乡附近	0+000~10+814	10.814
	小计			165.647
合计				448.074

2. 右岸堤防

下河沿至青铜峡库区末端堤防,长87.000 km;青铜峡大坝至仁存渡堤防,长38.899 km;仁存渡至头道墩有2段堤防,一段为仁存渡至灵武县北滩大队,长28.038 km,另一段为灵武、陶乐交界处的 0.896 km;头道墩至石嘴山分布有陶乐县红崖子乡附近的堤防长 10.814 km。右岸堤防共长 165.647 km。

宁夏黄河干流左右岸堤防共长 448.074 km,详见表 4-9。

二、内蒙古堤防

(一)堤防沿革

内蒙古保护城镇的防洪工程,最早是托可托县城至河口镇之间的顺水坝,它最迟在道光三十年(1850 年)前就已修成。保护渠道和耕地的沿河小堤始修时间约在光绪十七年(1891 年)前。光绪二十九年(1903 年)先在长胜渠渠口附近利用原来土埝修筑沿黄河土堤,并与长胜干支渠形成一个灌溉防洪整体。至光绪三十二年(1906 年),后套渠道已大部分收归官有,又西起阿善沙河渠,经阿善大东渠、十大股新旧渠口、以至吕波河头等修沿河堤坝 9 段,堵筑十大股渠旧口一段;从锦绣堂东起,经义和渠、老郭渠及塔布渠新旧口等修筑 21 段。光绪三十三年(1907 年),又在长济渠桥南加修了 5 段。所修堤长大约相当河套境内黄河北岸长度的 1/3,成为黄河防洪堤的雏形[3]。

20 世纪 30 年代前后的二三十年间,由于战乱,官府对黄河防洪堤再未过问,分散的小段防洪堤无形中转为民堤,失修破坏,无防洪能力。1942 年,由绥西水利局对河套防洪堤培修一次,次年洪水泛滥,又抢修一次。1945 年又择要进行了整修。1946 年黄河大水后,省水利局以工代赈修堤。至 1947 年,南岸达拉特旗开始重点修建堤防。经不断培修,后套黄河堤防长度已达 150 km[3]。

1950 年 3 月 18 日,水利部批准修建绥远省防洪工程。左岸以渡口堂 4 500 m³/s 流量为标准,右岸重点堤段以 4 000 m³/s 流量为标准。至 8 月共兴修堤防 200 余 km。经 1951～1954 年修堤,长度近 620 余 km。经 1964～1974 年修堤,堤防长度达 787 km。后又进行了一些堤防培修加固,并修建部分新堤。至 1985 年,内蒙古共有黄河堤防 895 km。其中,左岸防洪堤及右岸胜利渠至公山壕一段防洪堤 150 km,能防御 6 000 m³/s 的洪水,其余堤段能防御 5 000 m³/s 的洪水。

(二)堤防组成

20 世纪 90 年代后半期,尤其是世纪之末,加速进行了内蒙古黄河防洪工程的建设步伐。在统一的修堤标准下,加高培厚了已有堤防,并根据设计洪水位新修了部分堤防。至 2007 年,内蒙古河段堤防情况如下。

1. 左岸堤防

自上而下为:上界至三盛公河段,堤防有乌达公路桥南侧长 2.300 km,乌达公路桥北侧共长 1.080 km,乌兰木头长 8.598 km,阿拉善左旗 2 段计长 35.477 km;三盛公至三湖河口河段堤防长 214.413 km;三湖河口至昭君坟河段堤防长 92.650 km;昭君坟至蒲滩拐河段,由于支流汇入、部分地势较高等,堤防分为 11 小段,计长 150.013 km。左岸堤防共计长度为 504.531 km(见表 4-10)。

表 4-10　黄河内蒙古段干流堤防统计

岸别	河段	位置		起止桩号	长度(km)
左岸	上界—三盛公	乌达公路桥南侧			2.300
		乌达公路桥北侧			1.080
		乌兰木头		0 + 000 ~ 8 + 598	8.598
		阿拉善左旗	①	8 + 598 ~ 14 + 581	5.983
			②	19 + 581 ~ 49 + 075	29.494
			小计		35.477
		小计			47.455
	三盛公—三湖河口			0 + 000 ~ 52 + 436	52.436
				52 + 541 ~ 143 + 378	90.837
				143 + 460 ~ 214 + 600	71.140
		小计			214.413
	三湖河口—昭君坟	三湖河口至昭君坟		214 + 600 ~ 307 + 250	92.650
	昭君坟—蒲滩拐			307 + 250 ~ 311 + 937	4.687
				313 + 093 ~ 317 + 582	4.489
				317 + 841 ~ 319 + 858	2.017
				320 + 219 ~ 323 + 217	2.998
				323 + 679 ~ 326 + 275	2.596
				326 + 379 ~ 326 + 680	0.301
				327 + 423 ~ 332 + 537	5.114
				332 + 598 ~ 337 + 634	5.036
				339 + 664 ~ 354 + 339	14.675
				354 + 436 ~ 369 + 184	14.748
				369 + 481 ~ 462 + 833	93.352
		小计			150.013
	左岸合计				504.531

续表 4-10

岸别	河段	位置	起止桩号	长度（km）
右岸	上界—三盛公	劳教所附近		1.350
		乌达公路桥北侧		1.495
		团部圪旦附近		1.438
		下海勃湾		10.910
		鄂托克旗阿尔巴斯		8.200
		小计		23.393
	三盛公—三湖河口		0 + 000 ~ 2 + 210	2.210
			19 + 415 ~ 103 + 548	84.133
			104 + 148 ~ 136 + 132	31.984
			136 + 480 ~ 151 + 583	15.103
			151 + 948 ~ 155 + 786	3.838
			157 + 310 ~ 198 + 564	41.254
		小计		178.522
	三湖河口—昭君坟		198 + 564 ~ 231 + 548	32.984
			233 + 800 ~ 250 + 009	16.209
			251 + 351 ~ 275 + 444	24.093
			276 + 528 ~ 304 + 122	27.594
		小计		100.880
	昭君坟—蒲滩拐		309 + 408 ~ 324 + 182	14.774
			324 + 711 ~ 364 + 860	40.149
			365 + 745 ~ 376 + 795	11.050
			379 + 013 ~ 398 + 468	19.455
			399 + 100 ~ 432 + 650	33.550
			436 + 170 ~ 440 + 876	4.706
			443 + 726 ~ 450 + 580	6.854
			453 + 028 ~ 467 + 029	14.001
		小计		144.539
	右岸合计			447.334
总计				951.865

2. 右岸堤防

自上而下为：上界至三盛公河段，堤防分为 5 段，计长 23.393 km，其中有劳教所附近堤防长 1.350 km，乌达公路桥北侧堤防长 1.495 km，团部圪旦附近堤防长 1.438 km，下海勃湾堤防长 10.910 km，鄂托克旗阿尔巴斯堤防长 8.200 km；三盛公至三湖河口河段，堤防分为 6 段，计长 178.522 km；三湖河口至昭君坟河段，堤防分为 4 段，计长 100.880 km；昭君坟至蒲滩拐河段，由于支流汇入、部分地势较高等，堤防分为 8 段，计长 144.539 km。右岸堤防计长 447.334 km。

内蒙古黄河干流堤防左、右岸共长 951.865 km，详见表 4-10。

第四节　主要支流堤防

黄河支流众多，防洪任务重的支流位于平原地区。本节仅述及几条支流的下游堤防。

一、沁河下游堤防

沁河自济源五龙口出山口到沁河入黄口武陟白马泉为沁河下游，两岸均修有堤防工程。

(一)堤防沿革

沁河筑堤，沁阳较早，距今已有 860 年的历史，金天眷年间(1138～1140 年)，王兢任河内令时，"沁水泛滥，岁发民筑堤"。明洪武十八年(1385 年)九月即修黄、沁、漳、卫等河堤。明永乐二年(1404 年)九月"修武陟马曲堤岸"，永乐十二年(1414 年)"修郭村马曲土堤五百余丈"。清康熙四十二年(1703 年)，沁河堤防已有一定规模，多系民修民守。当时河督张鹏翮修河南堤工时，南岸官堤及民堤计长 70.5 km，北岸官堤及民堤计长 67.5 km，共长 138 km，其中官堤长仅 13 km。清光绪九年(1883 年)，河内(沁阳)、武陟 2 县沁工改为"官督绅办"，1931 年改"官督绅办"为"官办"，1919 年堤防划归河南河务局统一管理。1949 年以来，与黄河下游三次大修堤同步也进行了三次大修堤，已形成了较为完整的堤防体系。

(二)堤防组成

三次大修堤期间，右岸堤防上延及补缺口共长 10.596 km，其中 1954 年沁阳从伏背向上延伸 3.088 km(其中济源 2.900 km)，1962 年由黄委批准，济源河头村修护村埝长 2.590 km，1983 年 4 月又将以上两段缺口 4.918 km 修起来。右岸，1954 年还将沁阳东王曲至路村无堤段 1.450 km 修筑了堤防。左岸，从瑶头 0+000 起上延了 2.046 km(其中沁阳 0.180 km，济源 1.866 km)。鲁村至西高村堵龙眼修堤 0.450 km。1981 年至 1982 年进行杨庄改道时新修左堤长 3.195 km，右堤长 2.417 km，计长 5.612 km，原右岸老堤拆除长 3.644 km。

1. 左岸堤防

左岸堤防起自济源逯村，经瑶头进入沁阳，再至解住长 13.766 km。以下为 5.010 km 的龙泉缺口。下接自西沁阳村至东沁阳村的堤防，长 1.840 km。以下为长 1.891 km 的阳华缺口。下接水北关至北金村的堤防，长 1.659 km，以下为丹河汇入沁河的地方。再下进入博爱县，由陈庄至秦阳村进入武陟，再经老龙湾到余原村，堤防长 43.938 km。在杨庄改道时，左岸堤防由此改走新堤防至武陟县城沁河桥北端与原沁河堤相接,堤长3.195 km。以下至白马泉沁河汇入黄河处与黄河左堤相接,堤长 7.803 km。左岸堤防全长 72.201 km。另外,尚有杨庄改道后的沁河老堤,长 4.084 km,现为不设防堤(见表4-11)。

表4-11　沁河下游堤防统计

岸别	堤段	位置	起止桩号	长度(km)
左岸	济源段	逯村—马村	−(2+046)~−(0+180)	1.866
	沁阳段	瑶头—解住	−(0+180)~11+720	11.900
		西沁阳—东沁阳	16+730~18+570	1.840
		水北关—北金村	20+461~22+120	1.659
		小计		15.399
	博爱段	陈庄—秦阳村	23+875~44+800	20.925
	武陟段	秦阳村—老龙湾	44+800~63+835	19.035
		老龙湾—余原村	63+835~67+813	3.978
		杨庄改道新左堤	0+000~3+195	3.195
		沁河桥北端—白马泉(河口)	71+897~79+700	7.803
		小计		34.011
	左岸小计			72.201
右岸	济源段	五龙口—沙沟	−(10+596)~−(0+230)	10.366
	沁阳段	西庄—尚香	−(0+230)~34+944	35.174
	温县段	亢村—西张计	34+944~46+116	11.172
	武陟段	东张计—杨庄	46+116~67+108	20.992
		杨庄改道新右堤	0+000~2+417	2.417
		南关—方陵(河口)	70+727~75+972	5.245
		小计		28.654
	右岸合计			85.366
总计				157.567

注:1. 左堤断堤段:龙泉缺口 5.010 km,阳华缺口 1.891 km,丹河口无堤段 1.755 km,共计断堤长 8.656 km。
　　2. 杨庄改道后,原桩号 67+813~71+897 长 4.084 km 的堤防,表中未包括,现为不设防堤。

需要说明的是,老龙湾至白马泉堤段,黄河发生大洪水时为壅水河段,如在此段发生堤防决口,就会出现"黄沁并溢"的情况,即如发生决口,黄河洪水和沁河洪水一并进入泛区,共同形成洪水灾害。

2. 右岸堤防

右岸堤防起自济源县五龙口,经沙沟进入沁阳县,再经亢村进入温县,过东张计进入武陟县,再至杨庄,堤防长 77.704 km。以下接杨庄改道右堤,堤防长 2.417 km。新堤在南关与原沁河左堤相接,下至方陵沁河汇入黄河处与黄河左堤相接,堤长 5.245 km。右岸堤防全长 85.366 km。

沁河下游左、右岸堤防全长为 157.567 km。另有不设防堤 4.084 km,详见表4-11。

二、大清河堤防

大清河是汶河的下游河段,位于山东东平县境内,上自戴村坝,下至东平湖滞洪区老湖区。

戴村坝位于东平县彭集镇南城子村,原是为了解决京杭运河会通河段水源不足,在汶河上修建的壅水坝。工程始建于明永乐九年(公元 1411 年),以后多次改建加固。1855 年黄河改走现行河道后,运河停运,工程失去分水作用。清末以来也进行过多次整修,最后一次是在 1997 年汛前。2001 年 8 月汶河洪水时,戴村坝被水流冲断,形成一个宽 125 m 的口门,口门过水后,下游消能部分也被水流冲毁。2002 年进行了修复加固。

左岸堤防,上起自戴村坝,相应桩号为 108 + 300,下至东平县吴家漫,相应桩号为 88 + 300,堤防长 20.000 km。吴家漫以下仍为大清河河道,但在东平湖蓄水至 46.00 m 时,为东平湖回水范围,因此吴家漫以下的堤防属于东平湖滞洪区的围堤。

右岸堤防,戴村坝至无盐村一段靠山挡水,右岸堤防起自寒山头(0 + 000),西行经东平县城(原后屯镇)南至王台(17 + 800),堤防长 17.800 km,以下大清河流入东平湖。

大清河左右岸堤防全长为 37.800 km。

三、渭河下游堤防

渭河下游上自咸阳陇海铁路桥,下至汇入黄河处。

(一)堤防沿革

渭河下游堤防是 20 世纪 60 年代初随着三门峡水库的兴建而不断修建的。

三门峡水库技术设计指标中正常高水位为 360 m(大沽高程),为确保水库用水不影响西安市,国务院决定第一期工程按 350 m 高程的蓄水位施工。周恩来总理于 1959 年 10 月 13 日在三门峡水利枢纽工地主持召开了由中央有关部门和河南、陕西、山西等省领导人参加的现场会,确定三门峡水库 1960 年汛前移民高程线为 335 m。以后三门峡水库按防洪水位 335 m 高程运用。

为了保护 335 m 高程以上地区的安全,1960 年水电部以(60)水电设钱字第 38 号文,批准兴建渭河下游防护堤,1959 年底至 1960 年春修建了华县、大荔境内的堤防,共长 40.1 km。三门峡水库蓄水运用后,渭河下游河道淤积严重,渭河淤积末端不断上延,洪水位抬升,威胁 335 m 以上渭河两岸的群众和工农业生产的安全。为减少洪水灾害,先后对华县、大荔县境内的堤防进行了加高培厚,并修建了渭南段(现临渭区段)的堤防。三门峡水库改为滞洪排沙方式运用后,渭河下游淤积仍在发展,相应对华县、大荔、渭南北堤进行了加高培厚,并新建了临潼、高陵段堤防长 15.38 km。1974 年至 1976 年再一次对渭河两岸堤防全面进行了加高培厚。1960 年至 1995 年还在西安高陵、咸阳段相继修建堤防长 61.5 km,"九五"期间,按 2000 年水平年,对渭河下游干堤高陵、临潼、临渭、大荔、华县长 63.75 km 的干堤进行了加高培厚;又对高陵、西安、临潼段长 30.90 km 的干堤进行了加高培厚,并新修了 18.46 km 的堤防。21 世纪初,按照设计又对大部分堤段进行了加固。

(二)堤防组成

至 21 世纪初,渭河下游在 335 m 高程以上共修筑干流堤防长 192.674 km,其中左岸堤防长 101.488 km,右岸堤防长 91.186 km。

1. 左岸堤防

渭河下游左岸堤防上起自咸阳市渭城区陇海铁路桥,向东略偏北方向至渭城区下界张旗寨,长 22.100 km。高陵县境内上中段渭河北岸为高岸,泾河在此段汇入渭河;下段吴村阳至西渭阳有堤防,长 2.880 km。西安市临潼区堤防,自上界西渭阳至南屯,堤防长 8.936 km;以下为高岸,石川河在此段汇入渭河;康贺至白家修有堤防,长 6.940 km;南赵至临潼下界修有长 1.122 km 的堤防。渭南市临渭区自上界满寨至下界孝北堤防长 31.478 km。大荔自上界李家至拜家有堤防,长 28.032 km,拜家以东进入 335 m 高程以下的三门峡库区。左岸堤防共长 101.488 km,详见表 4-12。

2. 右岸堤防

渭河下游右岸堤防上起自咸阳市秦都区陇海铁路桥,向东略偏北方向至下界渔王,长 4.840 km,沣河在此段汇入渭河。西安市北郊有皂河、灞河等汇入渭河,除支流汇入口外,上界农六至下界南郑均修有堤防,长 26.650 km。高陵段上界史家庄至下界兴盛村修有长 8.100 km 的堤防,黑河在此段汇入渭河。西安市临潼区自上界宣孔至魏家庄修有长 3.388 km 的堤防,以下至下界渭河右岸为高岸,零河在段汇入渭河。渭南市临潼区上段为高岸;白杨至沈河口堤防长 14.000 km,沈河在此汇入渭河;沈河口至孟家堤防长 2.500 km;孟家至田家为高岸;田家至赤水河口修有长 4.278 km 的堤防,赤水河在此汇入渭河。华县沿渭河均修有堤防,长 27.430 km,境内有遇仙河、石堤河、罗纹河、方山河 4 条支流汇入渭河。方山河口以下进入 335 m 高程以下的三门峡库区。右岸堤防共长 91.186 km,详见表 4-12。

表 4-12　渭河下游干流堤防统计

岸别	堤段	位置	起止桩号	长度(km)
左岸	渭城区	陇海铁路桥—张旗寨	0 +000 ~ 22 +100	22.100
	高陵县	吴村阳—西渭阳	0 +000 ~ 2 +880	2.880
	临潼区	西渭阳—南屯	0 +000 ~ 8 +936	8.936
		康贺—白家	0 +000 ~ 6 +940	6.940
		南赵—临潼下界	0 +000 ~ 1 +122	1.122
		小计		16.998
	临渭区	满寨—孝北	81 +510 ~ 50 +032	31.478
	大荔县	李家—拜家	50 +032 ~ 22 +000	28.032
		合计		101.488

续表 4-12

岸别	堤段	位置	起止桩号	长度（km）
右岸	秦都区	陇海铁路桥—渔王	0 + 000 ~ 4 + 840	4.840
	西安市	农六—南郑	0 + 000 ~ 26 + 650	26.650
	高陵县	史家庄—兴盛	0 + 000 ~ 8 + 100	8.100
	临潼区	宣孔—魏家庄	0 + 000 ~ 3 + 388	3.388
	临渭区	白杨—沈河口	85 + 000 ~ 71 + 000	14.000
		沈河口—孟家	71 + 000 ~ 68 + 500	2.500
		田家—赤水河口	65 + 330 ~ 61 + 052	4.278
		小计		20.778
	华县	赤水河口—遇仙河口	60 + 210 ~ 56 + 510	3.700
		遇仙河口—石堤河口	56 + 450 ~ 50 + 720	5.730
		石堤河口—罗纹河口	50 + 620 ~ 40 + 730	9.890
		罗纹河口—方山河口	40 + 610 ~ 32 + 500	8.110
		小计		27.430
	合计			91.186
总计				192.674

注: 渭南市临渭区、大荔县、华县、华阴市的堤防统一编号,临潼、高陵、西安、咸阳的堤防独立编号。

参考文献

[1] 国家技术监督局,中华人民共和国建设部.GB 50201—94 防洪标准[S].北京:中国标准出版社, 1994.

[2] 国家技术监督局,中华人民共和国建设部.GB 50286—98 堤防工程设计规范[S].北京:中国标准出版社,1994.

[3] 黄河防洪志编纂委员会.黄河防洪志[M].郑州:河南人民出版社,1991.

第五章　堤防设计

本章论述黄河下游临黄堤的堤防设计,上中游堤防、支流堤防、滞洪区堤防的堤防设计与下游堤防的设计大体相同,但在数字上有所差别,东平湖滞洪区的堤防由于分洪后高水位持续时间长、风浪大,采取了块石护坡措施。

第一节　工程地质

一、区域地质概况

(一)地貌

中生代的燕山运动奠定了黄河下游地貌的基本格局。现代地貌形态则于晚更新世中期形成,目前仍受继承性新构造运动的控制。黄河下游的地形地貌,可分为平原、丘陵和山区 3 类,按照形态成因又可分为多种地貌类型和亚型,详见表 5-1。

表 5-1　黄河下游地貌类型

类别	地貌类型	地貌亚型	分布范围
I 平原	I_1 冲积平原	I_{1-1} 冲积扇平原	孟津县宁嘴至东平湖
		I_{1-2} 冲积平原	阳谷县陶城铺及东平湖西侧至垦利县宁海
	I_2 冲湖积平原		梁山县及东平县一带,沿东平湖呈北西—南东向带状分布
	I_3 冲海积平原	I_{3-1} 河口三角洲平原	黄河河口及三角洲附近
		I_{3-2} 滨海洼地及低平地	三角洲西北及前缘部分
	I_4 冲洪积平原	I_{4-1} 山前冲洪积平原	太行山南麓及泰山北麓
		I_{4-2} 河谷冲洪积平原	泰山山间洼地
II 丘陵	II_1 侵蚀堆积丘陵	黄土覆盖的丘陵及岗地	邙山及青风岭等地
	II_2 侵蚀剥蚀丘陵	非碳酸盐岩丘陵	
	II_3 剥蚀溶蚀丘陵	碳酸盐岩中低山	太行山区及泰山山区山地前缘
III 山地	III_1 侵蚀剥蚀中低山	非碳酸盐岩中低山	太行山区及泰山山区
	III_2 剥蚀溶蚀中低山	碳酸盐岩中低山	

从表 5-1 中可以看出,黄河下游的地貌类型可分为平原、丘陵、山地 3 大类,而与防洪工程有关的主要是黄河冲积平原,其中:东平湖为冲湖积平原,东平湖以上主要为冲积扇平原区,东平湖以下主要为冲积平原区,黄河河口及三角洲附近则为冲海积平原区。

黄河自河南省孟津县出峡谷后,进入华北大平原。除右岸郑州以上及东平湖至济南为低山丘陵外,其余全靠堤防挡水。河道由数百米突然展宽到 3~5 km,至孟津老城以下河道扩宽到 5~10 km,一般堤距宽 10 km,最大 20 km,河流比降上陡下缓,河道淤积、分汊、摆动,变化频繁,河中常有大片沙洲,河床具有游荡性特征;高村至陶城铺河段堤距 1.4~8.5 km,大部分在 5 km 以上,尽管河势变化仍较大,但已有明显主槽,属由游荡型向弯曲型转化的过渡型河道;陶城铺至垦利宁海,属弯曲型河道;宁海以下属河口段河道。

黄河孟津以下的主要支流有伊洛河、漭河、沁河、金堤河、天然文岩渠、大汶河、南北沙河、玉符河等。临近黄河右岸的河流在河南省有贾鲁河、涡河、惠济河,均向东流入淮河;在山东省境内有红卫河、万福河、洙水河向东流入南四湖。临近黄河入海的河流左岸有马颊河、徒骇河,右岸有小清河,它们均与黄河近似平行地注入渤海。在鲁中南山地的西麓还有大型湖泊东平湖及京杭大运河等。

(二)地层岩性

本区地层在区域上属华北地层区,第四系松散地层广泛分布,仅在黄河冲积平原的周边山地出露有寒武系、奥陶系及第三系等基岩地层。

在宽阔的黄河下游平原区,第四系地层几乎全部覆盖了基岩地层。由于本区在地质构造上处于长期相对沉降地带,第四系地层发育深厚,据物探测量在梁山国那里、十里堡一带第四系厚度可达千米以上。黄河下游大堤两岸主要为全新统近代冲积层(Q_4)所覆盖,Q_1、Q_2、Q_3 地层埋藏于 Q_4 之下或出露于河谷两岸阶地与山地谷坡上(豫西邙山岭、王屋山及鲁西南的梁山、泰山等地),详见表 5-2。现分述如下。

表 5-2　黄河下游平原区第四系地层划分和岩性特征

地层时代		年龄(万年)	地层组	沉积岩相	岩性特征
全新统(Q_4)	晚(Q_4^3)	1~1.2	濮阳组	冲积风积海积	灰黄色亚砂土及灰黑色淤泥
	中(Q_4^2)				灰黄色亚砂土,黄灰色亚黏土
	早(Q_4^1)				灰黑色淤泥亚黏土,黄色、黄灰色亚黏土及中细砂
晚更新统(Q_3)	晚(Q_3^2)	10~15	惠民组	冲积湖积海积	灰黄色、黄色亚砂土,亚砂土夹粉土
	早(Q_3^1)				灰绿色淤泥质黏土,褐黄色亚砂土,黄灰色细砂、粉砂
中更新统(Q_2)	晚(Q_2^2)	73	开封组	冲积湖积洪积及火山	浅棕、棕褐色亚黏土,黏土、灰色、浅灰色砂层
	早(Q_2^1)				棕黄、棕红色亚黏土、细砂、泥质粉砂,上部少量钙质结核
早更新统(Q_1)	晚(Q_1^3)	97	武陟组	冲积湖积海积及玄武岩	浅蓝灰色、灰色亚砂土,灰色、灰黄色粉细砂和砂砾层
	中(Q_1^2)	187			黄色、棕黄色亚砂土,灰黄色粉细砂和中砂
	早(Q_1^1)	248			浅棕、棕黄、灰黄亚砂土、亚黏土、粉细砂

1. 早更新统(Q_1)

本区称为武陟组,由冲积、湖积、部分海积相沉积和玄武岩堆积而成。该组下段(Q_1^1)地层厚度为 10 ~ 60 m,在平原中部为棕黄、灰黄、灰绿色,并含有少量钙质结核的壤土、砂壤土与灰色混粒结构的粉细砂互层,到滨海平原为深黄、灰黄、灰绿色较致密含大量锈斑的砂壤土;近海边夹海相层,含腹足、瓣鳃类化石,底部普遍存在一砂砾层,夹玄武岩堆积。与下伏地层微角度不整合接触。该组中段(Q_1^2)地层厚度为 20 ~ 50 m,主要为黄灰、灰黄、棕黄色砂壤土夹壤土及灰黄色粉细砂、中粗砂互层,含少量钙质结核;在滨海区为棕黄、灰黄、灰绿色砂壤土层,中间夹有薄层淤泥质土。上段(Q_1^3)地层厚度为 15 ~ 80 m,在武陟附近主要为浅蓝灰色、灰黄色砂壤土与灰色、灰黄色粉细砂、砂砾石层互层;在海滨区为灰黑、黄灰色的砂壤土和粉土。

2. 中更新统(Q_2)

本区称为开封组,由冲积、海积、洪积和湖积层组成,地层厚度为 61 ~ 103 m,根据沉积环境、岩性特征差别可分为上、下两段。下段(Q_2^1)地层厚度为 30 ~ 60 m,在开封主要为棕黄、棕红、灰黄、灰绿色壤土、砂壤土及黄色、浅灰色泥质粉砂和粉砂层;在临清为棕黄、灰黄、黄灰色的薄层壤土、砂壤土与薄层的黏性土以及灰绿色的中砂层互层,含有大量湖相化石。上段(Q_2^2)地层厚度为 30 ~ 50 m,在开封主要为浅棕、棕褐色壤土、黏土与灰白、灰绿色粗、中、细砂互层,黏性土中含大量钙质结核。在垦利可见到灰色色调的黏性土增多、砂层减少的现象。

3. 晚更新统(Q_3)

本区称为惠民组,由冲积、湖积、海积地层组成,该组地层可分为两段。下段(Q_3^1)地层厚度为 16 ~ 45 m,西部为浅黄、褐黄色的砂壤土和灰黄色磨圆度较好的中细砂层,底部为黄褐色夹灰绿色并含少量钙质结核的壤土;东部为褐黄、灰黄、灰绿色砂土与黏性土互层。上段(Q_3^2)地层厚度为 17 ~ 30 m,在太康见到上层是一褐黄色壤土构成的古土壤层,其下是浅灰色淤泥质砂壤土,再下是质纯、分选好的粉砂;在东部惠民主要为棕黄、灰黄色壤土与灰黄色砂壤土互层,夹粉砂层。

4. 全新统(Q_4)

本区称为濮阳组,由冲积、风积、海积层组成,地层厚度为 18 ~ 25.7 m,岩性相变明显,可分为上、中、下三段。下段(Q_4^1)地层厚度为 7 ~ 14 m,岩性在荆隆宫是黄褐色的壤土和砂壤土,在濮阳、垦利主要为灰黑色淤泥质壤土,黄灰色壤土及中细砂层。中段(Q_4^2)地层厚度由荆隆宫的 5 m 到近海垦利县的 14 m,该段的荆隆宫未见到淤泥质土层,只是壤土、砂壤土中腐殖质增多;在濮阳地区见到的岩性主要为灰黄色粉砂、砂壤土及灰黄色壤土;在沾化、垦利为海相地层,主要由灰黄到浅黄色的含淤泥质的粉砂与砂壤土组成。上段(Q_4^3)地层厚度由濮阳组的 6.55 m 到近海垦利县的 0.6 m,主要由灰黄色砂壤土、壤土和灰黑色薄层淤泥质土组成。表层多土壤化。

(三)区域构造稳定与地震

1. 区域地质构造背景

黄河下游地区在大地构造上处于华北断块区内的华北平原断块坳陷亚区。根据构造特征可分为 8 个隆起和坳陷构造,与黄河演化有关的主要有济源—开封坳陷、鲁西隆起、内黄隆起、临清坳陷、济阳坳陷等。一般凸起规模较小、坳陷规模较大,坳陷区第四系的沉积厚度大于隆起区。

断块差异升降运动是黄河下游地区区域新构造运动的主要形式,燕山至喜马拉雅山早期区域地壳表现为强烈的断块差异升降运动,晚第三纪以来(新构造期)表现为区域性升降和线性断裂继承性活动,新构造运动形式主要为断块差异升降运动、断裂错动、地震等。

2. 断裂构造特征

黄河下游区域断裂的性质多和基底构造相一致,大体形成以 NNE、NE、NWW、NW 走向为主的构造格局。这些断裂在黄河冲积平原皆为隐伏断裂。断裂活动方式既有缓慢的蠕动,又有伴随地震的错动,以 NNE、NW 向断裂活动性最强。新构造期活动较强的断裂有郑汴断裂、新商断裂、聊考断裂带、沂沭断裂带(见表 5-3),它们都错断下更新统,局部可影响到上更新统,第四纪以来均有活动迹象。这些断裂不仅是大地构造单元的边界,控制第四系的沉积及现代地貌的发育,而且是各级地震的控制发生地震构造,沿断裂形成明显的地震集中带,聊考断裂带、沂沭断裂带曾发生过多次地震。

表 5-3　黄河下游主要深断裂及特征

断裂名称	分布与规模	产状	错断地层	地球物理特征
聊考断裂	聊城—范县—兰考一带,全长约 360 km	300°,∠65°~70°,剖面上为上陡下缓的"犁形"	古生界到第四系晚更新统	具 NE 向重磁密集梯度陡变带,重力梯度 2.0 mgal/km
黄河断裂	濮阳文留至长垣恼里集一线,长约 120 km	290°,∠50°~60°	古生界到第三系上新统	具 NEE 向磁异常带,重力异常不明显
长垣断裂	濮阳县清河至长垣城西,长约 120 km	120°,∠50°~60°	古生界到第三系上新统	NEE 向线性磁异常明显,重力异常不明显
新商断裂	焦作—新乡—兰考—商丘一带,长约 400 km	新乡以西:180°,∠50°~60°;新乡以东走向 NW,倾向多变	太古界至侏罗系	在新乡西、兰考东形成重力梯度陡变带
沂沭断裂	南起郯城,北入渤海,大致沿沂河、沭河及潍河分布,长达 330 km	走向 10°~25°,倾角 60°~85°	太古界至第四系	呈 NNE 向明显线性磁异常带,异常值达 250~1 000 伽马;景芝—临沂一线为 NEE 向的重力正异常,异常最大值为 21.4 毫伽

3. 地震烈度与地震动参数

黄河下游整体上属于华北地震区，据 2001 年 2 月发布的《中国地震动参数区划图》，黄河下游地震动峰值加速度为 $0.05g \sim 0.15g$，相应地震烈度为 $6 \sim 7$ 度，仅在范县、台前一带为 $0.20g$，相应地震烈度为 8 度，动反应谱特征周期为 $0.35 \sim 0.40$ s。

4. 区域稳定性综合评价

本节黄河下游的区域稳定性综合评价，重点将影响堤防安全和稳定的主要构造单元作为分析与评价的基本单元，以各单元实测或收集的地质、地球物理场、地形变、地震等指标特征为基本依据，通过对比和综合分析，得出区域稳定性评判结果（见表 5-4）。

表 5-4　区域稳定性评判结果

区域稳定等级	单元名称	主要特征	工程适宜性
基本稳定区	济源开封坳陷（I_1）	深断裂较发育，地壳呈镶嵌状，全新世以来持续下降，有近 EW 向重力梯度带，地震基本烈度为 $6 \sim 7$ 度，仅新乡县一带为 8 度	适宜工程建设，应注意抗震措施
	内黄凸起（I_3）	深断裂不发育，地壳呈块状，全新世以来缓慢下降，无明显梯级带，地震基本烈度为 7 度	
	临清坳陷（I_4）	地壳呈块状，主要为盖层断裂，为相对下降区，磁场和负重力异常区，南部 NWW 向梯度带较明显，地震基本烈度为 7 度	
	济阳坳陷（I_5）	地壳呈块状，主要为盖层断裂，NE、NEE 向平缓的负磁异常和重力低区，地震基本烈度为 $6 \sim 7$ 度	
	齐河—寿光沉降斜坡带（II_2）	地壳呈块状，主要为盖层断裂，NE、NEE 向正磁、重力异常为主，无明显梯级带，地震基本烈度为 6 度	
	鲁中南断块凸起（II_3）	地壳呈块状，盖层断裂发育，上升区，多为近 EW 向的正负变化磁场和负的重力异常，地震基本烈度为 $6 \sim 7$ 度	
	鲁东断块隆起（III）	地壳呈块状，盖层断裂发育，上升区，主要为正重力异常区，无明显的梯级带，地震基本烈度为 7 度	
次不稳定区	东明坳陷（I_2）	深断裂发育，地壳呈镶嵌结构，全新世以来强烈下降，具 NNE 向重磁异常，地震活动性强，地震基本烈度大部分为 7 度，北部为 8 度	较适宜工程建设，应加强抗震措施
	菏泽—济宁缓倾斜坳陷（II_1）	地壳呈镶嵌状，地壳断裂和盖层断裂较为发育，以正重磁异常为主，西部为 NE 向异常梯度带，北部为 NWW 向异常梯度带，地震基本烈度为 $6 \sim 7$ 度	

综上分析可以看出,下游堤防从兰考至位山段处于次不稳定区内,长 200 余 km,其他包括兰考以上河段和位山以下至河口河段皆属基本稳定区。对上述次不稳定区内的堤段,应进行活动断裂的定位研究和地震安全性评价工作,还应进一步查明堤基土的工程地质特性,进而对堤防安全作出较准确的评价。

(四)水文地质特征

黄河下游地下水主要为松散岩类孔隙水,部分地区还有基岩裂隙水。

1. 黄河冲积层孔隙水

松散岩类孔隙水广泛分布于黄河下游河道及其沿岸地带,按赋存条件可分为孔隙潜水、孔隙承压水、黏性土含水带。

孔隙潜水主要分布于河床、漫滩及古河道,含水层的西部为砂卵石层,夹粉、细、中砂层,厚度一般为 20 ~ 40 m,过洛阳公路桥后,逐渐过渡为以中、细砂为主,粉、细砂次之,局部夹含砾石的粗砂及砂砾的透镜体,含水层厚度一般为 50 ~ 70 m,在武陟、荥阳境内含水层的厚度自南向北增加,在左岸南平皋滩地,最厚可达 80 余 m。在山东境内含水层的岩性主要为粉细砂,滨县以下主要为粉砂和粉土,冲积层中常夹有海相沉积物,含水层厚度为 12 ~ 8 m。孔隙承压水分布于高河漫滩、黄河沿岸洼地及埋藏古河道等地,地层多为双层结构,上部黏性土形成含水层的相对隔水顶板,下部砂层孔隙水具有微承压性,地下水埋藏深度一般为 1 ~ 3 m。黏性土含水带分布于黄河两岸的低洼地带,位于砂层承压水之上,不但有潜水的特性,还有承压水的特性。

松散岩类的透水性与岩性、颗粒组成及其密度有关,河流中心部位粗颗粒多,渗透系数较大,为 30 ~ 60 m/d;边岸、滩地含细颗粒较多,渗透系数较小,多为 4 ~ 10 m/d。砂性土的颗粒组成从西到东逐渐变细,渗透系数也随之由大变小。山东省境内松散岩类含水层岩性主要是粉砂及粉土,粉砂的渗透系数一般为 0.5 ~ 2.0 m/d,粉土平均为 0.3 m/d。在渗水渗透变形严重的地段,渗透系数有增大现象。

黄河冲积层松散岩类孔隙水的补给源主要为河水及大气降水,由于黄河为地上悬河,河水常年补给两岸地下水,地下水随着河水位升降而升降,其动态曲线是一致的。由于黄河下游冲积平原内地形平坦,地下水的坡降很小,为 0.1‰ ~ 0.36‰,地下水径流迟缓,排泄主要为蒸发,在洼地处常形成积水、沼泽化、盐渍化现象。地下水的化学类型一般为重碳酸 – 钙、镁型水,矿化度为 0.18 ~ 0.3 g/L。兰考以下地下水的水质变差,出现大于 1 g/L 的咸水。

2. 基岩裂隙水

基岩裂隙水主要分布在泰山山地,地下水赋存于碎屑岩及变质岩的裂隙中,其赋水性很不均匀,一般水质较好,水量较小。

二、堤防工程地质条件

(一)堤基地层结构类型划分

地层结构类型划分是按照工程地质特性,将堤防影响深度内岩性变化复杂的松软土体,概化为不同的结构组合类型。不同的地层结构类型,存在不同的工程地质问题。划分结构类型便于进行工程地质评价及预测堤防的稳定性。

由于黄河下游河道摆动频繁,且历史上多次发生决口、改道,造成不同岩相的沉积物相互叠置,地层岩性变化复杂,不同地层结构类型的堤基,存在的主要工程地质问题是有差别的。本次将黄河下游堤基的地层结构,划分为以下 9 种类型。

(1)单层结构(砂性土)1a(1a 为地层结构类型代号,下同)。堤基为厚层或较厚层的砂性土,主要工程地质问题是渗水和渗透变形,遇强震时有可能发生土体液化。

(2)单层结构(黏性土)1b。堤基为黏性土或者堤基的上部为厚层的黏性土,此类地基,特别是当其中夹有湖相、海相及沼泽相淤泥质土层时,易产生不均匀沉降及滑动变形。

(3)双层结构(上层为小于 3 m 厚的黏性土,其下为砂性土)2a。

(4)双层结构(上层为大于 3 m 厚的黏性土,其下为砂性土)2b。

对于双层结构地基,当发生洪水时,若上部黏性土层厚度小于 3 m,容易被承压水顶破而发生渗透变形;若上部黏性土层大于 3 m,地基通常较稳定,但尚需注意背河堤脚附近是否有坑塘、水沟及取土坑分布。堤基的黏性土层大于 3 m,若背河有坑塘、低洼地等,也仍有可能发生渗透变形。

(5)多层结构(以砂性土为主)3a。堤基为相间分布的黏性土和砂性土,以砂层分布较多,或者堤基的上部为薄的砂层。其主要工程地质问题是渗水及渗透变形。

(6)多层结构(以黏性土为主)3b。堤基为相间分布的黏性土和砂性土,以黏性土为主,砂性土很薄且埋藏较深。其主要工程地质问题是沉降及滑动变形。

(7)多层结构(含秸料、树枝、木桩、块石及土的老口门)3c。鉴于老口门堤基填料物质复杂,其工程地质问题也较复杂,有渗水及渗透变形问题,也有不均匀沉降及滑动等问题。

(8)黄土类土 4a。堤基为晚更新统黄土类砂壤土及黄土类壤土。这类堤基的主要工程地质问题是黄土类土的湿陷性问题。

(9)上覆黏性土的黄土类土 4b。堤基上部为全新统的冲积黏性土,下部为黄土类土。这类堤基的黄土类土具弱湿陷性,在冲积的黏性土中当含有砂壤土及轻、中壤土时,存在一定的渗水问题,在遇强震时也存在液化的可能性。

(二)临黄堤的堤基地层结构特征

1. 左岸临黄堤

1)左岸临黄堤上段

从孟州中曹坡到孟州下界,堤基浅层土全为第四系黄河冲积层,岩性变化较大,以砂壤土为主,壤土次之,有时夹薄层粉砂,下部多为粉、细砂层。地层结构多为双层结构 2a、2b 类型和黏性土单层结构 1b 类型。在武陟县境内,堤线靠青风岭南部边缘,堤基上部为晚更新统(Q_3)灰黄色的厚层黄土类砂壤土及壤土,含零星的钙质结核,下部为砂层。

过青风岭后,黄土类土的上部被第四系全新统(Q_4)的冲积壤土及砂壤土所覆盖,堤基地层结构类型属 4a、4b 类型。武陟境内的余会到方陵大堤背河属黄河、沁河两河间洼地,地表水与地下水排泄不畅,形成背河积水沼泽化地带。沁河河床堆积物上部主要为粉细砂及砂壤土,向下变为中砂层。

武陟白马泉、御坝及共产主义渠等地的地层属双层结构 2a。上部为较薄的壤土、黏土及砂壤土,下部为厚层的粉细砂及中砂层,特别是在白马泉至御坝堤段,背河低洼,黏性土层多因挖稻田排水沟而变薄,厚度小于 3 m,地下水溢出地表,成为沼泽化地带,是大堤的薄弱段。1958 年 8 月大洪水时,在背河稻田沟内,曾经发生比较严重的渗透变形。后经放淤,背河增加了 2～3 m 厚的盖重,而且黄河又向南摆动,远离左岸大堤,昔日的沼泽地带现已变为良田。

武陟的南菜园、原阳的柳园、张寨一带,黏性土较多,属黏性土单层结构 1b 型。在原阳上、下大王庙、越石、篦张等老口门及封丘辛庄闸等堤段,堤基分布砂层较多,渗水也较严重。已经勘探查明的荆隆宫老口门堤段,历史上曾决口数次,老口门宽达 1 250 m。其内充填了大量的秸料、树枝等物,属于多层结构、有复杂填料的 3c 类型。封丘曹岗附近岩性变化很大,有砂壤土及壤土等黏性土单层结构地基,也有双层结构的地基。背河地势低洼,临、背河高差可达 10 m,有大片积水及沼泽化现象。

2)左岸临黄堤中段

在长垣县大车集以下,上部为薄的壤土、黏土层,下部为厚层粉砂,地层属双层结构 2a 类型。该堤段在 1933 年曾决口 30 多处,背河地面砂土及砂壤土分布较多,但口门规模不大,无严重渗水现象。濮阳渠村闸基主要为黏性土层,分布有易沉降变形的软土层。以下堤段堤基有单层结构的黏性土类型,也有双层及多层结构类型,台前张庄闸基分布有淤泥质黏土,还有裂隙黏土。

3)左岸临黄堤下段

进入山东境内,黏性土分布较多,如阳谷陶城铺、东阿范坡、槐荫曹家圈对岸、齐河李家岸等地,地层均属单层结构的黏性土地层 1b 型,其次为双层及多层结构地层。已经勘探查明的老口门有齐河阴河及济阳纸房。阴河口门宽约 250 m,纸房口门较小,地层均属具有复杂填料的多层结构 3c 类型。

在滨州以下,进入冲海积平原区,地层多为双层结构,其中还夹有海相淤泥质软土,含贝壳碎片。在河口北大堤的堤基内多为新近淤积的砂土,夹海相淤泥质软土,其抗震性能较差。

2.右岸临黄堤

1)右岸临黄堤上段

该段堤防西接南邙山头,属冲积平原区,河南境内的郑州保合寨附近,堤基为双层结构类型,上部为壤土及砂壤土,下部为厚层粉细砂及中砂层;在中牟杨桥,主要为单层结构砂性土类型 1a;在中牟万滩,主要为双层结构类型;在开封黑岗口,主要为单层结构砂性土类型 1a;在开封柳园口,主要为双层结构类型;在兰考南北庄,主要为单层结构砂性土类型 1a。

山东境内东明阎潭、高村、东濮桥等地为多层结构类型,鄄城苏泗庄、康屯、郓城苏阁、赵庄等地为单层结构黏性土类型 1b。鄄城、康屯等地,因主要为弱透水的砂壤土,存在渗水及渗透变形等问题。

冲、湖积平原区的梁山国那里、东平林辛、十里堡一带的地层均为单层结构黏性土类型 1b，层中普遍分布有灰黑色湖积相淤泥质的黏性土，因此不均匀沉降变形是该段的主要工程地质问题。

该堤段已勘探的老口门较多，如郑州铁牛大王庙、花园口、申庄、石桥、中牟九堡、东明高村等，均属多层结构 3c 型，具复杂填料的老口门地基。其中花园口老口门，宽达 1 460 m，目前探查的深度尚不够，只到块石的顶部。

2）右岸临黄堤下段

该堤段从济南宋庄开始，向北绕过济南市转向北东。泺口以上为山前冲积平原，第四系晚更新统（Q_3）的地层分布较高，一般埋深小于 15 m，下部有时有洪积的砂砾石层（如槐荫牛角峪）。该段的岩性主要为壤土、砂壤土及黏土等，为多层地层结构。济南西宋庄至北店子为玉符河汇入黄河段，该段背河形成渗流集中区，使济南槐荫常旗屯、西张及以下的刘七沟一带背河渗水严重，甚至还出现局部渗透变形现象。

在槐荫牛角峪、北店子、杨庄、刘七沟等地主要为单层结构黏性土 1b 类型。在天桥老徐庄为多层结构类型。在天桥小鲁庄、泺口等地为双层结构类型。在历城盖家沟为单层结构黏性土 1b 类型。在历城王家梨行为多层结构类型。在章丘胡家岸为单层结构黏性土 1b 类型。在章丘土城子、邹平张桥、胡楼等地为多层结构类型。在高青马扎子为单层结构黏性土 1b 类型。在高青刘春家为双层结构类型。

河口三角洲地区的地层结构类型以多层结构为主，如博兴王旺庄及垦利章丘屋子等地。双层结构次之，如东营区曹店、垦利十八户等地。地层中普遍夹有海相淤泥质的土层，其抗震性能差，易产生不均匀沉降。

（三）临黄堤的堤基水文地质特征

黄河下游堤基浅层地下水埋藏浅，主要为松散岩类孔隙潜水及孔隙承压水。松散岩类的透水性与岩性、颗粒组成及其密度有关，砂砾石的颗粒组成变化大，不均质，河流中心部位粗颗粒较多，渗透系数较大，为 30 ~ 60 m/d；边岸、滩地含细颗粒较多，渗透系数较小，多为 4 ~ 10 m/d。砂性土的颗粒组成从西到东逐渐变细，渗透系数也随之由大变小。

河床及沿岸冲积砂层中的孔隙潜水和微承压水，由于其含水砂层多相互贯通，孔隙潜水及承压水有着密切的水力联系。补给来源主要为河水及大气降水，其次为渠道渗水及灌溉水补给。在西部太行山区及东部泰山地区还有山区地下径流补给。由于黄河为悬河，河水常年补给地下水。地下水位随着河水位的升降而升降，其动态曲线是一致的。

地下水的水化学成分，一般为重碳酸 - 钙、镁型淡水，其矿化度为 0.18 ~ 0.3 g/L，兰考以下地下水的水质逐渐变差，出现大于 1 g/L 的微咸水。临清以下则有大片 3 ~ 5 g/L 的半咸水。在沾化、垦利及近海的河口地区的地下水，多为大于 5 g/L 的半咸水，其地下水的类型为硫化物或氯化物咸水。除东明、鄄城、高青、章丘等地地下水对普通水泥有强弱不等的结晶类硫酸岩型腐蚀外，黄河水及地下水一般对建筑材料无腐蚀。

(四)临黄堤的堤基土物理力学特性

堤基土体主要是指与堤防工程建设有关的浅层(深度一般在 40～50 m 以内)土体,包括第四系全新统地层及部分晚更新统地层。

根据 1999 年下游堤防截渗墙勘探取样的土工试验资料,参照已往的研究成果,综合分析提出土体的特性指标。不同地貌形态、不同时代、不同成因、不同岩性土层的物理力学特性有一定的差异。

1. 冲积扇平原堤段(沁河河口至东平湖黄河两岸堤段)

该堤段全新统(Q₄)冲积层厚度一般为 18～28 m,沉积物分布的规律是自西向东颗粒逐渐变细,自地表向下颗粒由细逐渐变粗。由于地壳的垂直升降及水文气象等因素的影响,地层还有数次由粗变细的沉积规律。全新统以下为晚更新统(Q₃)的砂层及淡黄色的砂壤土和壤土层。

本区沉积物的物理力学试验成果如表 5-5 所示。全新统冲积层的黏性土,多呈可塑状—软塑状,个别为流塑状,其中粉土颗粒含量较多,通常大于 50%,这是黄河冲积层的特点之一。此外,还有个别土层固结不良,具中等压缩性(个别为高压缩性)等。晚更新统土层富含钙质沉积层及钙质结核,由于沉积时间较长,排水固结较好,其物理力学特性相对较好。

根据在桃花峪等地的原状取砂、标贯以及 $\gamma - \gamma$ 测试等成果可知,本区砂层的密度在 10～15 m 以上的多处于疏松状态,15～25 m 之间的属中密状态,25 m 以下为紧密状态。

2. 冲积平原区堤段(东平湖以下至滨州黄河两岸堤段)

该段除黄河右岸平阴—济南一带为泰山中低山丘陵外,均为广阔的黄河冲积平原。沉积物主要为第四系全新统(Q₄)的黄河冲积层,岩性主要为粉砂、粉土及砂壤土,灰黄色,比较松软,厚度为 13～19 m。其下为晚更新统(Q₃)的砂壤土、壤土、黏土、砂土等,富含钙质沉积层及钙质结核。土的物理力学试验指标及建议值见表 5-6。在该段靠东部地层中还常夹有 1～2 层湖沼相的淤泥质软土。

本区黄河冲积层的颗粒组成较上段细,土的物理力学特性也较上段稍差。湖沼相的淤泥质软土,软塑状—流塑状,属于抗剪强度低、压缩性高的软弱土层。晚更新统(Q₃)的各类土层,由于沉积时间较长,固结较好,强度稍高。

3. 冲海积三角洲平原堤段

该段位于山东省滨州市以下至入海口,为现代三角洲平原,区内地形开阔、平坦,向北东(渤海)缓倾,高程为 12～0 m。

三角洲平原由黄河冲积层及海积层交互沉积而形成。黄河河道及由于黄河尾闾改道遗留的故河道,其岩性一般由粉砂、粉土及砂壤土组成。故河道间洼地多为黏土、壤土,在埋深 8～9 m 处常见海相淤泥质土层。全新统在本区厚度约为 15 m。黄河冲积层的颗粒向东逐渐变细,各类土的强度指标较以上堤段有变低的趋势。海相淤泥质土一般为灰色、灰黑色,含贝壳碎片,属于高压缩及中等压缩性土。抗剪强度也很低,见表 5-7。

表 5-5　冲积扇平原堤段（郑州至东平湖黄河两岸堤防）堤基土的物理力学指标

成因	土的类别	指标类别	含水量 w (%)	湿密度 ρ (g/cm³)	干密度 ρ_d (g/cm³)	孔隙比 e	压缩系数 σ_{1-2} (MPa⁻¹)	压缩模量 Es_{1-2} (MPa)	直剪试验 q c (kPa)	直剪试验 q φ (°)	标贯击数 $N_{63.5}$ (击)	渗透系数 K (cm/s)
冲积层 (al)	黏土	大值平均值	45	2.05	1.74	1.21	0.88	12	42	25	26	
		小值平均值	21	1.75	1.22	0.6	0.15	3	12	6	6	
		平均值	33	1.9	1.44	0.88	0.35	6	25	13	14	
		建议值	36	1.9	1.44	0.9	0.35	6	25	13	10	3×10^{-6}
	壤土	大值平均值	36	2.06	1.7	1.03	0.35	16	25	32	29	
		小值平均值	19	1.81	1.33	0.59	0.08	6	8	10	7	
		平均值	26	1.96	1.56	0.74	0.2	10	16	18	15	
		建议值		1.95	1.54	0.8	0.2	10	16	18	12	4×10^{-5}
	砂壤土	大值平均值	30	2.02	1.68	0.78	0.39	31	28	28	22	
		小值平均值	22	1.86	1.5	0.62	0.06	7	6	10	7	
		平均值	25	1.96	1.58	0.73	0.13	16	14	16	14	
		建议值		1.96	1.58	0.74	0.13	16	12	25	14	7×10^{-4}
	粉砂	大值平均值	24	2.04	1.73	0.71	0.1	31	0	30	21	
		小值平均值	17	1.92	1.58	0.55	0.05	16	0	18	19	
		平均值	20	1.99	1.66	0.63	0.08	22	0	23	20	
		建议值		1.99	1.6	0.62	0.08	22	0	28	20	2×10^{-3}

续表 5-5

成因	土的类别	指标类别	含水量 w (%)	湿密度 ρ (g/cm³)	干密度 ρ_d (g/cm³)	孔隙比 e	压缩系数 σ_{1-2} (MPa⁻¹)	压缩模量 $E_{s_{1-2}}$ (MPa)	直剪试验 q c (kPa)	直剪试验 q φ (°)	标贯击数 $N_{63.5}$ (击)	渗透系数 K (cm/s)
冲积层 (al)	细砂	大值平均值	23	2.03	1.69	0.65	0.15	33	0	30	30	
		小值平均值	20	1.97	1.6	0.6	0.05	11	0	26	24	2×10^{-2}
		平均值	21	2	1.66	0.6	0.1	22	0	29	28	
		建议值		2	1.66	0.6	0.1	20	0	30	25	
	中砂		12	2.01	1.8	0.48			0	30	25	2×10^{-1}
沼泽层 (h)	黏土	范围值	18~50	1.74~2.02	1.17~1.95	0.60~1.34						
		平均值	36	1.85	1.35	1.01	0.9		6	4		1×10^{-6}
		建议值			1.3	1.02	0.9		6	4		
	壤土	范围值	14~40	1.79~2.05	1.28~1.78	0.54~1.14						
		平均值	26	1.94	1.55	0.79			8	6		2×10^{-5}
		建议值		1.95	1.55	0.9	0.52		8	6		

表 5-6 冲积平原堤段（东平湖以下至滨州黄河两岸堤段）堤基的物理力学指标

成因	土的类别	指标类别	含水量 w (%)	比重 G_s (%)	湿密度 ρ (g/cm³)	干密度 ρ_d (g/cm³)	孔隙比 e	压缩系数 σ_{1-2} (MPa⁻¹)	压缩模量 Es_{1-2} (MPa)	直剪试验 q c (kPa)	直剪试验 q φ (°)	标贯击数 $N_{63.5}$ (击)	渗透系数 K (cm/s)
冲积层 (al)	黏土	大值平均值	44		2.01	1.62	1.25	0.63	8	60	11	8.5	
		小值平均值	24		1.78	1.23	0.7	0.22	3	20	2	3.6	4×10^{-6}
		平均值	33		1.89	1.42	0.94	0.39	5	30	8	6.5	
		建议值		2.73	1.9	1.42	0.92	0.4	5	30	8	6	
	壤土	大值平均值	34		2.07	1.72	0.97	0.57	11	35	25	10	
		小值平均值	21		1.84	1.36	0.59	0.18	3.5	7	6	6	6×10^{-5}
		平均值	26		1.95	1.55	0.76	0.28	6.6	19	13	8	
		建议值		2.7	1.95	1.55	0.8	0.28	7	25	15	8	
	砂壤土	大值平均值	30		2.08	1.7	0.87	0.23	19	29	30	14	
		小值平均值	17		1.79	1.44	0.38	0.1	8	7	17	4	8×10^{-4}
		平均值	25		1.94	1.55	0.72	0.15	12	19	20	9	
		建议值		2.71	1.95	1.55	0.7	0.18	12	10	25	9	
	粉细砂	大值平均值	22		2.09	1.76	0.67	0.12	25	16	32	13	
		小值平均值	18		1.88	1.6	0.52	0.09	14	0	27	11	2×10^{-2}
		平均值	20		2.01	1.65	0.58	0.1	19	0	29	12	
		建议值		2.71	2.01	1.6	0.58	0.1	18	0	30	12	

表 5-7 冲海积三角洲平原堤段堤基土的物理力学性质指标

时代	成因	岩性	粉粒（%）	黏粒（%）	干密度 ρ_d（g/cm³）		比重 G_s	压缩系数 σ_{1-2}（MPa⁻¹）		黏聚力 c（kPa）		内摩擦角 φ（°）	
					小值平均	平均	平均	大值平均	平均	小值平均	平均	小值平均	平均
Q₄	冲积层（al）	黏土	47	42	1.33	1.41	2.74	0.60	0.41	19	31	4.06	7.47
		壤土	57	18	1.45	1.53	2.72	0.35	0.27	11	20	8.8	16.15
		砂壤土	60	6	1.43	1.49	2.70	0.22	0.17	8	14	24.6	29.4
		粉土	66	1	1.41	1.46	2.69	0.22	0.13	3	10	26.6	30.9
		粉砂	37	0.5	1.38	1.45	2.69	0.22	0.13	7	12	28.1	31.26
		细砂	12	0.7	1.39	1.44	2.66		0.10	0	5	28.0	32.5
	海积层（m）	黏土	48	41	1.27	1.34		0.77	0.54	16	26	2.16	4.45
		壤土	49	19	1.44	1.54		0.36	0.28	10	20	6.3	12.6
		砂壤土	40	7	1.49	1.58		0.25	0.19	6	13	24.8	29.4
		粉土	63	1	1.44	1.51		0.20	0.13	9	14	27	31.8
		粉砂	36	0.7	1.51	1.61		0.20	0.12	5	8	23	31.5
		细砂	16		1.46	1.50							
Q₃	海积层（m）	黏土	49	41	1.30	1.39		0.72	0.47	15	38	1.86	4.36
		壤土	53	22	1.42	1.56		0.39	0.29	15	30	4.63	9.39
		砂壤土	44	6	1.61	1.64		0.20	0.15	7	16	32.4	33.4

（五）临黄堤堤身填筑土的物理力学性质

根据类比及少量试验，提出临黄堤的堤身填筑土的物理力学指标，在《黄河下游2001年至2005年防洪工程建设可行性研究报告》（以下简称《十五可研》）中，提出的建议值如表5-8所示。

三、堤防主要工程地质问题

（一）大堤隐患及老口门堤基问题

1. 大堤隐患概述

大堤隐患是指埋藏于堤身及堤基内的动物洞穴、人类活动遗迹、腐朽树洞、古河道、洞、决口的老口门及堤身裂缝等。

动物洞穴主要指獾、狐、地鼠、地猴等害堤动物，在堤身内所挖掘的纵横通道及窝洞，当通道横穿大堤时其危害严重。人类活动遗迹是指抗日战争时期，在大堤上挖掘的军沟、战壕、防空洞，以及群众的房基、红薯窖、废砖窑、废涵洞、排水沟、废井、坟墓等。

表 5-8　黄河下游临黄堤堤身土物理力学指标建议值

岩土名称	含水量 w (%)	湿密度 ρ (g/cm³)	干密度 ρ_d (g/cm³)	土粒比重 G_s	孔隙比 e	孔隙度 n (%)	饱和度 S_r (%)	液限 W_L (%)	塑限 W_P (%)	液性指数 I_L	塑性指数 I_P	剪切试验 c (kPa)	剪切试验 φ (°)	压缩试验 σ_{1-2} (MPa⁻¹)	压缩试验 E_{s1-2} (MPa)	渗透系数 K (cm/s)
粉砂	27.3	1.76	1.40	2.69	0.98	56.6	67					4	23			
壤土	14.6	1.77	1.55	2.72	0.77	43.1	52	33.3	19.9	-0.47	13.0	18	18	0.22	10.57	3.29×10^{-5}
砂壤土	11.2	1.65	1.48	2.71	0.83	45.3	34	32.2	20.0	-0.78	12.2	6	20	0.16	12.80	1.50×10^{-4}
黏土	21.8	1.85	1.52	2.75	0.81	44.1	74	44.4	23.9	-0.06	20.5	22	11	0.20	11.07	7.94×10^{-6}
填筑土	17.1	1.72	1.48	2.70	0.84	44.2	55	32.1	20.2	0.38	11.3	25	23	0.27	9.55	1.64×10^{-4}

堤身产生裂缝的原因很复杂,有大堤培修时新老堤身交接处产生的接头裂缝,有因堤身填土黏粒含量过高产生的干缩裂缝,有因堤基有老口门堆积的软土杂料等发生不均匀沉降而产生的裂缝,还有受新构造活动影响产生的裂缝。

大堤隐患直接危及大堤安全。根据最近的物探成果(1999年),黄河南岸堤防郑州—开封段共探出隐患255处,开封段探出隐患148处,济南段探出隐患455处,黄河北岸堤防武陟—原阳段探出隐患184处。

2. 大堤老口门堤基问题

黄河下游历史上决口频繁,一般有漫决、冲决、溃决及扒决等4种类型。决口时大堤被洪水冲断,堤基被洪水冲成的宽窄不等、深浅不一的沟槽称为口门,据初步统计,历史决口口门达300多处。较深的口门内常沉积有粉细砂及中砂,有时也有静水沉积的淤泥质土。堵口时,填筑在口门里的料物多种多样:一般较小的口门,在洪水消落后成为干口的,多用土料进行填筑;对于有流水的大口门,堵口的料物非常复杂,有秸料、芦苇、树枝、木桩、木排、麻袋、铅丝石笼、块石、土料等。

小口门的填筑土料(素填土)经过多年大堤堤身及堵口土料的自重压实已经固结,其稳定性是较好的。大口门堵口的秸料腐烂后可以形成空洞,其上大堤受洪水浸泡土质变软后,容易产生裂缝及塌陷,当洪水冲刷到秸料层时,还可能产生渗漏及集中渗漏,危及大堤安全。较深口门的沟槽内新沉积的粉砂、细砂、中砂及填充的块石、秸料等透水性大,容易在背河产生渗水及渗透变形。堵口时在水中填充的砂土、砂壤土及轻、中壤土的密度均较小,在浸水时易产生不均匀沉降,使大堤产生裂缝和下蛰;当遇强震时,填充的土易发生破坏。

对老口门等隐患的处理,首先应进行地质勘探,查清老口门分布的位置、深度及其充填的料物,然后选择相应的处理措施。处理时可采取开挖回填、压力灌浆及临河截渗、背河导渗等措施,对于存在厚层秸料及空洞的老口门,还可以考虑采用大口径钻探,将秸料彻底清除,再回填土料并进行夯实,以彻底解决隐患问题。

(二)堤身及堤基土的渗透稳定问题

1. 渗透变形概况

黄河在较大洪水期,大堤临背河侧形成了较大的水位差,使渗透压力增大。当其渗透比降超过土的抗渗比降时,使堤基和堤身土体的组成和结构发生变化或破坏,即发生渗透变形或渗透破坏。1947年花园口堵口以来,经统计历年洪水期发生在背河坡脚处冒水涌砂的堤段共有290处,其中比较严重的"沙沸"、"泉涌"、"翻泥"、"鼓包"等地基变形堤段有百余处。

渗透变形多发生在砂性土地层及上部为薄层黏性土、下部为砂性土的地层中。据统计,渗透变形发生较多的部位是在堤基有古河道或老口门分布的堤段、河流凹岸、支流与黄河交汇处、背河堤脚外10~50 m范围内的水潭、塘坑、稻田及水沟迎水面的边坡附近。其形态多为管涌,鼓包、翻泥较少。其中,管涌主要发生在上覆薄层黏性土、下为砂层的地基中,沙沸多发生在粉细砂及砂壤土地基中。

2. 松软土的抗渗比降

对于松软土的抗渗比降,一般是采用室内试验、公式计算、经验数值,经类比后综合确定。

综合 1997 年编制的《黄河下游堤防截渗墙工程项目建议书》77 段地质勘察资料,给出允许比降建议值 J_0:壤土 0.35 ~ 0.46,砂壤土 0.30 ~ 0.40,粉砂 0.25 ~ 0.30,对于堤基存在少量可能发生管涌的土,建议按规范推荐值 0.15 ~ 0.25 考虑。

为了防止渗流对大堤所造成的危害,在黄河下游曾采取多种控制渗流措施,对大堤进行了多次加固处理。按照在大堤临河截渗、背河导渗的原则,在临河控制渗流可采取抽槽换土、黏土斜墙、黏土铺盖、水泥土搅拌桩防渗墙、混凝土截渗墙和前戗,并可配合土工织物防渗等处理措施;在背河可采取后戗、填塘固基、砂石反滤、减压井、圈堤和淤背固堤等处理措施。

(三)渗流引起的堤坡变形及滑动问题

大堤由于建筑时间很长,一般基本达到稳定。但是当大堤地基内分布有软土及腐烂秸料,或在临河滩新近沉积未压实的淤土上加高大堤时,均会存在不均匀沉陷及滑动问题。当黄河水位升高,动水压力加大,土层受浸变软、强度降低,接着水位骤降,或者临河坝垛根石被淘刷,抗滑力减少时,均有可能产生不均匀沉陷及裂缝。洪水期,由于大河水位上升,大堤两侧临背河水位差增大,使大堤承受的渗透压力加大,在背河堤脚附近可能产生严重渗水,有时还出现冒水翻沙,渗流冲刷大堤坡脚,使堤坡失稳,大堤产生脱坡。据不完全统计,发生脱坡的堤段约有 50% 以上分布在老口门处。

对堤坡的失稳应采取渗流控制措施,或考虑采用大口径钻探,摸清分布情况,将软土及腐烂秸料、淤泥等彻底清除,再回填土料并进行夯实,也可对堤防临河坡堤脚抛石加固,保持堤坡的稳定。

(四)堤基土的震动液化问题

黄河下游堤基广泛分布着饱水疏松的粉细砂、砂壤土及轻、中壤土。采用取原状砂、标贯及放射性同位素等多种测试手段,测得:砂土一般在地表以下 10 m 深度以内,属松散状态,干密度多为 1.45 ~ 1.55 g/cm³;10 ~ 15 m 为松散—致密状态,干密度为 1.55 ~ 1.6 g/cm³;15 m 以下较为密实,干密度一般大于 1.6 g/cm³。这些土在强震时容易产生液化。黄委有关单位曾采用剪切波速法、标准贯入试验、动三轴试验液化剪应力估算法、现场标准爆炸试验等多种方法对砂基液化进行过研究,结果表明,在 7 级地震时,浅层松散砂土均可能产生液化现象,液化深度为 10 ~ 16 m,大堤一般只有局部堤脚部分受液化影响,不影响大堤的整体稳定性;8 级以上的地震,将影响大堤的整体稳定性。

对于可能液化的堤坡,除采用淤背的方法增加液化土的覆盖压力外,还可用加密法 - 振冲、振动加密、砂桩加密、强夯等处理可能液化的堤基。

(五)不均匀沉陷问题

黄河下游分布的湖相、海相及沼泽相的淤泥及淤泥质黏性土,多处于软塑及流塑状态,土的抗剪强度低,压缩性大,属于软弱的不良土层,作为地基容易产生不均匀沉陷。临黄堤建筑时间长远,地基已经压实,但堤防在加高培厚时,部分加宽(加帮)的堤防,有时坐落在临河滩地。临河滩地的地层,是黄河新近淤积物的松软土层,密度小、多具高压缩性,因此在新老大堤的结合部位容易产生不均匀沉陷,而出现顺堤裂缝。此外,在堤基老口门处其内含有腐烂秸料及淤泥质软土时,也容易产生不均匀沉陷。不均匀沉降危及大堤安全,应采取措施予以处理。

第二节　防洪标准分析

一、防洪标准沿革

1946 年以来,黄河下游防洪标准是随着对黄河洪水的认识,工程设施的增强,以及经济社会发展的要求而不断提高,经历了由分省制定到全下游统一标准的过程。

1946～1949 年,黄河下游修堤标准先后采用 1935 年和 1937 年洪水位加超高控制。1947 年修堤标准是超出 1935 年最高洪水位 0.5 m,1948 年修堤标准是超出 1935 年最高洪水位 1～1.2 m。1949 年黄河下游防洪标准是以防御 1937 年最大洪水 16 500 m³/s 为目标。1950～1957 年第一次大修堤期间,修堤标准不断提高,各省设防标准逐渐趋于统一。1950 年,河南省采用防御陕州流量 18 000 m³/s 洪水为标准,堤顶超高为 1～1.5 m;平原省和山东省采用防御 1949 年花园口 12 300 m³/s 洪水为标准,堤顶超高为 1.5 m,其中平原省卡口堤段超高为 1.8 m。1951 年初,提出了"在一般情况下,保证发生比 1949 年更大的洪水时不生溃决"的治黄方针,河南省、平原省采用 1949 年 12 300 m³/s 洪水标准,并增大了超高值,河南省堤顶超高为 4 m,平原省堤顶超高为 2～2.5 m;山东省以防御泺口流量 9 000 m³/s 不溃决为目标,堤顶超高为 1.5～2 m。

1951 年,政务院财政经济委员会关于防御黄河异常洪水的决定指出:"目前黄河下游堤防,系以陕县流量 18 000 m³/s 为防御目标,但据过去水文记录,1933 年陕州流量曾达 23 000 m³/s,1942 年曾达 29 000 m³/s 均超过目前河道安全泄量甚多(整编后成果 1933 年、1942 年陕县站流量为 22 000 m³/s 和 17 700 m³/s)。万一异常洪水来临,堤防发生溃决,损失之大,不堪设想"。为此,在决定中提出分期提高防御标准的要求:第一期,以陕州流量 23 000 m³/s 的洪水为防御目标,在沁河南堤与黄河北堤中间地区,北金堤以南地区及东平湖区,分别修筑滞洪工程,并要求 1951 年汛前完成。第二期,以陕州流量 29 000 m³/s 或更大洪水为防御目标,在平原省阳武一带(今属原阳县),结合放淤,计划蓄洪工程,分蓄黄河过量洪水,要求 1952 年汛前完成。实际上第二期工程未能实现。

根据上述决定,1952 年全下游以防御陕州站流量 23 000 m³/s,争取防御陕州站 29 000 m³/s 洪水为目标。

1953～1954 年以防御 1933 年同样洪水为目标。

1955 年黄委采用频率法对黄河下游洪水进行了分析计算,秦厂站 100 年一遇、200 年一遇、1 000 年一遇、2 000 年一遇的洪水分别为 25 000 m³/s、29 000 m³/s、36 500 m³/s、40 000 m³/s,并确定 1955 年以防御秦厂站 29 000 m³/s 洪水为标准,首次在防洪标准中明确引入了频率或重现期的概念。

1956 年考虑到 1843 年陕县站 36 000 m³/s 的历史洪水,又增辟了封丘大宫滞洪区。

1958 年防秦厂站 25 000 m³/s 洪水不决口,1959 年调整为秦厂站 30 000 m³/s 不发生决口。

由于花园口站 1958 年出现了 22 300 m³/s 的洪水(有实测水文资料以来的最大洪水),同时三门峡水库于 1960 年 9 月投入蓄水运用,黄河下游洪水减少;1962 年以防御花园口站洪峰流量 18 000 m³/s 洪水为目标;1964 年以防御花园口站 20 000 m³/s 洪水为目标;1969 年黄河下游防洪标准改为:确保花园口站发生 22 000 m³/s 洪水(天然情况下为30 年一遇)安全,当花园口站洪水超过 22 000 m³/s 时,向北金堤滞洪区分洪。

1975 年 8 月淮河出现特大暴雨洪水后,对黄河的洪水进一步作了分析推算,考虑了三门峡水库的拦蓄作用,花园口站仍有可能出现 46 000 m³/s 的特大洪水(未考虑陆浑、故县两水库的拦蓄作用)。即使三门峡、陆浑、故县三库联合运用进行调蓄,花园口站的洪峰流量仍可达 41 700 m³/s,这样的洪水远非现有工程所能解决。为此,1975 年河南、山东两省和水利电力部联署向国务院报送了《关于防御黄河下游特大洪水意见的报告》,1976 年国务院以国发[42]号文批复"原则同意"。《关于防御黄河下游特大洪水意见的报告》指出:今后黄河下游应以花园口站 46 000 m³/s 洪水为防御目标,并建议采取重大工程措施。事实上,当时由于重大工程措施尚未实施,黄河下游防洪任务仍为:确保花园口站 22 000 m³/s 洪水大堤不决口;当遇特大洪水时,尽最大努力,采取一切办法,缩小灾害。黄委 1981 年 6 月颁发的《黄河下游防洪工程标准(试行)》中规定,黄河临黄堤以防御花园口站洪峰流量 22 000 m³/s 洪水为目标。1988 年提出的《黄河下游第四次堤防加固河道整治设计任务书》规定:仍以防御花园口站洪峰流量 22 000 m³/s 洪水为目标。

实际上,1958 年洪水后,黄河下游基本上以防御花园口洪峰流量 22 000 m³/s 作为防洪标准沿用至今。随着黄河中游干支流水库三门峡、陆浑、故县水库的相继建成,黄河下游的防洪标准有所提高,分别由天然情况下的 30 年一遇提高到 40 年一遇、50 年一遇和60 年一遇。1999 年 10 月小浪底水库下闸蓄水后,黄河下游的防洪标准大大提高,花园口站 22 000 m³/s 洪水的重现期提高到接近 1 000 年一遇。上述干支流水库调节后,黄河下游大堤的沿程设防流量为:花园口 22 000 m³/s,夹河滩 21 500 m³/s,高村 20 000 m³/s,孙口 17 500 m³/s;经东平湖滞洪区分洪后,艾山以下的设防流量为 11 000 m³/s(黄河干流下泄 10 000 m³/s,另考虑东平湖以下平阴、长清山区支流加水 1 000 m³/s)。

二、关于防洪标准的探讨

小浪底水库运用后,与三门峡、陆浑、故县水库联合运用,可将花园口站 10 000 年一遇洪水的洪峰流量由 55 000 m³/s 削减到 27 400 m³/s,1 000 年一遇洪水的洪峰流量由42 300 m³/s 削减到 22 600 m³/s,100 年一遇洪水由 29 200 m³/s 削减到 15 700 m³/s。也就是说,小浪底水库运用后,花园口站设防流量 22 000 m³/s 的重现期接近 1 000 年一遇。这样的防洪标准是否偏高?观点不一。有一种观点认为黄河下游接近 1 000 一遇的防洪标准偏高。笔者认为黄河下游采用新中国成立以来发生的最大洪水作为防洪标准是合适的。黄河下游防洪标准可以从三个方面来分析:一是保护对象的重要性,二是黄河的特殊性和复杂性,三是参照国内外大江大河的防洪标准。

(一)保护对象的重要性

根据现状河道的历史洪水资料及现状地形地物条件分析,在不发生重大改道的条件下,现行河道向北决溢,洪灾影响范围包括漳河、卫运河及漳卫新河以南的广大平原地区;现行河道向南决溢,洪灾影响范围包括淮河以北颍河以东的广大平原地区。黄河下游防洪保护区总土地面积约为 12 万 km²(见图 5-1),涉及河南、山东、安徽、江苏和河北等 5 省

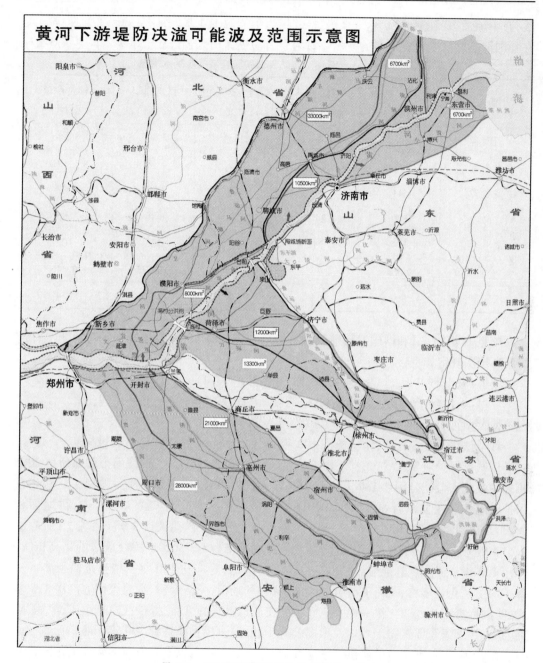

图 5-1 黄河下游堤防决口淹没风险示意图

110 个县(市、区),主要为淮河、海河流域。2005 年黄河下游防洪保护区人口为 9 064 万人,占全国人口的 6.9%;城镇人口为 2 155 万人,占全国城镇人口的 3.8%,城市化率为 23.8%;耕地面积为 11 193 万亩,占全国的 6.1%;国内生产总值 10 615 亿元,占全国的 5.8%;粮食产量为 4 046 万 t,占全国的 8.4%,是我国重要的粮棉基地之一。黄河下游两岸平原人口密集,城市众多,有郑州、开封、新乡、濮阳、济南、菏泽、聊城、德州、滨州、东营以及徐州、阜阳等大中城市,有京广、津浦、陇海、新菏、京九等铁路干线以及很多公路干线,有中原油田、胜利油田、兖济煤田、淮北煤田等能源工业基地,还有两岸平原灌排渠系,在我国经济发展中占有重要的地位。黄河下游防洪保护区经济社会基本情况见表5-9。

表 5-9　2005 年黄河下游防洪保护区经济社会基本情况

地区	总人口 (万人)	城镇人口 (万人)	国内生产总值 (亿元)	耕地面积 (万亩)	粮食产量 (万 t)
河南省	3 459	710	2 834	3 807	1 566
山东省	3 321	877	5 622	4 381	1 591
安徽省	1 445	307	805	2 094	602
江苏省	670	240	1 165	646	185
河北省	169	21	189	265	102
合计	9 064	2 155	10 615	11 193	4 046
占全国比例(%)	6.9	3.8	5.8	6.1	8.4

按照中华人民共和国国家标准《防洪标准》(GB 50201—94),不同保护对象防洪标准的最高档次规定如下:

城市:城市非农业人口≥150 万人,防洪标准≥200 年一遇,没有上限;

乡村:人口≥150 万人、耕地面积≥130 万亩,防洪标准 100～50 年一遇;

特大型工矿企业:防洪标准 200～100 年一遇;

骨干铁路及高速公路:防洪标准 100 年一遇设计,特大桥 300 年一遇校核。

从城市保护对象来看,黄河下游非农业人口达到 2 155 万人,仅济南市和郑州市 2005 年的非农业人口就分别达 180 万人和 160 万人,防洪标准应在 200 年一遇以上。从乡村保护对象来看,《防洪标准》(GB 50201—94)最高档次规定人口≥150 万人、耕地面积≥130 万亩,防洪标准 100～50 年一遇;而黄河下游保护区内总人口 9 064 万人,其中农业人口 6 909 万人,有耕地 1.1 亿亩,远大于《防洪标准》(GB 50201—94)规定的最高档次,采用 100 年一遇防洪标准显然是不符合实际情况的,理应比 100 年一遇标准高得多。从保护的工矿企业来看,黄河下游有中原油田、胜利油田、兖济煤田、淮北煤田等能源工业基地,防洪标准应达到 200 年一遇。从保护的交通运输设施来看,保护区内有京广、津浦、陇海、京九等国家重要铁路干线以及很多公路干线,防洪标准应达到 300 年一遇。

综合来看,黄河下游的防洪标准应在 200～300 年一遇以上。黄河下游采用花园口站设防流量 22 000 m³/s 洪水的防洪标准,在小浪底水库建成前为 60 年一遇,防洪标准偏低,不满足《防洪标准》(GB 50201—94)要求;在小浪底水库建成后,防洪标准由 60 年一遇提高到近 1 000 年一遇,可以满足《防洪标准》(GB 50201—94)要求,与《防洪标准》(GB 50201—94)并不矛盾,因为《防洪标准》(GB 50201—94)并没有规定上限。

(二)黄河的特殊性和复杂性

从黄河的特殊性和复杂性来看,在一定时期内黄河下游防洪标准采用近 1 000 年一遇也是合理可行的。

　　黄河下游堤防决溢形式主要有三种：一是由于堤顶高程不足，洪水漫堤而过，发生"漫决"；二是堤防质量较差，堤身内存在隐患，临水后，"溃决"大堤；三是河势突然发生变化，形成"横河"、"斜河"，主流直冲大堤，堤防抗冲能力不足，而"冲决"大堤。有时因为战争等，扒决堤防造成决口，如1938年花园口扒决，发生大面积被淹（见图5-2），造成严重灾害。

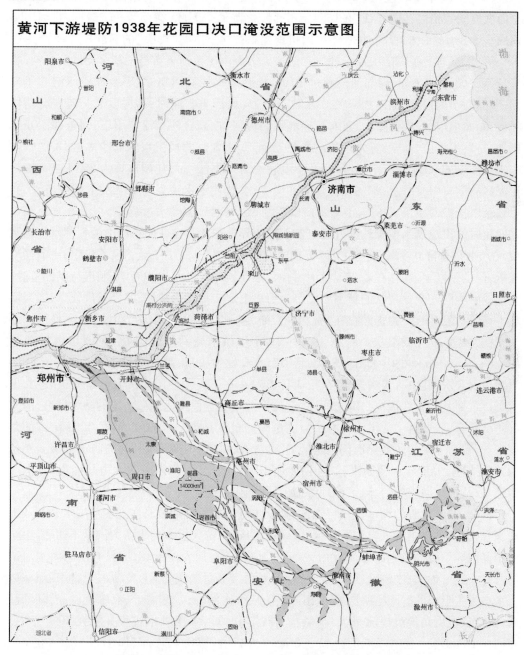

图 5-2　黄河下游堤防 1938 年花园口决口淹没范围示意图

　　第一，黄河是世界上最难治理的多泥沙河流，无论治理程度如何，下游河道总的趋势是淤积抬高的,其防洪标准是动态变化的,有一定的时限性。随着河道的淤积抬高,排洪能力相应降低,继续加高堤防的风险太大,若不采取重大措施,防洪标准也会随之降低,堤防将有漫决的可能。经过近年来的堤防建设,黄河下游堤防从防止"漫决"的角度来讲,在一定时期内(2020 年以前),可以达到防御花园口 22 000 m³/s 洪水标准,也就是说,防"漫决"的防洪标准可达近 1 000 年一遇。但小浪底水库拦沙库容淤满后,下游河道又要全面恢复淤积抬高,防"漫决"的防洪标准也随之降低。因此,在今后一定时期内,利用小浪底水库拦沙减淤的有利时机,不失时机地提高黄河下游防"漫决"的标准是适宜的。

第二,黄河下游堤防决溢以冲决和溃决为多。由于黄河下游是一条多泥沙的悬河,临背悬差一般为 4 ~ 6 m,局部河段超过 10 m,比两岸平原高出更多;不少河段河槽高于滩面、滩面高于堤根,滩地横比降大,"二级悬河"局面严重。同时,高村以上又属于游荡性河道,滩面串沟多、横比降大,且有直通堤脚的堤河,在高含沙水流作用下,河道冲淤变化剧烈,易发生水位骤涨的异常现象。如 1977 年 7 月、8 月两场洪水的输沙量达 18 亿 t,占当年总沙量的 90%,最大瞬时含沙量小浪底站为 898 kg/m³,花园口站为 546 kg/m³。由于泥沙高度集中,往往引起河床强烈的冲淤变化,致使洪水位发生骤然的下降或上涨,并出现难以抢护的险情。1977 年花园口出现的 10 700 m³/s 洪水过程中,小浪底至花园口之间短时间出现洪水位骤然上升又突然下降的异常现象。在花园口以上的驾部水位站水位,在 6 h 内骤降 0.8 m,接着在 1.5 h 内水位骤涨 2.84 m。由于流势极不稳定,主流摆动频繁,摆动幅度很大,存在着出现横河、斜河、滚河顶冲大堤及串沟夺溜、顺堤行洪的危险,直接威胁堤防安全。现状的黄河大堤多为历史上逐步加修而成的,基础条件复杂,堤身质量不均,虽经加固,隐患仍然存在,易发生管涌、漏洞、塌坡、塌陷等严重险情,一旦抢护不及,就会发生冲决或溃决。根据 1919 ~ 1938 年洪水资料统计分析,花园口洪峰流量 6 000 ~ 10 000 m³/s 的洪水出现 8 次,其中有 5 次发生决口;洪峰流量小于 6 000 m³/s 的洪水出现 6 次,其中有 3 次发生决口,而且出现在平工堤段。历史决溢资料分析表明,下游决口主要是冲决和溃决。综上所述,黄河下游防洪工程虽达到了一定的防洪标准,但实际防洪安全度较低,中常洪水仍有决溢的危险。也就是说,从防止"冲决"和"溃决"的角度来看,黄河下游的防洪标准仍然是低的,远没有达到近 1 000 年一遇的防洪标准。要达到并维持近 1 000 年一遇防洪标准,还要作出艰巨的努力,仍需采取大力加固堤防,消除隐患,以及加强河道整治、滩区治理等措施,才能保证防洪安全。

第三,黄河下游的洪水比较特殊,提高设防流量的重现期较易实现。从洪水来源及组成来看,下游洪水主要来自中游地区,由暴雨形成,中游大洪水与上游大洪水不遭遇,上游洪水仅组成下游大洪水的基流,而下游河道为地上河,加入支流较少,只有汶河洪水对窄河段有一定的影响;中游地区以三门峡以上来水为主而形成的"上大洪水"与以三门峡以下来水为主形成的"下大洪水"也不相遭遇。从洪水的峰、量来看,具有峰高量小、陡涨陡落的特点,也就是说洪峰流量大、洪量小,持续历时短,一次洪水过程一般在 10 d 左右。花园口 1 000 年一遇洪峰流量达 42 300 m³/s,5 日洪量 98.4 亿 m³,12 日洪量 164 亿 m³,45 日洪量 358 亿 m³。长江 1954 年洪水宜昌站洪峰流量 66 800 m³/s,仅相当于约 10 年一遇;而其 30 日洪量达 1 386 亿 m³,约相当于 100 年一遇。黄河下游的防洪标准可按洪峰流量的重现期来拟定,而长江中下游则要综合考虑洪峰流量和洪量的重现期来拟定。与之对应的沿程设防标准,黄河下游采用设防流量(水位变化较大),而长江中下游则采用设防水位(水位比较稳定)。

由于黄河下游洪水峰高量小、历时短,且洪水来源集中于中游地区,在中游干支流峡谷河段的适宜位置修建高坝大库,用不大的防洪库容拦蓄洪水,可有效削减洪峰流量,提高黄河下游花园口设防流量的重现期。黄河下游花园口设防流量 22 000 m³/s 在无库情况下仅相当于 30 年一遇,三门峡、陆浑、故县水库修建后提高到 60 年一遇,由于小浪底水库极其优越的地理位置,控制了"上大洪水"和"下大洪水"的一部分,仅用 40.5 亿 m³ 的长期有效库容,可将黄河下游花园口设防流量的重现期由 60 年提高到近 1 000 年。这在长江、珠江等洪量大的大江大河上是很难实现的。因此,不能盲目地与其他江河的防洪标准比较,就说黄河下游的防洪标准偏高。

第四,黄河下游河道上宽下窄,排洪能力上大下小,东平湖以上河道宽度一般为 10 km 左右,大洪水漫滩后,水位涨幅较小,平均增减 1 000 m³/s 水位升降值在 10 cm 左右。即便是把花园口站的设防流量由近 1 000 年一遇的 22 000 m³/s 降至 100 年一遇的 15 700 m³/s,设防水位也仅下降 0.6~0.7 m,东平湖以上河段堤防的设计堤顶高程下降值在 1 m 以内,而东平湖以下河段仍然需要运用东平湖滞洪区分洪,设防流量仍然为 11 000 m³/s,设防水位不变,对其堤防的设计堤顶高程没有任何作用。也就是说,对东平湖以上河段,降低堤防、放淤固堤高度和险工高度均在 1 m 以内,对控导工程和东平湖以下堤防和险工没作用,投资无大变化。况且,现状大堤高度已达到防御花园口 22 000 m³/s 洪水标准。即使从今后减少加高大堤次数的角度考虑,若按 100 年一遇设防,其减少加高大堤的次数,充其量也只能减少东平湖以上河段堤防、险工加高一次,节省投资很有限,但防洪风险大大增加,很不值得。按《防洪标准》(GB 50201—94),黄河下游的防洪标准应不小于 300 年一遇,若降低到 300 年一遇,花园口站的洪峰流量仍然达 19 600 m³/s,设防水位降低值只有 20 cm 左右,对东平湖以上河段堤防、险工建设影响微乎其微,因此降低黄河下游防洪标准是不可取的。

(三)国内外大江大河的防洪标准

从国外江河的防洪标准来看,比较著名的江河多是防御历史上已发生过的大洪水,或按历史洪水加成设防,与其相比,黄河下游的防洪标准也不能说偏高。

多年来,长江中下游一直采用以某一实际发生的典型大洪水或适当加成作为防洪标准。根据 1990 年国务院批准的《长江流域综合利用规划简要报告》,长江中下游防洪标准为:长江干流荆江河段防洪标准至少应达到 100 年一遇,并应创造条件使荆江河段在遭遇类似 1870 年那样的历史特大洪水时保证行洪安全,南北两岸干堤不自然漫溃,防止发生毁灭性灾害;城陵矶以下河段,以 1954 年实际洪水作为防御目标。根据长江水利委员会 2002 年 7 月编报的《长江流域防洪规划简要报告》,三峡水库建成后,遇 1 000 年一遇洪水或 1870 年洪水,可使枝城流量不超过 80 000 m³/s,配合荆江分洪区的分洪运用,可使沙市水位不超过设计洪水位 45.0 m,从而可保证荆江两岸的防洪安全。也就是说,三峡水库建成后,在防洪体系的综合作用下,荆江河段的防洪标准将达到 1 000 年一遇。

20 世纪 80 年代以来,上海市黄浦江干流及主要支流堤防按 1 000 年一遇高潮位设防,其中 208 km 堤防已按此标准加高加固。

美国的密西西比河下游的防洪标准,系按最大历史洪水加成 20% 设防,相当于 500 年一遇洪水。

欧洲的多瑙河维也纳河段,系按防御最大历史洪水设防,其防洪标准相当于 1 000 年一遇。

荷兰三角洲防风暴潮的堤防工程是以防御 1953 年特定大灾为出发点的,其防洪标准为防御 4 000 年一遇洪水。

英国泰晤士河河口挡潮闸的防洪标准为 1 000 年一遇。

苏联保护列宁格勒市的芬兰湾挡潮闸和堤防的防潮标准按 400 年一遇的潮水位考虑,堤顶高程高出历史最高潮位 4 m,高出正常潮水位 8 m。

三、防洪标准

从保护对象的重要性、黄河防洪的特殊性和复杂性,参照国内外大江大河的防洪标准,综合考虑,小浪底水库建成后,在今后一定时期内,黄河下游的防洪标准继续采用防御花园口站 22 000 m³/s 洪水是合适的,符合黄河下游的实际情况。

第三节　堤防结构设计

一、堤防级别与设防流量

黄河下游防洪保护区面积约为 12 万 km²,保护区内涉及冀、鲁、豫、皖、苏 5 省的 110 个县(市、区),人口 9 064 万人,耕地 1.119 3 亿亩。区内有河南省的新乡、开封、濮阳,山东省的济南、聊城、滨州、东营和江苏省的徐州等 8 个地级以上重要城市;分布着京广、陇海、京九和津蒲等重要铁路干线,中原油田、胜利油田、兖济和淮北煤田等重要能源基地,还有众多公路交通干线、灌排系统等。黄河一旦决口,洪灾损失非常巨大。根据《防洪标准》(GB 50201—94)及《堤防工程设计规范》(GB 50286—98)规定,黄河下游临黄大堤防洪标准在 100 年一遇以上,相应的堤防级别为 1 级。

设防流量仍按国务院批准的防御花园口 22 000 m³/s 洪水,考虑到河道沿程滞洪和东平湖滞洪区分滞洪作用,以及支流加水情况,沿程主要断面设防流量为:夹河滩 21 500 m³/s,高村 20 000 m³/s,孙口 17 500 m³/s,艾山以下 11 000 m³/s。

二、设计防洪水位

(一)水文站设计防洪水位

与长江、珠江等清水河流不同,黄河下游河道不断淤积抬高,不同时期的设计防洪水位(简称设防水位)也不断升高,也就是说,设计防洪水位是动态变化的。考虑到小浪底水库已经建成,在今后一定时期内下游河道不会明显淤积抬高,在小浪底水库下泄清水期间,下游河道冲刷下切,冲刷下切幅度沿程逐渐减弱,在设计防洪水位达到最低值后,随着小浪底水库下泄水流含沙量的增大,下游河道逐渐淤积抬升,按小浪底水库设计成果,至2020 年下游河道大约恢复到 2000 年水平,以后设计防洪水位还会随之抬升。1949 年以来,黄河下游河道多年平均淤积抬高速度为 5~10 cm/年,基本上是 10 年左右一修堤,一次加高 1 m,设计防洪水位通常采用 10 年后的设防水位。由于小浪底水库的拦沙减淤作用,约在 20 余年内,设计防洪水位会经历下降、升高恢复的过程。在下游河道恢复到2000 年水平前的设防水位均采用 2000 年水平年的设防水位。

黄河下游主要控制站 2000 年水平年设防流量及设计防洪水位见表 5-10。

(二)堤防设计防洪水位

目前,黄河下游临黄大堤总长 1 369.864 km,分布情况如下:

左岸 746.927 km,分三大段、两小段。其中:第一大段(上段)起于孟州市中曹坡(0 + 000)至封丘鹅湾(200 + 880),长 170.881 km;第二大段(中段)从长垣大车集(0 + 000)至台前张庄(194 + 485),长 194.485 km;第三大段(下段)自阳谷陶城铺(3 + 000)至利津四段(355 + 264),长 350.241 km。

右岸 622.937 km,分为两大段,十一小段。其中:第一大段(上段)起于郑州邙山根 - (1 + 172)至梁山国那里(336 + 600),长 338.642 km,第二大段(下段)起于济南槐荫宋家庄 - (1 + 980)至垦利二十一户(255 + 160),长 257.140 km。

黄河下游现状堤防分布见表 5-11。

表 5-10　黄河下游主要控制站 2000 年水平年设防流量及设计防洪水位

站名	堤防桩号		设防流量(m^3/s)	设计防洪水位(m)
	左岸	右岸		
铁谢		5 + 600	17 000	121.14
秦厂		邙山	22 000	101.52
花园口(基本断面) 花园口(CS34 断面)		13 + 000	22 000 22 000	96.25 95.65
柳园口		85 + 850	21 800	84.22
夹河滩(三)	188 + 580	112 + 900	21 500	79.52
石头庄	17 + 113		21 200	71.29
高村		207 + 900	20 000	66.38
苏泗庄		240 + 100	19 400	62.95
邢庙	124 + 200		18 200	58.11

续表 5-10

站名	堤防桩号		设防流量(m³/s)	设计防洪水位(m)
	左岸	右岸		
孙口		326 + 925	17 500	52.56
南桥	20 + 500	山	11 000	47.22
艾山	30 + 500	山	11 000	46.33
泺口	135 + 700	29 + 600	11 000	36.02
刘家园	174 + 000	75 + 700	11 000	31.82
道旭	276 + 000	173 + 700	11 000	21.30
利津	318 + 170	211 + 340	11 000	17.63
一号坝	345 + 000	238 + 047	11 000	14.62

注:1. 水位为大沽高程系统。

　　2. 花园口(CS34 断面)为花园口(基本断面)下移 3.14 km 后的断面。

表 5-11　黄河下游现状堤防分布

岸别	序号	堤段	桩号范围	堤防长度(km)
左岸	一	第一大段:孟州中曹坡—封丘鹅湾	0 + 000 ~ 200 + 880	170.881
	二	第二大段:长垣大车集—台前张庄	0 + 000 ~ 194 + 485	194.485
	三	第三大段:阳谷陶城铺—利津四段	3 + 000 ~ 355 + 264	350.241
	四	第一小段:贯孟堤	0 + 000 ~ 9 + 320	9.320
	五	第二小段:太行堤	0 + 000 ~ 22 + 000	22.000
		左岸合计		746.927
右岸	一	孟津堤	0 + 000 ~ 7 + 600	7.600
	二	第一大段:郑州邙山根—梁山国那里	− (1 + 172) ~ 336 + 600	338.642
	三	河湖两用堤	共 7 段	13.936
	四	山口隔堤	5 段	5.619
	五	右岸第二大段:济南市宋家庄—垦利二十一户	− (1 + 980) ~ 255 + 160	257.140
		右岸合计		622.937
总计				1 369.864

黄河下游左岸、右岸堤防 2000 年水平年设计防洪水位分别见表 5-12 和表 5-13。

表 5-12　黄河下游左岸堤防 2000 年水平年设计防洪水位

堤段	范围	桩号	2000 年水平年设防水位（m）					说明
			大沽高程	$h_{大沽}-h_{黄海}$	黄海高程	$h_{黄海}-h_{85}$	1985 国家高程基准	
上段	孟州市中曹坡一封丘鹅湾（0+000~200+880）	0+000	116.574	1.187	115.387			
		10+000	113.532	1.187	112.345			
		15+000	112.011	1.187	110.824			
		15+600	111.829	1.187	110.642			
		42+000	106.410	1.187	105.223			
		43+000	106.201	1.187	105.014			
		50+000	104.740	1.187	103.553			
		60+000	102.800	1.187	101.613			
		65+000	102.390	1.187	101.203			
		69+000	102.062	1.187	100.875			
		70+000	101.980	1.187	100.793			
		80+000	100.950	1.187	99.763			
		90+000	97.690	1.187	96.503			
		100+000	95.170	1.188	93.982			
		110+000	93.080	1.189	91.891			
		120+000	90.990	1.190	89.800			
		130+000	89.490	1.191	88.299			
		140+000	87.980	1.192	86.788			
		150+000	86.480	1.193	85.287			
		160+000	84.970	1.194	83.776			
		170+000	83.290	1.197	82.093			
		180+000	81.440	1.204	80.236			
		＊188+580	79.520	1.210	78.310			夹河滩(三)
		190+000	79.297	1.210	78.087			
		200+000	77.730	1.210	76.520			

续表 5-12

堤段	范围	桩号	2000 年水平年设防水位(m)					说明
			大沽高程	$h_{大沽} - h_{黄海}$	黄海高程	$h_{黄海} - h_{85}$	1985 国家高程基准	
中段	长垣大车集—台前张庄(0+000 ~ 194+485)	0+000	73.080	1.215	71.865			
		10+000	72.030	1.219	70.811			
		*17+113	71.290	1.221	70.069			石头庄
		20+000	70.940	1.224	69.716			
		30+000	69.750	1.235	68.515			
		40+000	68.550	1.246	67.304			
		50+000	67.310	1.257	66.053			
		60+000	65.860	1.282	64.578			
		70+000	64.463	1.323	63.140			
		80+000	63.065	1.364	61.701			
		89+000	62.097	1.381	60.716			
		90+000			60.610			
		91+000	61.888	1.384	60.504			
		100+000	60.950	1.399	59.551			
		110+000	59.630	1.415	58.215			
		120+000	58.560	1.432	57.128			
		*124+200	58.110	1.439	56.671			邢庙
		130+000	57.300	1.487	55.813			
		140+000	55.910	1.570	54.340			
		150+000	54.520	1.653	52.867			
		160+000	53.110	1.736	51.374			
		170+000	52.130	1.562	50.568			
		180+000	50.731	1.421	49.310			
		190+000	48.980	1.413	47.567			
		194+000	48.837	1.410	47.427			

续表 5-12

堤段	范围	桩号	2000 年水平年设防水位（m）					说明
			大沽高程	$h_{大沽}-h_{黄海}$	黄海高程	$h_{黄海}-h_{85}$	1985 国家高程基准	
下段	阳谷陶城铺—利津四段（3 + 000 ~ 355 + 264）	3 + 000	48.820	1.410	47.410			
		10 + 000	48.253	1.395	46.858			
		13 + 000	48.010	1.389	46.621			
		20 + 000	47.275	1.374	45.901			
		*20 + 500	47.220	1.373	45.847			南桥
		30 + 000	46.374	1.321	45.053			
		*30 + 500	46.330	1.318	45.012			艾山
		40 + 000	45.418	1.293	44.125			
		50 + 000	44.352	1.266	43.086			
		60 + 000	43.281	1.239	42.042			
		70 + 000	42.211	1.213	40.998			
		80 + 000	41.188	1.201	39.987			
		90 + 000	40.361	1.235	39.126			
		100 + 000	39.491	1.268	38.223			
		110 + 000	38.579	1.301	37.278			
		119 + 991	37.629	1.334	36.295			
		121 + 000	37.532	1.337	36.195			
		130 + 000	36.612	1.367	35.245			
		*135 + 700	36.020	1.386	34.634			泺口
		140 + 000	35.676	1.395	34.281			
		150 + 007	34.515	1.417	33.098			
		160 + 000	33.357	1.439	31.918			
		170 + 000	32.260	1.461	30.799			
		*174 + 000	31.820	1.470	30.350			刘家园
		180 + 000	31.067	1.465	29.602			
		190 + 000	29.808	1.455	28.353			
		199 + 918	28.551	1.446	27.105			
		200 + 994	28.414	1.445	26.969			

续表 5-12

堤段	范围	桩号	2000 年水平年设防水位（m）					说明
			大沽高程	$h_{大沽} - h_{黄海}$	黄海高程	$h_{黄海} - h_{85}$	1985 国家高程基准	
下段	阳谷陶城铺—利津四段（3 + 000 ~ 355 + 264）	209 + 991	27.622	1.437	26.185			
		210 + 965	27.546	1.436	26.110			
		219 + 976	26.797	1.428	25.369			
		220 + 961	26.713	1.427	25.286			
		229 + 986	25.946	1.419	24.527			
		230 + 927	25.866	1.418	24.448			
		239 + 983	25.013	1.410	23.603			
		240 + 982	24.916	1.409	23.507			
		249 + 967	24.003	1.401	22.602			
		251 + 000	23.896	1.400	22.496			
		260 + 000	22.962	1.392	21.570			
		270 + 000	21.929	1.382	20.547			
		＊276 + 000	21.300	1.377	19.923			道旭
		280 + 000	20.944	1.378	19.566			
		290 + 000	20.050	1.382	18.668			
		300 + 000	19.171	1.385	17.786			
		310 + 000	18.322	1.388	16.934			
		＊318 + 170	17.630	1.391	16.239			利津
		320 + 000	17.426	1.391	16.035			
		330 + 000	16.306	1.391	14.915			
		340 + 000	15.179	1.392	13.787			
		＊345 + 000	14.620	1.392	13.228			一号坝
		350 + 000	14.014	1.392	12.622			
		355 + 000	13.407	1.392	12.015			

注：本表摘自"黄河下游现状大堤过洪能力复核初步成果"，黄委勘测规划设计研究院，1999 年 3 月。

表 5-13 黄河下游右岸堤防 2000 年水平年设计防洪水位

堤段	范围	桩号	2000 年水平年设防水位(m)					说明
			大沽高程	$h_{大沽} - h_{黄海}$	黄海高程	$h_{黄海} - h_{85}$	1985 国家高程基准	
上段	郑州邙山根—梁山国那里($-(1+172) \sim 336+600$)	0 + 000	99.240	1.187	98.053			
		10 + 000	96.170	1.187	94.983			
		* 13 + 000	95.650	1.188	94.462			花园口(CS34)
		20 + 000	94.590	1.189	93.401			
		30 + 000	93.000	1.190	91.810			
		40 + 000	91.420	1.191	90.229			
		50 + 000	89.840	1.192	88.648			
		60 + 000	88.280	1.193	87.087			
		70 + 000	86.710	1.193	85.517			
		80 + 000	85.140	1.194	83.946			
		* 85 + 850	84.220	1.195	83.025			柳园口
		90 + 000	83.470	1.197	82.273			
		100 + 000	81.670	1.203	80.467			
		110 + 000	79.870	1.208	78.662			
		* 112 + 900	79.520	1.210	78.310			夹河滩(三)
		120 + 000	78.070	1.211	76.859			
		130 + 000	76.670	1.213	75.457			
		140 + 000	75.400	1.215	74.185			
		150 + 000	74.130	1.217	72.913			
		160 + 000	72.860	1.219	71.641			
		170 + 000	71.590	1.221	70.369			
		180 + 000	70.300	1.230	69.070			
		190 + 000	69.140	1.241	67.899			
		200 + 000	67.680	1.253	66.427			
		* 207 + 900	66.380	1.262	65.118			高村
		210 + 000	66.160	1.269	64.891			
		220 + 000	65.090	1.301	63.789			
		230 + 000	64.030	1.334	62.696			

续表 5-13

堤段	范围	桩号	2000 年水平年设防水位（m）					说明
			大沽高程	$h_{大沽}-h_{黄海}$	黄海高程	$h_{黄海}-h_{85}$	1985 国家高程基准	
上段	郑州邙山根—梁山国那里 (−(1+172)~336+600)	240+000	62.960	1.367	61.593			
		*240+100	62.950	1.367	61.583			苏泗庄
		250+000	61.420	1.391	60.029			
		259+000	59.892	1.413	58.479			
		260+000			58.306			
		261+000	59.552	1.418	58.134			
		*269+500	58.110	1.439	56.671			邢庙
		271+000	57.988	1.448	56.540			
		279+000	57.341	1.494	55.847			
		280+000			55.760			
		281+000	57.178	1.505	55.673			
		290+000	56.450	1.557	54.893			
		300+000	55.480	1.614	53.866			
		310+000	54.410	1.672	52.738			
		320+000	53.320	1.729	51.591			
		*326+925	52.560	1.769	50.791			孙口
		330+000	52.230	1.688	50.542			
		336+000	51.113	1.530	49.583			
		340+200	50.330	1.419	48.911			
下段	济南宋家庄—垦利二十一户 (−(1+980)~255+160)	0+000	38.820	1.298	37.522			
		10+000	38.390	1.377	37.013			
		20+000	37.040	1.441	35.599			
		*29+600	36.020	1.386	34.634			泺口
		30+000	35.980	1.387	34.593			
		40+000	35.070	1.405	33.665			
		50+000	34.160	1.423	32.737			
		60+000	33.250	1.441	31.809			
		70+000	32.340	1.460	30.880			

续表 5-13

堤段	范围	桩号	2000 年水平年设防水位(m)					说明
			大沽高程	$h_{大沽} - h_{黄海}$	黄海高程	$h_{黄海} - h_{85}$	1985 国家高程基准	
下段	济南宋家庄—垦利二十一户(−(1+980)~255+160)	*75+700	31.820	1.470	30.350			刘家园
		80+000	31.220	1.466	29.754			
		90+000	29.830	1.456	28.374			
		100+000	28.440	1.447	26.993			
		110+000	27.480	1.437	26.043			
		120+000	26.530	1.428	25.102			
		130+000	25.580	1.418	24.162			
		140+000	24.610	1.409	23.201			
		150+000	23.620	1.399	22.221			
		160+000	22.640	1.390	21.250			
		170+000	21.660	1.381	20.279			
		*173+700	21.300	1.377	19.923			道旭
		180+000	20.670	1.379	19.291			
		189+121	19.760	1.383	18.377			
		190+000	19.672	1.383	18.289			
		200+000	18.683	1.387	17.296			
		209+157	17.885	1.390	16.495			
		210+362	17.780	1.391	16.389			
		*211+340	17.630	1.391	16.239			利津
		220+000	16.819	1.391	15.428			
		230+008	15.709	1.392	14.317			
		*238+047	14.620	1.392	13.228			一号坝
		240+000	14.391	1.418	12.973			
		250+000	13.219	1.484	11.735			
		255+000	12.640	1.484	11.156			

注:本表摘自"黄河下游现状大堤过洪能力复核初步成果",黄委勘测规划设计研究院,1999 年 3 月。

　　近些年来高程系多采用 1985 国家高程基准,黄河下游水文站、水位站及附近高程点的黄河高程与 1985 国家高程基准的换算系数见表 5-14。

表 5-14　水文站、水位站及附近高程点的黄海高程与 1985 国家高程基准换算系数

水文站名称	水位站名称	高程点名称	$h_{黄海} - h_{85}$(m)	说明
花园口		QBM	0.123	
	柳园口	LYKZ	0.121	柳园口闸基点
夹河滩(三)		NPBM1	0.126	该断面左岸为曹岗险工
	石头庄	STZZ	0.120	石头庄闸基点
高村		BMN03	0.115	
	苏泗庄	GR5	0.112	苏泗庄断面 R0
	邢庙	XMSW1	0.113	邢庙水位站基 1
孙口		D001	0.110	孙口水文站 BM01
	南桥	T020	0.113	南桥水位站基点
艾山		T023	0.112	艾山水文站参 1
泺口		D004	0.107	泺口水文站 RBM19
	刘家园	Q004	0.110	刘家园断面 L0
	道旭		0.118	道旭断面 L1
利津		B003	0.123	利津水文站 BM99 - 2
	一号坝	X017	0.123	一号坝水位站 1

三、设计堤顶高程

　　根据《堤防工程设计规范》(GB 50286—98)要求,设计堤顶高程为设计防洪水位加超高,超高为波浪爬高、风壅增水高度及安全加高三者之和。堤顶超高按下式计算:

$$Y = R + e + A \tag{5-1}$$

式中　　Y——堤顶超高,m;

　　　　R——设计波浪爬高,m;

　　　　e——设计风壅增水高度,m;

　　　　A——安全加高,m。

　　设计波浪爬高 R 按下式计算:

$$R_P = \frac{K_\triangle K_v K_P}{\sqrt{1 + m^2}} \sqrt{\overline{H}L} \qquad (5\text{-}2)$$

式中　　R_P——累积频率为 P 的波浪爬高,m;

　　　　$K_\triangle$——斜坡的糙率及渗透性系数,草皮护坡取 0.85;

　　　　K_v——经验系数,可根据风速 $v(\text{m/s})$、堤前水深 $d(\text{m})$、重力加速度 $g(\text{m/s}^2)$ 组成的无维量 $v/\sqrt{gd}$ 确定,可查表确定数值;

　　　　K_P——爬高累积频率换算系数,对不允许越浪的堤防,爬高累积频率宜取 2%,可查表确定数值;

　　　　m——斜坡坡率,$m = \cot\alpha$,α 为斜坡坡角(°);

　　　　$\overline{H}$——堤前波浪的平均波高,m;

　　　　L——堤前波浪的波长,m。

有关的风浪要素按《堤防工程设计规范》(GB 50286—98)中的有关规定计算。

设计风壅增水高度 e 按下式计算:

$$e = \frac{Kv^2 F}{2gd}\cos\beta \qquad (5\text{-}3)$$

式中　　e——计算点的风壅增水高度,m;

　　　　K——综合摩阻系数,可取 $K = 3.6 \times 10^{-6}$;

　　　　v——设计风速,按计算波浪的风速确定;

　　　　F——由计算点逆风向到对岸的距离,m;

　　　　d——水域的平均水深,m;

　　　　β——风向与垂直于堤轴线的法线的夹角,(°)。

各河段堤防超高计算结果见表 5-15。

依照计算并考虑处理超标准洪水情况,拟定各河段的堤防超高为:沁河口以上 2.50 m,沁河口至高村 3.00 m,高村至艾山 2.50 m,艾山以下 2.10 m。

四、抗滑稳定分析

按照《堤防工程设计规范》(GB 50286—98)和黄河下游防洪大堤堤线长、质量差、地质条件复杂等特殊情况,抗滑稳定计算分为正常运用和非常运用两种情况。抗滑稳定的安全系数 K 按照《堤防工程设计规范》(GB 50286—98)要求,1 级堤防,正常运用条件 $K \geqslant 1.3$,非常运用条件 $K \geqslant 1.2$。考虑到设计洪水与地震遭遇,设计标准明显过高,设计洪水与地震遭遇的概率很小,《堤防工程设计规范》(GB 50286—98)规定的抗滑稳定安全系数是在多年平均水位遭遇地震的条件下取 $K \geqslant 1.2$。因此,在设计洪水与地震遭遇的校核情况下,安全系数采用 $K \geqslant 1.1$。稳定分析采用的计算条件和内容见表 5-16。

表 5-15　黄河下游临黄大堤各河段堤防超高计算结果　　　　（单位:m）

河段	波浪爬高	风壅增水高度	安全加高	计算超高	采用超高
沁河口以上	1.42	0.04	1.00	2.46	2.50
沁河口至东坝头	1.27	0.13	1.00	2.40	3.00
东坝头至高村	1.77	0.13	1.00	2.90	3.00
高村至艾山	1.50	0.05	1.00	2.55	2.50
艾山至前左	1.15	0.03	1.00	2.18	2.10

表 5-16　堤防稳定分析采用的计算条件和内容

堤坡	工况号	计算条件	抗滑稳定安全系数	说明
临河坡	1	大河无水	1.3	正常运用
	2	设计洪水位	1.3	正常运用
	3	设计洪水位 +7 度地震	1.1	非常运用
	4	设计洪水位骤降至堤坡脚处	1.2	非常运用
背河坡	1	大河无水	1.3	正常运用
	2	设计洪水位稳定渗流	1.3	正常运用
	3	设计洪水位 +7 度地震	1.1	非常运用

　　根据已有地质资料和不同堤段情况,选取 14 个典型断面进行堤坡稳定计算分析。

　　堤坡的稳定计算采用瑞典圆弧滑动法。根据各种运用条件分别选用总应力法和有效应力法进行分析计算。当堤基中存在较薄软弱土层时,采用改良圆弧法,计算方法及原理见《堤防工程设计规范》(GB 50286—98)中的附录 F。

　　各堤段典型断面的抗滑稳定计算结果见表 5-17。

　　从表 5-17 中可以看出:①临河坡在大河无水、稳定渗流正常运用条件下,所有断面的抗滑稳定最小安全系数 K 均满足规范要求的 $K \geqslant 1.3$;在水位骤降、地震非常运用条件下,所有断面的抗滑稳定最小安全系数 K 亦满足规范要求的 $K \geqslant 1.2$。②背河坡在大河无水、稳定渗流正常运用条件下,设计洪水位稳定渗流是其控制条件,诸断面满足规范要求的 $K \geqslant 1.3$;在地震情况下,也可满足设计要求。

　　在无裂缝等渗漏通道、不受水流淘刷顶冲条件下,堤坡是能够满足抗滑稳定要求的。

表 5-17　各堤段典型断面的抗滑稳定计算结果

计算断面	边坡	计算情况	临河坡最小安全系数 K	背河坡最小安全系数 K
左岸上段 160 +000	临河 1:2.64 背河 1:2.63	大河无水	2.755	2.523
		稳定渗流	2.502	1.735
		水位骤降	2.098	—
		地震校核	1.749	1.278
左岸中段 84 +000	临河 1:2.87 背河 1:2.87	大河无水	2.087	2.393
		稳定渗流	2.032	1.638
		水位骤降	1.767	—
		地震校核	1.488	1.154
左岸中段 86 +000	临河 1:3.20 背河 1:3.20	大河无水	2.428	2.902
		稳定渗流	2.456	1.870
		水位骤降	2.029	—
		地震校核	1.700	1.335
左岸中段 142 +000	临河 1:3.0 背河 1:3.45	大河无水	2.606	2.599
		稳定渗流	2.540	1.689
		水位骤降	1.967	—
		地震校核	1.762	1.232
左岸中段 188 +000	临河 1:3.0 背河 1:2.75	大河无水	2.147	2.160
		稳定渗流	2.118	1.557
		水位骤降	1.788	—
		地震校核	1.547	1.174
右岸上段 203 +000	临河 1:3.0 背河 1:2.81	大河无水	2.927	2.384
		稳定渗流	2.904	1.501
		水位骤降	2.493	—
		地震校核	1.985	1.148
右岸上段 278 +000	临河 1:3.0 背河 1:3.1	大河无水	3.000	2.450
		稳定渗流	2.883	1.558
		水位骤降	2.388	—
		地震校核	1.892	1.179

续表 5-17

计算断面	边坡	计算情况	临河坡最小安全系数 K	背河坡最小安全系数 K
右岸下段 88 + 000	临河 1:3.0 背河 1:3.17	大河无水	2.413	3.763
		稳定渗流	2.492	2.174
		水位骤降	1.914	—
		地震校核	1.699	1.389
右岸下段 118 + 000	临河 1:2.22 背河 1:3.35	大河无水	2.573	2.783
		稳定渗流	2.729	1.664
		水位骤降	2.223	—
		地震校核	1.976	1.174
右岸下段 201 + 000	临河 1:2.9 背河 1:2.88	大河无水	2.855	3.562
		稳定渗流	2.718	2.125
		水位骤降	2.172	—
		地震校核	1.946	1.407
左岸下段 86 + 000	临河 1:3.0 背河 1:3.28	大河无水	2.232	2.192
		稳定渗流	2.251	1.716
		水位骤降	1.956	—
		地震校核	1.655	1.218
左岸下段 186 + 000	临河 1:3.0 背河 1:3.65	大河无水	2.061	2.046
		稳定渗流	2.252	1.815
		水位骤降	1.670	—
		地震校核	2.069	1.259
左岸下段 240 + 000	临河 1:2.73 背河 1:3.0	大河无水	2.742	2.696
		稳定渗流	2.766	1.547
		水位骤降	2.147	—
		地震校核	1.850	1.111
左岸下段 313 + 000	临河 1:2.73 背河 1:3.26	大河无水	2.063	2.621
		稳定渗流	2.502	1.908
		水位骤降	1.836	—
		地震校核	1.779	1.450

五、堤防基本断面设计

(一)堤顶宽度

确定堤顶宽度主要考虑堤身稳定要求、防汛抢险、料物储存、交通运输、工程管理等因素。确定堤顶宽度的原则是:在满足《堤防工程设计规范》(GB 50286—98)的基础上,充分考虑防汛抢险交通、工程机械化抢险及工程正常运行管理的需要。

黄河下游堤防是就地取土修筑而成的,沙性土较多,黏聚力差,一旦出现滑坡、坍塌等险情,其发展速度十分迅速。再者险情的发生往往带有随机性,从发现到开始抢护需要一定时间,而险情的发展却不等人,大堤本身必须要有一定的宽度。因此,在堤防宽度论证时,还考虑了防汛交通、抢险场地及工程管理等的要求。

1. 工程抢险及防汛交通对堤顶宽度的要求

随着社会的进步,防汛抢险的手段有了很大的变化,由以前的以人工为主逐渐向以机械为主发展,在以后的防汛抢险中,机械化抢险将会越来越多地得以应用。但是,由于机械化抢险的车型大,必须要有与其相适应的道路,否则其优势将难以发挥。目前,在绝大多数堤段,黄河大堤是唯一能够到达出险地点的交通道路,所以堤顶的宽度必须满足抢险机械和抢险料物运输的交通要求,并充分考虑会车、调头等因素。堤顶宽度必须充分考虑运送防汛料物的要求,尤其是抢险料物运输(如柳料),满载料物的车辆一般较宽,往往造成一车挡道,万车难行,影响整个堤顶的交通,因此堤顶必须有足够的宽度。

从黄河堤防工程抢险的角度来看,由于黄河堤防出险具有发展迅猛的特点,要求抢险投入强度远大于其他江河堤防。实践证明,常规的抢险方式,抢险场地的大小对抢险强度的效率有着直接的影响。机械化抢险包括指挥、照明、抢险机械、运输车辆、抢险料物等,设备多、用料也多,场面狭窄直接限制机械优势的发挥。所以,足够宽的堤顶有利于抢险手段的施展、有利于提高抢险的供料强度、有利于提高和保证抢险的效率与成功率。

2. 堤防运行管理对堤顶宽度的要求

为保持工程完整,有利于抗洪,并满足防洪抢险需要,平时在堤顶要储备一定的土料(土牛),供管理之用。这些土牛平时供工程管理用土,而在汛期也是工程抢险的应急料物。在使用之后,必须及时恢复。

综上所述,黄河堤顶必须具有一定的宽度,以便抗御洪水,并满足防汛交通和抢险的需要,满足工程的正常运行和管理的需求。经综合考虑,设计堤防顶宽采用 10~12 m。断续堤防及河口附近堤防的堤顶宽度采用 10 m,包括左岸沁河口以上临黄堤、贯孟堤、太行堤上段、右岸东平湖附近河湖两用堤和山口隔堤,河口附近南展宽区及以下两岸堤防。其余堤防设计堤顶宽度采用 12 m。

(二)堤防边坡

堤防边坡应满足《堤防工程设计规范》(GB 50286—98)、渗流稳定、整体抗滑稳定的要求,同时要兼顾施工条件,并便于工程的正常运行和管理。《堤防工程设计规范》(GB 50286—98)规定,1 级堤防的边坡不宜陡于 1:3。

黄河下游临黄堤堤基情况十分复杂,而且现有的地质资料总体上较少,断面的稳定、渗流计算仅根据已有的地质资料和设计断面进行概化分析计算。

分析结果表明,当临背河堤坡为 1:3 时,各断面临河坡均可以满足抗滑稳定设计要求,背河坡有个别断面不能满足稳定要求。但防渗加固后均可满足要求。根据上述分析,并参照国内外大江大河堤防边坡情况,堤防临背河坡均采用 1:3。

堤防基本断面设计结果见表 5-18。

表 5-18 黄河下游临黄堤基本断面设计结果

岸别	堤段	超高（m）	顶宽（m）	临背河坡	说明
左岸	孟州市中曹坡至孟州下界	2.5	10	1:3	太行堤下段(0+000~10+000)，顶宽为 12 m，上段(10+000~22+000)，顶宽为 10 m
	温县南平皋至武陟方陵	2.5	10	1:3	
	武陟白马泉至封丘鹅湾	3.0	12	1:3	
	贯孟堤	3.0	10	1:3	
	太行堤段	3.0	10~12	1:3	
	长垣大车集至濮阳渠村闸	3.0	12	1:3	
	濮阳渠村闸至东阿艾山	2.5	12	1:3	
	东阿艾山至利津南宋庄	2.1	12	1:3	
	利津南宋庄至四段	2.1	10	1:3	
右岸	孟津堤	2.5	10	1:3	东平湖附近 10 小段堤防包括徐庄闸堤、耿山口堤、银马堤、石庙堤、郑铁堤、子路堤、斑隔堤、斑清堤、闸间堤、青龙堤
	郑州邙山根至东明高村	3.0	12	1:3	
	东明高村至梁山徐庄	2.5	12	1:3	
	东平湖附近 10 小段堤防	2.5	10	1:3	
	济南宋家庄至垦利南展上界	2.1	12	1:3	
	垦利南展上界至二十一户	2.1	10	1:3	

六、筑堤土料

根据《堤防工程设计规范》(GB 50286—98)，对于均质土堤，筑堤土料宜选用亚黏土，黏粒含量宜为 15%~30%，塑性指数宜为 10~20，且不得含植物根茎、砖瓦垃圾等杂物；填筑土料含水量与最优含水量的允许偏差为 ±3%。黄河下游堤防填筑土料一般从滩地选取，由于黄河下游河道内土质多为砂壤土和少量中壤土，亚黏土较少，黏粒含量较低，很难满足规范要求，因此对筑堤土料的黏粒含量及塑性指数适当降低，根据堤防附近料场情况灵活掌握，碾压后表面采用一层中壤土包边。按照临河截渗、背河导渗的原则，黄河下游堤防铺盖、斜墙等防渗体一般选用含黏量较大的黏土或重壤土，前戗一般选用中壤土，后戗及淤背体一般选用砂性土。近年来黄河下游堤防加固多为放淤固堤，铺盖、斜墙及前戗修筑较少，由于放淤体较大，对土质要求不太高，放淤土料一般为砂壤土，基本能满足要求。

第四节 附属工程设计

一、防浪林

黄河下游河道堤距宽,最宽处达 24 km(大车集)。在洪水期间,水面开阔,风浪对堤防的破坏相当严重。根据计算,风浪在堤防上的爬高可达 1.3 ~ 1.8 m。此外,黄河堤防历次加高培厚,多在临河一侧取土,在临河大堤附近形成了低洼地带及堤河,尤其是 20 世纪 90 年代以来进入下游的水量偏枯,泥沙主要淤积在河道主槽及滩唇,堤根落淤量小,"二级悬河"局面加剧,顺堤行洪危害增大。为此,需要在堤防平工段临河堤脚外建设防浪林带。

修建防浪林带,一是能够有效地防止风浪对堤防的破坏,减少堤防的防汛压力;二是在洪水漫滩后,能够有效地消耗水流能量,减缓顺堤行洪的流速,减轻水流对堤防的直接破坏;三是能够有效地缓流落淤、加快沿堤低洼地带的淤积抬高,使槽高、滩低、堤根洼的不利局面得以改善;四是能够为黄河防汛提供一定的抢险料物。

根据以上原则和黄河下游的实际情况,经过综合比较和分析,选择柳树作为防浪林的树种,临堤侧种植高柳,临河侧种植丛柳。该树种具有耐涝、枝叶茂密、苗源丰富、种植容易等优点,适宜在黄河滩区种植和生长,而且是防汛抢险时最常用也是最好用的料物之一。

考虑到堤防险工多偎水靠溜,险工临河侧不种植防浪林,靠近村庄的堤段也不种植防浪林。

根据黄河下游河道的具体情况,防浪林的宽度,高村以上宽河段为 50 m,高村以下为 30 m。高柳、丛柳各占林带宽度的一半,株距、行距高柳按 2 m×2 m,丛柳按 1 m×1 m。

二、堤顶道路硬化

黄河下游堤防多是就地取土修筑而成,沙性土较多,黏聚力差,一旦出现滑坡、坍塌等险情,其发展速度十分迅速。临黄堤不仅是黄河下游防洪工程体系的重要组成部分,也是防汛抢险的交通要道。目前,下游堤防堤顶主要是土路面,柏油路面较少。考虑到黄河下游汛期与雨期同季,每逢下游的多雨季节,堤顶泥泞难行,这种路况不仅难以保证防汛抢险的交通需要,车辆通行也破坏了堤顶,对大堤安全构成威胁,急需改善。为了有利于防洪抢险,需要对黄河下游临黄堤 1 级堤防的主要堤段进行堤顶路面硬化。为保护堤顶路面,主要的上堤路口也需进行硬化。

根据大堤防汛交通的车流情况,堤顶硬化参照三级公路设计有关标准,即行车道宽度一般为 5 m,路面宽为 6 m,路基为 6.5 m。荷载按汽 -20 级、挂 -100 级设计。路面面层采用沥青碎石,厚度为 5 cm;基层采用石灰土,厚度为 30 cm。

三、防汛道路

随着社会的进步,防汛抢险的手段有了很大的变化,由以前的以人工为主逐渐向以机械为主发展,在以后的防汛抢险中,机械化抢险将会越来越多地得以应用。

　　黄河堤防与交通干线之间均有一定距离,直接通向大堤的道路多是乡间公路,甚至是未硬化的土路。多数公路路况较差,路面损坏严重,面层脱落、坑洼不平,大型防汛抢险车辆上堤多需绕行,大型机械优势将难以充分发挥。这与黄河堤防险情发展迅猛、强调抢险时间的特点极不适应,必须修建防汛道路。

　　由于工程建设规模较大,并考虑到防汛道路与地方交通关系密不可分的实际情况,《十五可研》按沿堤线平均 15 km 安排一条抢险道路、每条长不超过 5 km 的标准控制建设规模。道路硬化参照三级公路设计有关标准。

四、防汛屋

　　为满足堤防工程管理需要,《堤防工程设计规范》(GB 50286—98)规定,3 级以上的堤防工程应沿堤线设置防汛屋,其间距、面积应按实际需要确定。黄河下游堤防为特别重要的 1 级堤防,三次大修堤及"九五"期间,均在堤顶设置有防汛屋。不同时期防汛屋标准不一,"九五"期间为每 0.5 km 修建一处防汛屋,面积为 50 m²;随着堤顶道路硬化及交通车辆的更新,交通条件不断改善,"十五"以来新建的防汛屋一般按 120 m²/km 的建设标准集中修建。

参考文献

[1] 水利部黄河水利委员会. 黄河流域防洪规划[M]. 郑州:黄河水利出版社,2008.
[2] 胡一三. 中国江河防洪丛书·黄河卷[M]. 北京:中国水利水电出版社,1996.
[3] 黄河水利委员会黄河志总编辑室. 黄河防洪志[M]. 郑州:河南人民出版社,1991.
[4] 水利部黄河水利委员会勘测规划设计研究院. 黄河下游 2001 年至 2005 年防洪工程建设可行性研究报告[R]. 郑州:2002.
[5] 国家技术监督局,中华人民共和国建设部. GB 50286—98 堤防工程设计规范[S]. 北京:中国计划出版社,1998.
[6] 中华人民共和国建设部,国家技术监督局. GB 50201—94 防洪标准[S]. 北京:中国计划出版社,1994.
[7] 长江水利委员会. 长江流域防洪规划简要报告[R]. 武汉:2002.

第六章　堤防施工

第一节　花园口堵口前后复堤施工

1938 年 6 月,南京国民政府为阻止日本侵略军的进攻,派军队扒开郑州花园口黄河大堤,黄河改道近 9 年,至 1947 年 4 月堵复花园口决口,大河复回下游故道。

黄河花园口以下故道原有堤防,经战争破坏,多年失修,残破不堪。当时故道内有 40 多万名群众居住、耕种。1946 年,国民党政府决定堵复花园口口门,使黄河回归故道,阴谋水淹解放区,中国共产党提出,先复堤和迁移故道群众而后堵口,谈判后达成了部分协议。实际上是边堵口、边恢复两岸堤防。为保护解放区人民的切身利益,中国共产党领导黄河故道两岸人民,对黄河两岸堤防进行了大规模的复堤运动。

1946 年 2 月,冀鲁豫解放区黄河水利委员会成立,并于沿黄各专区、县分别设立黄河修防处、修防段,具体组织领导修堤及防汛工作。自 6 月 10 日始,西起长垣、濮阳,东至平阴、长清,上堤民工达 23 万人,经过一个月施工,完成了当年培修堤防的任务。

1946 年 5 月 22 日,山东省渤海区修治黄河工程总指挥部及济阳上下各县治黄指挥部成立,并成立了河务局及沿黄济阳、齐东、杨忠、滨县、青城、高苑、蒲台、惠民、利津、垦利县治河办事处。自 5 月 25 日起,渤海解放区 19 个县组织 20 万人开始大规模复堤,计划修复达到 1938 年前大堤原状后,再普遍加高 1 m,并堵复了 1937 年决口的麻湾口门,增修成套堤。垦利以下至河口新修堤 30 km。共完成土方 911 万 m³,604 万工日。

1947 年 3 月 15 日,花园口堵口合龙,水复走下游河道,为争取防洪主动,渤海区行政公署与河务局联合召开沿河各县长及治河办事处负责人会议,决定沿河 11 个县成立治黄委员会,统一调配人力、物力进行第二次复堤。堤防培修按高出 1937 年洪水位 1 m 普遍加高培修。1947 年 3 月,冀鲁豫解放区人民掀起第二次大复堤高潮,组织 30 万治黄大军参加复堤施工。至 7 月 23 日,西起长垣大车集东至齐河水牛赵,长达 300 km 的大堤(包括金堤)普遍加高 2 m,培厚 3 m,完成土方 827 万 m³。

1948 年,解放区治黄斗争进入新阶段,冀鲁豫黄河水利委员会在观城(现属莘县)召开复堤会议,确定进一步培修堤防。黄河北岸复堤工程于 3 月下旬开工,共上民工 10.7 万人。修堤民工不断受到国民党军队的轰炸、炮击,但在解放区地方武装配合下,突击完成土方 500 万 m³。南岸复堤工程因受国民党军队不断骚扰,修堤极其困难,仅对急需的险工加以修复。

1946～1948 年,解放区修堤共完成土方 2 238 万 m³,1 516 万个工日。三年复堤完成的工程为战胜 1949 年黄河秦厂站 12 300 m³/s 的洪水奠定了物质基础,粉碎了国民党水淹解放区的阴谋。

第二节　第一次至第三次大修堤施工

1949 年中华人民共和国成立后,党和国家对黄河的治理十分重视,黄河由分区治理走向统一治理。黄河治理的首要任务是保证黄河下游堤防不决口。黄河下游采取"宽河固堤"方针,把加固堤防作为防洪最主要的措施。

1950 ~ 1985 年,根据各个时期下游河道淤积情况和防洪标准,对下游堤防进行了三次大规模的加高、培修加固。

一、第一次大修堤(1950 ~ 1957 年)

第一次大修堤是在解放战争期间复堤的基础上进行的。1950 ~ 1957 年,逐年进行加高加固。1950 年的治黄方针是"以防比 1949 年更大的洪水为目标,加强堤坝工程,大力组织防汛,确保大堤,不准溃决"。修堤标准由沿黄河南、平原、山东 3 省结合各省实际情况制定。

平原省 1952 年 12 月撤销后,平原河务局所辖菏泽、聊城修防处和濮阳金堤修防段所辖堤防段 380.8 km 划归山东黄河河务局。东明修防处所辖堤段 61.9 km,新乡、濮阳修防处所辖黄河堤防段 380 km 和沁河堤防段 154.96 km 划归河南黄河河务局。

1955 年,黄委对黄河下游洪水采用频率法计算,得出黄河秦厂水文站 100 年一遇、200 年一遇、1 000 年一遇、2 000 年一遇洪水分别为 25 000 m^3/s、29 000 m^3/s、36 500 m^3/s、40 000 m^3/s。1955 年提出黄河下游堤防以防御黄河秦厂水文站 25 000 m^3/s 洪水为标准,制定的沿河设防水位和修堤标准见表 6-1、表 6-2。

表 6-1　1955 防御黄河秦厂水文站 25 000 m^3/s 设防水位

项目	秦厂	柳园口	夹河滩	石头庄	高村	苏泗庄	孙口	艾山	泺口
流量(m^3/s)	25 000	23 600	23 300	23 000	14 850	12 000	10 800	9 000	8 600
水位(m)	98.94	81.23	74.97	67.60	62.20	58.00	48.50	42.15	31.00

注:水位系大沽基点高程。

按各年规定的黄河修堤工程标准,河南、平原、山东 3 省各年编制修堤计划,各县成立修堤施工指挥部,组织动员劳力进行大规模修堤。施工期为每年 3 ~ 6 月和 10 ~ 12 月春、冬两季。1950 年开始,按征工办法,基本上每年组织民工 20 ~ 25 万人上堤施工。1952 年后推广了"按方计资,多劳多得"的工资政策,按下方土塘结算。施工工具也不断改进,由挑篮、抬框、土车逐渐改进为胶轮车、平车,效率不断提高。按 1 m^3 土、运距 100 m 为一标准方计算,1950 年日工效为 2 m^3,1955 年以后日工效提高到 4 m^3,个别县和土工队达到 5 ~ 8 m^3。压实工具由最初的片碾、灯台碾改为碌碡碾,实行逐坯验收,开展评比竞赛,使工程质量显著提高。图 6-1、图 6-2 分别为黄河下游第一次大修堤运土和碾实场景。1950 ~ 1957 年间,共完成修堤土方 14 090.02 万 m^3(见表 6-3),平均每年完成土方 1 761万 m^3,最高年份 1955 年完成土方 3 530.85 万 m^3,平均土方单价为 0.56 元/m^3。第一次大修堤为战胜 1958 年黄河花园口站 22 300 m^3/s 大洪水打下了可靠的物质基础。

图 6-1　手推车运土修堤

图 6-2　修堤时民工碾实堤防

表 6-2　1955 年黄河堤防工程标准

岸别	省别	堤防名称	起止地点	堤顶超高（m）	顶宽（m）		边坡	
					平工	险工	临河	背河
北岸	河南	临黄堤	孟县中曹坡至郑州京广铁路桥	2.3	10		1:3	1:3
		临黄堤	郑州京广铁路桥至封丘鹅湾	2.5	10		1:3	1:3
		临黄堤	长垣大车集至 30 km 处	3.0	10		1:3	1:3
		临黄堤	30 km 处至濮阳孟居	2.3	10		1:3	1:3
		临黄堤	孟居至河南濮阳下界	2.3	9		1:3	1:3
	山东	临黄堤	濮阳下界至东阿艾山	2.3	8	11	1:3	1:3
		临黄堤	东阿艾山至齐河南坦	2.3~2.1	7	9	1:2.5	1:3
		临黄堤	齐河南坦至垦利四段	2.1	7	9	1:2.5	1:3
	河南	太行堤	长垣大车集以上 24 km	2.0	5		1:2.5	1:2.5
		北金堤	濮阳上界至范县姬楼	2.0	10		1:3	1:3
	山东	北金堤	姬楼至寿张颜营	2.3	10		1:3	1:3
		寿张民埝	寿张枣包楼至陶城铺	低于临黄堤顶 1.0 m	7		1:2.5	1:2.5
南岸	河南	临黄堤	郑州上界至兰考东坝头	2.5	10		1:3	1:3
		临黄堤	东坝头至东明李连庄	3.0	10		1:3	1:3
		临黄堤	李连庄至东明高村	2.5	10		1:3	1:3
		临黄堤	高村至河南东明下界	2.5	9		1:3	1:3
	山东	临黄堤	菏泽上界至梁山十里堡	2.5	8	11	1:3	1:3
		临黄堤	济南田庄至垦利鱼洼	2.1	7	9	1:2.5	1:3
		梁山民埝	梁山十里堡至徐庄	低于临黄堤顶 3.0 m	7		1:2.5	1:2.5

注：1. 郑州京广铁桥以上至沁河口北岸大堤处于京广铁桥以上壅水段，土质多沙，规定堤顶超出设计洪水位 4 m，顶宽 15 m，临背边坡 1:3。

　　2. 后戗标准：顶宽 2~4 m，边坡 1:5，戗顶低于设计洪水位 1.5 m，或按 1:8 浸润线考虑。

表 6-3　第一次大修堤历年完成工程量

年份	土方(万 m³)	工日(万个)
1950	749.29	515.98
1951	3 402.12	1 193.38
1952	721.44	405.87
1953	834.96	375.09
1954	1 556.35	371.13
1955	3 530.85	1 223.48
1956	2 164.07	561.14
1957	1 130.94	290.65
合计	14 090.02	4 936.72

注:资料摘自黄委《黄河治理统计资料汇编》(1949～1980年)。

二、第二次大修堤(1962～1965年)

1960年三门峡水库建成后,因淤积严重,1962年4月水库运用方式由"蓄水拦沙"改为"滞洪排沙",加重了下游河道的淤积。为恢复河道的排洪能力,进行了第二次大修堤。1962年,黄委确定"黄河下游近期防洪标准以防御花园口站22 000 m³/s洪水为目标。"

这次大修堤,设计防洪水位(简称设防水位)见表6-4,在兰考东坝头以下河段设防水位比1955年设防水位有所升高,石头庄升高0.78 m,高村升高1.26 m,孙口升高1.16 m,泺口升高1.76 m。升高的原因,一是河道淤积,二是高村以下各站提高了设防流量。高村站流量由14 850 m³/s提高到了18 400 m³/s,孙口站由10 800 m³/s提高到了16 200 m³/s,艾山、泺口、利津站由9 000 m³/s提高到了13 000 m³/s。

表 6-4　1962年黄河大堤设防水位

项目	花园口	柳园口	夹河滩	石头庄	高村	苏泗庄	孙口	艾山	泺口	利津
流量(m³/s)	22 000	21 180	20 500	19 840	18 400	17 700	16 200	13 000	13 000	13 000
水位(m)	94.44	80.48	74.84	68.38	63.46	59.36	49.66	43.33	32.76	15.12

注:水位是指大沽基点高程。

根据上述设防水位,制定了新的工程标准。长垣石头庄至位山两岸堤防超高2.5 m,堤顶宽9 m,险工段堤顶宽11 m,边坡1:3;位山以下堤防超高2.1 m,其中位山至豆腐窝左堤顶宽8 m,险工险段顶宽11 m,临河边坡1:2.5,背河边坡1:3;豆腐窝至綦家庄两岸大堤顶宽9 m,险工段顶宽11 m,临河边坡1:2.5,背河边坡1:3;綦家庄至垦利四段、渔洼两岸堤顶宽7 m,险工段9 m,临河边坡1:2.5,背河边坡1:3。

1962～1965年第二次大修堤共完成修堤土方5 396万 m³(见表6-5),综合土方单价1.36元/m³。这次土方施工比第一次大修堤有显著变化,运土工具淘汰了挑篮、抬筐,主要由胶轮车代替,压实工具推广了碌碡碾。民工上堤实行包工、按方计资,土工队内部实行多劳多得,提高了工效和施工质量。

表 6-5　第二次大修堤历年完成工程量

年份	土方（万 m³）	工日（万个）
1962	412	309
1963	1 780	1 153
1964	1 789	1 132
1965	1 415	603
合计	5 396	3 197

注：资料摘自黄委《黄河治理统计资料汇编》（1949～1980 年）。

三、第三次大修堤（1974～1985 年）

三门峡水库增建"二洞四管"并打开 1～8 号底孔后，泄流排沙能力增大，下游河道尤其是主槽发生严重淤积。孙口以上河段 1969～1973 年河道淤积 22.19 亿 t，平均年淤积 4.44 亿 t，河道排洪能力大大降低。1973 年花园口站出现 5 890 m³/s 的洪水，花园口至石头庄 160 km 河道的水位比 1958 年花园口站洪峰流量 22 300 m³/s 的洪水位还高出 0.2～0.4 m，且河势摆动加剧，严重威胁防洪安全。

1973 年 11 月，黄河治理领导小组在郑州召开了黄河下游治理工作会议，根据下游河道严重淤积的情况，提出了黄河下游治理意见：首先大力加高加固堤防，改建北金堤滞洪区，完成南展宽和北展宽工程，确保防洪防凌安全。根据会议精神，黄委于 1974 年编制了《黄河下游近期（1974～1983 年）堤防加高加固工程初步设计》，确定以防御花园口水文站 22 000 m³/s 洪水为标准，以 1983 年为设计水平年，确定了相应各河段的设防流量与设计防洪水位（见表 6-6）。艾山以下设防流量考虑了东平湖至济南间南山支流加水 1 000 m³/s。

表 6-6　1983 年水平年黄河下游设防流量、设防水位

站名	堤防桩号		设防流量	设防水位
	左岸	右岸	（m³/s）	（m）
花园口	94 + 810	9 + 888	22 000	96.80
夹河滩	204 + 690	122 + 500	21 500	77.98
石头庄	17 + 113	172 + 390	21 200	70.06
高村	55 + 000	207 + 900	20 000	65.42
苏泗庄	80 + 844	239 + 950	19 400	61.38
邢庙	123 + 057	272 + 965	18 200	57.00
孙口	163 + 750	323 + 750	17 500	52.47
陶城铺	5 + 900	（山）	11 000	47.38
艾山	30 + 500	（山）	11 000	45.21
泺口	137 + 500	29 + 800	11 000	35.52
利津	318 + 171	211 + 400	11 000	17.39

注：水位是大沽基点高程。

堤防工程标准为:堤防超高考虑风浪高加安全加高,其中安全加高值采用 1 m。堤防顶宽考虑抢险交通要求和堤防所处位置的重要性分段确定。有可能发生超过堤防设计标准的渠村分洪闸以上河段,堤顶宽一般为 10 m,险工段为 12 m;渠村至艾山河段平工段堤顶宽为 9 m,险工段为 11 m;艾山以下河段平工段堤顶宽为 7 m,险工段为 9 m。堤防边坡:艾山以上临背边坡均为 1:3;艾山以下临河边坡 1:2.5,背河边坡 1:3(见表 6-7)。

表 6-7　1983 年黄河下游大堤工程标准

省别	堤防名称	起止地点	堤顶超高（m）	顶宽（m）		边坡	
				平工	险工	临河	背河
河南	北岸临黄堤	孟县中曹坡至孟县下界	2.5	8	10	1:3	1:3
	北岸临黄堤	温县南平皋至武陟方陵	2.5	9	11	1:3	1:3
	北岸临黄堤	武陟白马泉至郑州京广铁桥	3.0	15		1:3	1:3
	北岸临黄堤	郑州京广铁桥至濮阳渠村闸	3.0	10	12	1:3	1:3
	北岸临黄堤	濮阳渠村闸至台前张庄	2.5	9	11	1:3	1:3
	贯孟堤	封丘鹅湾至封丘下界	2.5	8		1:3	1:3
	太行堤段	长垣大车集至延津县魏丘	2.5～2.0	6		1:3	1:3
山东	北岸临黄堤	东阿陶城铺至艾山	2.5	9	11	1:3	1:3
	北岸临黄堤	艾山至八里庄	2.1	8	10	1:3	1:3
	北岸临黄堤	八里庄至四段	2.1	7	9	1:2.5	1:3
	河口两岸堤	四段、二十一户以下	1.1	7	9	1:2.5	1:3
河南	南岸临黄堤	孟津牛庄至和家庙	2.5	6		1:3	1:3
	南岸临黄堤	郑州邙山根至兰考岳寨	3.0	10	12	1:3	1:3
山东	南岸临黄堤	兰考岳寨至东明高村(有小铁路段)	3.0	10	12	1:3	1:3
	南岸临黄堤	兰考岳寨至东明高村(无小铁路段)	3.0	12	14	1:3	1:3
	南岸临黄堤	高村至梁山徐庄(有小铁路段)	2.5	9	11	1:3	1:3
	南岸临黄堤	高村至梁山徐庄(无小铁路段)	2.5	11	13	1:3	1:3
	南岸临黄堤	济南宋庄至盖家沟	2.1	9	11	1:2.5	1:3
	南岸临黄堤	盖家沟至博兴老于家	2.1	7	9	1:2.5	1:3
	南岸临黄堤	垦利西冯至二十一户	2.1	7	9	1:2.5	1:3

第三次大修堤,按照上述工程标准,自 1973 年冬开始施工,实际历经 12 年,至 1985 年基本完成。此间,河南、山东两省每年组织民工十几万人,最多达 80 万人参加施工。除沿黄 9 地(市)38 个县(区)(河南 15 个,山东 23 个)参加修堤外,还组织非沿黄县部分民工支援修堤。施工任务分配到社、队,运土工具民工自带,以胶轮车为主,土方压实以拖拉机碾压为主。1979 年后,黄委河南、山东黄河河务局陆续组建了机械施工队,主要采用铲运机挖运施工,在修堤中发挥了很大作用。本次大修堤共计培修堤防长 1 267.3 km,其

中:临黄堤1 236 km,太行堤22 km,贯孟堤9.3 km。完成修堤土方19 842.43 万 m³,用工7 787.09 万个工日,土方综合单价1.48 元/m³(见表6-8)。

表6-8　第三次大修堤历年完成情况

年份	土方(m³)	投资(万元)	工日(万个)
1974	1 137.84	1 193.34	681.35
1975	1 399.96	1 700.80	942.90
1976	6 160.72	8 221.68	333.28
1977	1 912.69	2 514.40	1 068.90
1978	2 066.33	2 537.78	973.56
1979	2 181.00	3 076.70	1 427.34
1980	503.89	730.85	189.83
1981	494.00	1 685.00	370.40
1982	2 001.00	3 428.00	910.47
1983	1 699.00	3 440.00	779.45
1984	187.00	569.00	70.47
1985	99.00	352.00	39.14
合计	19 842.43	29 449.55	7 787.09

注:资料摘自黄委《黄河治理统计资料汇编》(1949~1980年、1981~1985年)。

四、施工机具及其变化

黄河堤防的施工机具主要是运土和堤身土方压实机具。在20世纪80年代之前,黄河修堤主要依靠民工,以人工挖、装、运、卸和人工碾实土方为主。第二次大修堤期间逐渐采用我国生产的拖拉机进行土方压实,代替人工碾实。

(一)运土工具

20世纪50年代第一次大修堤期间,运土工具主要是抬筐、挑篮和木轮小车,民工劳动强度大,工效低。小木轮车一般14车才能运1 m³土。1952年试用小胶轮车,一辆车运土相当于3.5副抬筐,1953年后得以推广,成为主要运土工具。第二次大修堤时期,全河基本实现了胶轮车化。1965年春修,范县等地还创造了利用拖拉机拉坡上堤,胶轮车路板化,减轻了劳动强度,使工效成倍提高。1974年开始的第三次大修堤期间,除胶轮车运土外,还发展了平车运土加拉坡机拉坡,城镇附近则用汽车、马车、拖拉机挂斗运土,使工效进一步得到了提高。各种人力运土工具工效情况见表6-9。

表6-9　各种人力运土工具工效情况

运土工具	挑篮	抬筐	木轮车	平车	小胶轮车	胶轮马车
效率(m³/工日)	2.72	2.46	3.89	5.00	8.78	29.50

注:表内数据是指标准方,即100 m运距,运Ⅰ类土的土方数。

(二)压实工具

1. 压实工具沿革

1950 年前后土方压实工具主要为片硪、灯台硪,硪质量为 30 ~ 40 kg,直径为 30 ~ 37 cm,一般由 8 人操作,铺虚土厚为 0.4 m,夯打 4 ~ 5 遍,硪实后为 0.3 m。由于工效低、夯实质量欠佳,逐渐被淘汰。1950 年开始试用碌碡硪,硪质量为 75 kg,硪底直径为 0.25 m,拉高 1 m,铺虚土厚为 0.3 m,硪实 2 遍后为 0.2 m。由于这种硪具有质量好、效率高且易于掌握等优点,1953 年后在全河推广。

1963 年春修,在梁山试用多种型号的拖拉机进行土方碾压。试验结果表明,虚土厚 0.25 m,碾压 5 ~ 8 遍,可达到干密度 1.50 t/m³ 的质量要求,堤坡和压实不到的,仍用硪工夯实。一般 1 台拖拉机每台班可碾压 300 m²,相当于 10 盘硪的工作量,可节约 100 个劳力,比人工夯实单价降低 50%,而且压实均匀。1963 年以后,黄河下游修堤土方工程施工中全面推行拖拉机压实土方的施工方法。

通过现场试验并总结施工经验,黄委于 1963 年 3 月颁发了《黄河下游堤防工程拖拉机碾压办法(修正稿)》,办法共分总则、施工管理、碾压操作、质量控制与检查、技术安全等五部分,作为全面指导堤防施工的技术规程。

2. 利用拖拉机碾压的技术要求

(1)施工管理方面,在施工指挥部统一领导下,施工单位与拖拉机站均应指定专人负责拖拉机的碾压管理,并建立拖拉机碾压、调度组织,具体掌握拖拉机的调配、碾压、施工指导和计划统计工作。根据碾压需要,每台拖拉机配备驾驶员 2 人、施工员 2 人。各工地开展劳动竞赛,制定评比办法,以提高碾压质量和施工效率。

(2)碾压工段长度,一般土方碾压应掌握在 70 m 左右。根据取土距离、土工运土工效,拟订拖拉机调配计划,并合理组织硪工及边铣工,达到各工种的有机配合。

(3)碾压参数,根据不同的土质和不同的拖拉机型号,其碾压参数应按表6-10确定。

(4)碾压时拖拉机要走的直、扣的严、压到头、压到边,以保证质量,提高效率。

(5)拖拉机空车及带硪均可采用进退错距法碾压,当碾压工段长度在 70 m 以上且有足够的回转场地时,亦可掉头回转碾压。带硪回转碾压时,土层受力方向必须往返错开,回转处必须补压(不另计工时),轮胎式拖拉机宜回转碾压,并可将两后轮内线轨距调至与两前轮外线轨距相等,以利掌握。

(6)碾压方式可根据碾压工段长度及土料含水量情况,选用连压法、排压法和套压法。连压法,往返重复原轨迹,压至规定遍数后,错开一辙(套压 2 ~ 5 cm),继续碾压。将两轮间虚土压完后,进行大错车(履带式拖拉机两履带间压链轨),此法利于掌握。排压法,每前进一次或前进后退各一次后,即错开一辙(套压 2 ~ 5 cm)继续碾压,将两轮虚土压完后即进行大错车,直至压完整个工段,碾压时应加设标志以防漏压,土料含水量大时宜用此法。套压法,每前进一次或前进后退各一次后,即错开半轮(1/3 ~ 2/3 轮宽)继续碾压,将两轮间虚土压完后再大错车,直至压完整个工段,带硪碾压利用此法,由于链轨均匀布开,故能提高碾压质量。

表 6-10　机械碾压参数

碾压机械		土质	铺土厚度(m)	碾压遍数	适用含水量范围(%)
轮胎式拖拉机	1. 热托 35 型 2. 热托 40 型 3. 乌托兹 45 型 4. 波兰 45 型	砂土	0.25	4~5	15.0~26.0
		两合土	0.25	4~5	12.0~26.0
		黏土	0.20	5*	16.0~26.0
履带式拖拉机	1. 东方红 54 型 2. 惠特 54 型 3. 惠特 413 型	砂土	0.25	5~6	15.0~26.0
		两合土	0.25	4~5	12.0~26.0
		黏土	0.20	8*	16.0~26.0
履带式拖拉机牵引混凝土碾	5.7 t 混凝土碾	砂土	0.30	5~6	15.0~27.0
		两合土	0.30	4~5	12.0~27.0
		黏土	0.25	6~8	15.0~27.0

注:1. 两合土是指一般土,不包括级配均匀的重粉质壤土和机械掺合的“两合土”,若遇该种土质,可酌情增加碾压遍数。

2. 有 * 者为尚未肯定数值,应由施工前试验确定。

3. 表中碾压遍数是指履带或碾子接触地面一次为一遍。但在错车时,两轨迹套压的 2~5 cm 宽度不计算在内。

(7)开行速度,空车碾压用 2~3 挡,带碾碾压时,第一遍可用 1~2 挡,以后各遍可用 2~4 挡。

(8)边坡压实,有条件者,可用履带式拖拉机碾压边坡,其碾压方法可选用以下两种:一是先沿堤肩压两遍,使土体稳定,然后用履带拖拉机沿坡向下碾压,每次错轨下压 0.20~0.30 m,直至将该虚坯碾压完毕。进行边坡碾压时,事前应将边坡铺成较要求的坡度稍陡,碾压完毕后,需进行边坡整理。二是按前述方法相反顺序进行,即沿边坡下部向上碾压,最后将堤肩压至规定遍数,此法可减少土料外挤现象。

(9)为了保证两工段接头部分的压实质量,当两相邻工段上土平衡、接头处坯土一致时,可用拖拉机碾压,但须碾过交界处至少 1 m。当相邻工段上土不平衡、拖拉机压不到头时,需进行补压或用硪夯实。

五、施工质量管理

(一)施工组织领导及施工准备

黄河下游堤防自 1950~1985 年相继实施的三次大规模修堤,每年都有数十万民工参加施工。为加强施工管理,黄委及河南黄河河务局、山东黄河河务局制定了一系列加强施工管理的规章制度,逐步提高了科学管理水平,基本做到了施工有设计,投资有计划,质量有检查,技术操作有规程,劳动有定额,经费支出有标准,竣工有验收,工完账结,政策兑现。

根据当时我国社会经济条件,黄河堤防施工主要依靠沿黄地(市)、县、乡各级党委、政府组织施工。首先成立县级修堤工程指挥部,一般由县政府负责人任指挥,并抽调有关部门干部组成指挥部。下设办公室、工务、财务等科室,分工负责民工的政治思想、组织动员工作,掌握工程进度、质量、财务结算,搞好民工生活和施工安全等工作。黄河修防部门负责制订计划、施工放样、质量检查、工程验收、收方计算等业务工作。以乡、村基层单位组成施工队上堤施工。第一要做好施工准备工作,召开施工会议,部署任务、落实劳力和施工机具、安排好民工食宿和生活报酬等问题,会后深入乡村组织发动群众上堤施工。第二进行培训工作,主要是培训施工员、碾工、机长、质量检查员等,学习贯彻施工技术规程、质量要求和工程标准。第三制定实施办法和细则,包括工资办法,民工记分、记工办法,工程质量要求,安全作业要求,征用、挖压土地赔偿或补偿办法、开支标准,奖惩制度等。第四落实施工计划,包括:划分工段,核定土方量,划定取土区、施工道路,做好清基、刨树、回填树坑,迁移房屋,施工排水等准备工作。

20 世纪 50 年代初,黄河沿岸灾情较多,结合救灾,施工实行以工代赈,民工多劳多得,收入归己。1953 年后,发展为包工包段,对施工队按方计算;劳力评分记工,按工分配;碾工、边锨工实行以质定等,分等按平方米计资。

(二) 质量管理要求

在三次大修堤中,都强调"百年大计,质量第一",教育民工和干部在修堤过程中,认真执行工程质量标准,保证工程质量。对清基压实、工段接头、起毛开蹬、铺土厚度、压实干密度、土料调配、黏土包边封顶、工程尺度等 8 项指标规定,必须认真执行,不符合要求的要坚决返工,直至达到要求。

对质量标准,1950~1954 年,黄委与河南黄河河务局、山东黄河河务局技术人员在修堤现场做了大量的碾具、土质、坯土厚度、含水量压实试验,总的要求土方压实后干密度达到 1.50 t/m³ 为合格。20 世纪 50 年代初期要求虚土坯厚为 0.40 m,碾实后厚为 0.3 m,1953 年后改为虚土坯厚为 0.3 m,碾实后厚为 0.2 m,同时采用验碾锤、验碾签检查碾实厚度。工程质量控制与检查按以下方法进行:

(1)为保证工程质量,施工单位建立质量检查组织,按照设计要求及施工规范等有关文件,对工程质量进行全面检查。

(2)上土前,应先检验土质和含水量情况,以便确定碾压参数。当含水量过大或过小,不合要求时,要及时采取措施。

(3)严格控制铺土厚度、碾压遍数和两轮花宽度,选择适宜的碾压方式,以保证碾压质量。

(4)质量检查采取逐坯检查制,碾压完毕,随即进行干土重检验,每压实一坯土,应在有代表性区域取土样两个,两工段接头及中间各取一个,对薄弱可疑处亦适当增取土样。取土位置选在每坯土的中部偏下处,上下两坯土取样时,应避免在同一位置。

(5)压实后干土重以不小于 1.50 t/m³ 为标准。在有代表性区域所取两个土样中,有一个不合格者,应普遍增加遍数。如果代表性区域合格,而两工段接头、堤肩或可疑处不合格,应在该局部地区增加碾压遍数,直至合格。

(6)检验干土重所用工具(如环刀、称重器具等)及其操作方法,应按黄委和河务局颁发的有关文件执行。工作中发现需要修订补充时,必须经施工主管部门审查提出意见,并上报批准。

（7）试验工具必须定期校正。环刀每使用 5～10 d 需重新检查其容积和质量一次，称重工具每天上班前校正一次，使用时应注意其灵敏度。

第三节 第四次大修堤施工

第三次大修堤完成后，黄委就开始进行第四次大修堤的前期工作。1987 年 1 月，黄委向水利部编报了《黄河下游第四期堤防加固河道整治设计任务书》，根据水利部指示，黄委于 1993 年编制完成《黄河下游防洪工程近期建设可行性研究报告》，并上报水利部。1995 年 7 月，水利部在北京召开了黄河下游防洪问题专家座谈会，会议纪要指出：黄河下游防洪是一项长期、艰巨、复杂的任务，在小浪底水库建设期间及建成后，黄河下游仍然需要加强防洪工程建设。在"九五"期间重点安排加固堤防、整治河道、加快滩区和滞洪区安全建设。建议黄委对《黄河下游防洪工程近期建设可行性研究报告》进行修订，尽快上报。黄委参照《黄河下游防洪工程近期建设可行性研究报告》编制了《黄河下游 1996 年至 2000 年防洪工程建设可行性研究报告》，并于 1995 年 10 月上报，经审查，从 1996 年开始进行黄河下游第四次大修堤。

1998 年，国家标准《堤防工程设计规范》（GB 50286—98）和水利部《堤防工程施工规范》（SL 260—98）的颁布实施，使黄河堤防工程建设的设计和施工更加科学化、规范化。

一、工程建设管理

截至 1997 年，堤防工程建设仍沿用计划经济管理体制下黄河系统自营施工的模式。河南黄河河务局、山东黄河河务局为项目主管单位，地（市）河务局为建设单位，县（市、区）河务局为施工承包单位，推行施工预算包干的施工管理模式。黄委负责设计标准的制定、工程设计的审批和建设计划的下达。河南黄河河务局、山东黄河河务局负责各自管辖河段堤防工程建设的设计、计划、施工管理和竣工验收工作。地（市）河务局负责所管辖河段堤防工程的计划及施工发包。县（市、区）河务局以施工预算包干的方式承包堤防工程的施工任务，负责施工堤段涉及的征地、临时占地和地面附属物的赔偿等事宜。工程施工组织领导一般是建立施工指挥部，由当地县（市、区）分管治黄工作的地方政府领导任指挥，县（市、区）河务局负责人任副指挥和技术负责人，从黄河部门和有关地方单位抽调人员组建办事机构，全面负责施工管理。按照黄委制定颁发的《黄河基本建设项目投资包干责任制实施办法》，河南黄河河务局、山东黄河河务局与地（市）河务局依据核准的年度计划工程量、综合评价签订基本建设项目投资包干合同，实行节约提成，奖励施工单位。每年年初省、地（市）、县三级河务部门逐级签订四包（包投资、包质量、包工期、包安全生产）、三保（保资金、保材料设备、保施工图供应）为主要内容的工程项目承包责任书。

自 1979 年开始，在黄河下游基建计划中，适当安排治黄机械化建设投资，各省及地（市）、县（市、区）河务局陆续组建起一定规模的土石方机械化施工队伍。在这期间，主要承担所辖堤段的堤防工程及其他防洪工程施工任务，使黄河修堤不再大量征用农村民工施工，逐步走向由专业化机械施工队伍承包施工的阶段。经过多年的施工实践，施工队伍逐渐成长壮大,设备与技术力量配置完善。施工管理水平也有很大提高,为以后实施黄河工程建设推行三项制度改革创造了必要的条件。

1998 年以来,国家加大了黄河防洪工程建设投资力度,黄河下游堤防工程建设步伐大大加快。在黄河防洪工程建设中,全面推行了建设管理"三项制度"改革,即项目法人责任制、工程招标投标制和建设监理制。

1999 年 2 月水利部颁发了《堤防工程建设管理暂行管理办法》(水建管[1999]78号),规定"项目建设应严格履行基本建设程序,实行项目法人责任制、招标投标制、建设监理制;工程质量接受水行政主管部门质量监督机构的监督。"对建设管理机构的组建与职责、设计审批权限的划分、工程设计、施工和监理单位的资质条件以及工程招标投标及建设监理与施工管理都进行了规定和要求。1999 年 11 月水利部颁布了《水利工程建设监理规定》(水建管[1999]637 号),2001 年 10 月水利部以第 14 号部长令发布《水利工程项目招标投标管理规定》,2006 年 12 月 18 日发布了《水利工程建设监理规定》水利部令和《水利工程建设项目验收管理规定》水利部令,2008 年 6 月 3 日实施了《水利水电工程验收规程》行业标准,2008 年 11 月 3 日发布了《水利工程质量检测管理规定》水利部令等。

黄委依据国家和水利部颁布的有关规定、办法等,结合黄河防洪工程建设的实际情况,相继出台了《黄河防洪工程施工质量评定规程(试行)》(黄规计[1998]149 号)、《黄河水利工程建设督查办法(试行)》(黄建管[2003]2 号)、《黄河防洪工程验收规程》(黄建管[2003]31 号)、《黄河防洪工程建设项目施工招标投标管理规定》(黄建管[2004]3号)、《黄河防洪工程项目法人考核办法(试行)》(黄建管[2004]27 号)、《黄河防洪工程建设监理管理办法》(黄建管[2004]30 号)、《黄河防洪工程建设项目施工监理规定》(黄建管[2006]47 号)、《黄河水利工程建设项目招标投标工作若干规定(试行)》(黄监[2007]1 号)、《黄河水利工程建设质量监督管理规定》(黄建管[2007]49 号)和《黄河防洪工程施工质量检验与评定规程(试行)》(黄建管[2010]48 号)等。

通过多年以黄河堤防工程为重点的防洪工程建设实践,以推行建设管理"三项制度"为重点,使建设管理工作逐步走向规范化。河南黄河河务局、山东黄河河务局作为堤防工程建设主管部门,全面负责所辖河段堤防工程建设的领导与监督,每年初与项目建设法人单位——各地(市)河务局签订工程建设目标任务书,并作为年终考评的依据;通过召开现场会,举办业务培训班等形式,提高各参建单位职工执行"三项制度"的能力和水平,不定期对工程现场进行建设督查和质量"飞检",加强质量监督。各地(市)河务局作为项目建设法人,负责组建项目办,实行项目设计委托,工程施工招标、监理招标、移民拆迁赔偿等,与参建单位实行合同管理。监理单位在堤防工程施工全过程实行旁站式跟踪监理,切实做好"三控制(工期控制、质量控制、投资控制)、一协调(协调好参建各方关系)"。施工单位严格执行《堤防工程施工规范》(SL 260—98),严格执行施工质量"三检制"(施工班初检、施工队复检和项目部质检员终检)。项目法人派出的质量监督项目站人员不定期抽检,以确保工程质量。工程完工后,先由项目法人单位组织参建单位进行初步验收,然后由河南黄河河务局、山东黄河河务局负责项目竣工验收,重大投资项目由黄委组织竣工验收。

二、堤防填筑施工

黄河下游堤防工程施工,自20世纪90年代后期全面推行以项目法人制、招标投标制和施工监理制为主要内容的建设管理方法以来,通过招标选择由具有工程施工二级资质以上的施工企业,标段长度不超过县(市、区)河务局管辖范围,采用机械化施工的方法,必要时辅以人工施工。

第四次大修堤主要是堤防高度、宽度未达设计标准堤段的加高、帮宽,以及个别堤段为避开大量拆迁村庄而在临河侧填筑新堤等,工程施工按照《堤防工程施工规范》(SL 260—98)的有关规定进行。

(一)土料场选择与开采

1.料场选择

料场选择的原则为:①保证土料质量,满足储量要求。②尽可能在黄河临河滩地范围内选择,以少挖耕地、林地,利于还淤还耕。③土料运距合理。

按照以上原则,结合滩区具体情况,按施工区段就近选择土料场,并进行地质勘察和室内试验工作。根据多年来黄河下游堤防施工经验,依据《水利水电工程天然建筑材料勘察规程》(SL 251—2000)中有关筑堤土料的质量要求,评价指标主要有黏粒含量、塑性指数和击实后的渗透系数三项。按规程要求,黏粒含量为10% ~30%,塑性指数为7 ~17,击实后渗透系数 $K < 1 \times 10^{-4}$ cm/s。

考虑到黄河下游滩地土质黏粒含量大多偏低的情况,经研究,对筑堤土料黏粒含量的下限放宽至3%,相当于砂质土壤。根据滩区地下水位情况和土地还耕要求,黄委还规定1亩地开采方量一般按500 m³控制。

依据《水利水电工程天然建筑材料勘察规程》(SL 251—2000)要求,详查阶段确定的土料场天然储量要不少于设计需要量的2倍。

2.土料开采

在所选土料场取散状土样,对筑堤土料做颗粒分析,并进行物理力学试验。黄河堤防为1级堤防,按压实度0.94确定设计干密度。试验项目有颗粒分析、含水量、液塑限、击实、干密度、比重、饱和快剪、饱和固结快剪、压缩及渗透试验等。

土料开采,首先采用59 kW 或74 kW 推土机清除土料场表层腐殖土,清除厚度为20 ~30 cm。表层清出的土方先推至未开挖地方,待开挖一定面积后,将表层清出土方堆放到已开挖场地上,待料场采完后,再用推土机将清出的表层土推平,以便复耕。土方开采采用1 m³挖掘机挖装。10 t 或15 t 自卸汽车运输至施工填筑工作面。当土料含水量过大时,需开挖排水沟并分片分层开采,以降低含水量。

(二)填筑

堤身的加高、帮宽以及局部在临河滩地修筑新堤,土方的填筑施工程序、方法基本相同。

1.清基、清坡

清理的边界要超出设计基面边线0.3 ~0.5 m。表面的腐殖土、草皮、树根、砖石及其他杂物均应予以清除,并按规定位置堆放。清基深度一般为0.3 m,堤坡清理水平宽为

0.3 m,可采用59 kW 或74 kW 履带式推土机进行清理。

清基完成后,要进行平整、压实,堤基压实干密度不小于堤身设计压实密度。

2.堤身填筑

(1)大规模土方填筑开始前,要选择沿堤轴线长30 m 左右的工作面,按《堤防工程施工规范》(SL 260—98)附录13 的要求,进行碾压试验,以选定与本标段大堤施工所用土料、机械相应的碾压参数,如铺土厚度、碾压遍数、土块限制粒径、土料含水量适宜范围等。施工单位也可参考与本标段条件相似的碾压试验成果,但铺土厚度和土块限制尺寸要符合规范要求。

(2)堤身填筑采用机械化施工,黄河下游筑堤一般采用1 m³ 反铲挖掘机挖装土料,10 t或15 t 自卸汽车运土上堤,堤面采用59 kW 或74 kW 推土机摊铺土料,主体部分多采用14 t 振动碾压实,压至距离堤坡外1 m 左右。采用5～8 t 轻型平板振动碾碾压,水平超填30 cm。原面层采用110HP 平地机耙松,土料偏干时采用4 m³ 洒水车洒水加湿,以利结合。填筑完成后采用推土机自上而下削坡至设计断面。黄河下游大堤临、背边坡均为1:3,适于推土机削坡作业。

(3)堤身填筑采用分段逐层填筑压实,分段作业面沿堤轴线长度不小于100 m,一次铺土厚25～30 cm。每坯土碾压完成需取原状样质检合格,并经旁站监理人员签单认可后,方可进行下一坯土的填筑。分段作业的各段应设立标志,以防止漏压、欠压或过压,上、下坯层分段接缝要错开,相邻作业面搭接碾压宽度不小于3 m。机械碾压行车速度应加以控制,平碾2 km/h,振动碾3 km/h。机械碾压不到位的个别部位应辅以打夯机连环套打夯实,夯压夯1/3,行压夯1/3,夯迹搭压宽度不小于1/3 夯径。

(4)上堤土料含水量与试验最优含水量允许偏差按±3% 控制,过干要适当洒水,过湿要加以翻晒。黄河堤防为1 级堤防,填筑压实度不小于0.94,换算为土的干密度标准进行现场检测控制。对个别情况下,由于土料含黏量偏低,土样试验推算的压实干密度当小于1.5 t/m³ 时,黄委明确规定,任何条件下,堤防填筑压实干密度不能小于1.5 t/m³。

图6-3 为黄河堤防帮宽加固时,推土机铺土、平碾压实施工情况。

图6-3　堤防帮宽施工

(三)施工质量控制与检测

(1)质量保证体系,主要由施工单位质检科及其下设的工地实验室、监理单位驻地监理工程师及旁站监理以及建设单位派驻的质量监督项目站人员构成。

（2）各单元工程及分部工程质量控制所要填写的表格内容和要求,由黄委或河南黄河河务局、山东黄河河务局建设管理主管部门统一制定,供施工及监理人员使用。

（3）堤防填筑施工质量控制,除在施工过程中严格按照《堤防工程施工规范》(SL 260—98）规定的施工程序和技术要求执行外,质量检测的重点项目是逐层检测压实干密度。一个施工标段的土料场选定后,开工前施工单位会同监理人员要按规范要求在料场取样,送黄委或省河务局认可的具备国家规定资质的试验检测机构试验。试验的主要内容有:土的颗粒分析、击实曲线及最大干密度、最优含水量等。根据检测机构提供的土的黏粒含量和土壤定性,由监理单位认可土料是否符合填筑要求;以土的最大干密度值乘以1级堤防填筑压实度 0.94,得出工地施工填筑的控制干密度值,以最优含水量 ±3%,得出的含水量指标范围作为现场控制依据。

（4）工地实验室购置的所有试验设备及计量仪器,使用前必须送省级质量监督部门检验合格并出具证书,方可在施工质量检测中应用。主要器具有取样环刀、电子天秤、铝盒、电烘箱等。

（5）施工单位对填筑干密度逐层取样时,要有旁站监理在场,施工自检取样数量要符合规范要求,监理人员抽检取样数量,一般为施工取样数量的 1/3。每一填筑层施工自检和监理抽检合格后才能继续下道工序。凡取样经试验不合格的部位要及时补压或作局部处理,经复检合格后方可继续下道工序。

（6）堤防竣工后,需进行外观质量检测。按照规范:堤轴线偏差允许值为 ±15 cm,堤顶高程允许偏差为 0 ~ +15 cm,堤顶宽度允许偏差为 -5 ~ +15 cm,边坡不陡于设计值。前述检测要求按每 200 m 需测 4 点进行控制。

（7）除施工单位对填筑干密度和外观质量进行自检,监理进行抽检外,黄委要求在正式竣工验收前,由建设单位(地(市)级河务局)组织参建各方进行初步验收,初步验收中一个重要内容就是由建设单位委托有检测资质的机构,分别对初验堤段进行外观质量检测和内在填筑质量检测,其检测结果作为初步验收和竣工验收的主要依据,一旦发现有不合格的情况,必须采取补救措施。

参考文献

[1] 黄河防洪志编纂委员会. 黄河防洪志[M]. 郑州:河南人民出版社,1991.

[2] 黄河水利委员会. 黄河下游第三期防洪基建工程竣工资料汇编[G]. 郑州:1990.

[3] 水利电力部黄河水利委员会. 黄河流域防洪资料汇编之第五册黄河下游防洪工程[G]. 郑州:1983.

[4] 中华人民共和国水利部. SL 51—93 堤防工程技术规范[S]. 北京:中国水利水电出版社,1993.

[5] 中华人民共和国水利部. SL 260—98 堤防工程施工规范[S]. 北京:中国水利水电出版社,1998.

[6] 黄河水利委员会建设管理局. 水利建设管理法规汇编[G]. 郑州:2004.

[7] 黄河水利委员会王化云画册编委会. 王化云[M]. 郑州:黄河水利出版社,2001.

第七章　堤防加固

　　黄河下游堤防历史悠久,随着黄河河道变迁,历代不断修建加固。现行河道两岸堤防兰考东坝头以上建于明清时期,已有 500 多年历史;东坝头以下堤防是 1855 年铜瓦厢决口改道后修筑的,亦有 150 多年的历史。现有堤防对保护两岸人民的生命财产安全和黄淮海大平原的社会稳定与经济发展起到了巨大作用。1950~1985 年黄河下游已进行了三次大规模修堤,第四次修堤仍在实施中。

　　黄河泥沙不断淤积河道,河床及洪水位不断抬升,致使两岸堤防不断加高培修。历史上受社会生产力和科学技术水平的局限,加上自然灾害、战乱等影响,黄河下游堤防长期存在防洪高度不足、堤身单薄、隐患多、抗洪能力低等问题。可以说,对堤防的不断培修加固,力保防洪安全,一直是黄河下游治理工作中的一项主要内容。

　　目前,黄河下游临黄堤总长 1 369.864 km,其中左岸堤长 746.927 km,右岸堤长622.937 km。堤防高度一般为 6~10 m,最高超过 14 m,临河滩面与背河地面高差一般为4~6 m,最大为 10 m(如开封大王潭堤段)。为解决下游堤防“漫决”的威胁,“九五”(1996~2000 年)和“十五”(2001~2005 年)期间,在防洪工程建设中,对堤防高度不足的堤段重点进行了加高,至 2005 年已全部按照 2000 年水平年设计防洪水位标准完成了堤防加高,使下游堤顶高程不足的问题得到解决。但堤防的除险加固工作仍然是任重道远。本章对中华人民共和国成立以来下游堤防除险加固实践中进行的隐患探测和各种除险加固措施进行回顾和总结。放淤固堤作为下游堤防加固的重要措施之一,在第八章中专门论述。

第一节　堤防存在的主要问题

一、堤身

　　现有堤防多是在原有民埝基础上经历代多次加修形成的。受当时施工条件和技术的限制,多为就近取土、人工堆筑而成,普遍存在土质不良、压实密度低、接缝多等情况。在近年进行的堤防地质勘探中,发现多数堤身填筑干密度达不到 1.5 t/m³,有的仅为 1.3~1.4 t/m³。经物探探测发现多数堤段存在裂缝和松散体。取样试验证明,堤身土多为砂土、壤土或粉砂土,堤身一旦偎水、抗水流淘刷能力很低,易于发生坍坡、垮堤险情。

　　一些堤段有獾、鼠等害堤动物,造成堤身内存在多处洞穴,每年堤防检查都发现数十处獾洞,鼠洞更是常见。1982 年开封县在堤上开挖一獾洞,伸入堤身内达 26 m。另外,沿堤居住村民历史上在堤身上挖洞藏物、造墓穴等,在历次修堤中如未得到处理或处理不彻底,就会留下隐患。存在洞穴或空洞的堤段,就大大削弱了堤防的抗洪能力。

二、堤基

黄河下游为冲积平原,加之历史上决口改道,形成黄河下游堤基地质条件复杂。特别是历史上老口门处的堤基,在堵口时将大量的秸料、木桩、麻绳、砖石等埋于堤身和堤基内,形成强透水层。口门背河还留有潭坑洼地,大洪水期间,易形成渗水通道,严重威胁堤防安全。历史上有多处老口门处重新决口的实例。

三、被动抢险

由于黄河下游堤防堤身质量差,隐患多,加上堤基地质条件复杂,每遇洪水,堤防频频出现各类险情,防洪压力很大。如:1958 年 7 月 17 日黄河花园口水文站出现中华人民共和国成立以来的最大洪水,洪峰流量为 22 300 m³/s,该场洪水峰高量大且持续时间长,东坝头以下洪水普遍漫滩,堤根水深 4~6 m,洪水期间,渗水堤段长 59 961 m,塌坡堤段长 23 879 m,裂缝堤段长 1 392 m,出现管涌 4 312 个、陷坑 228 个、蛰陷 915 处、漏洞 19 个;1982 年 8 月 2日,花园口站出现 15 300 m³/s 洪峰,洪水期间,黄河下游堤防偎水段长 887 km,堤根水深 2~4 m,深处达 5~6 m,堤身发生裂缝、渗水、坍塌等 71 处,总长 7 457 m,出现漏洞 3 处、陷坑 27 个、管涌 83 个(引自《黄河防洪》)。发现险情后,经大力抢护,才保证了堤防安全。

第二节　堤防隐患探测

为查明黄河下游堤防存在的各类隐患,黄河各级修防部门历来十分重视对堤身隐患的探测和处理,被列为堤防维修管护和加固工作的重要内容,探测技术也不断地改进、发展。

一、堤身隐患锥探发展

据史料记载,远在清代的河务机构即用长 3 尺、上带手柄的铁钎进行钎堤,寻找堤身洞穴。1950 年在开展群众性普查堤防隐患时,封丘黄河修防段段长陈玉峰启发工人靳钊创造用直径 5 mm 的钢筋制造钢锥,在黄河堤身进行锥探隐患试验,10 d 中发现各类洞穴90 余处,并随时进行开挖回填,处理隐患。黄委及时把靳钊锥探隐患的技术在下游全面推广。由于钢锥直径小,刚度不够,锥探深度受限制,1952 年原阳修防段开始改小锥为大锥,锥杆直径为 10~16 mm,锥长 6~11 m,锥头直径由 10 mm 增大至 20~25 mm,并配有扶锥支架,由 4 人操作,每日锥孔 25~60 眼。1970 年河南黄河河务局曹生俊、彭德钊在河南温陟黄河修防段研制出手推式电动打锥机,锥杆直径 22 mm,锥头直径 30 mm。1974年,彭德钊在手推式电动打锥机的基础上,改进成"黄河 744 型"12 马力❶柴油机自动打锥机,1 人操作可锥深 9 m,每台班锥孔 300 眼左右。锥探灌浆加固堤防技术,在锥探灌浆机械推广的过程中,黄河修防部门有许多改进和创新。1984 年,山东黄河河务局还引进湖北洪湖研制的全液压传动打锥机 10 台,锥深 9~12 m。黄河堤防隐患探测和灌浆在堤防加固中发挥了很好的作用。

---

❶　1 马力 = 735.499 W,全书同。

二、堤防隐患探测新技术的研究及应用

人工锥探及机械锥探技术在探查堤身隐患中,主要凭人们的触觉或锥杆进土速度的快慢和异常,判断隐患的存在和估计隐患范围。近几十年来,治黄科技人员一直在探索采用现代技术,精确、快捷地探查黄河堤防堤身、坝基存在的隐患和危害堤防安全的地质现象。"堤防隐患探测技术研究"1992 年作为"八五"国家重点科技攻关项目"黄河治理与水资源开发利用"(85 – 926 – 01)第一课题第四专题的子专题之一,进行了攻关研究。该子专题采用工程物探技术取得了进展,首次将瞬变电磁法、瞬态瑞雷面波勘探技术和高密度电阻率法应用于堤防隐患探测,从野外观测系统设计、仪器设备的优化配置到数据采集、处理与解释判断,形成了一套新的堤防隐患探测模式。

(一)高密度电阻率法堤防隐患探测仪

为使堤防隐患探测新技术进一步优化和推广应用,在"八五"科技攻关成果的基础上,水利部国际合作与科技司于 1999 年立项,由黄委勘测规划设计研究院物探总队承担,对"高密度电阻率法堤防隐患探测仪"(项目编号:国科 99 – 01)进行了专题研究。专题组经过对国内外相关仪器设备的调查研究,结合我国堤防工程的实际情况,研究开发了分布式高密度电阻率法堤防隐患探测仪,名称定为"HGH – Ⅲ堤防隐患探测系统"(见图 7-1)。该系统仪器设备主要由主机、分布式电极转换开关电缆、电瓶、电机和附件等组成。HGH – Ⅲ堤防隐患探测系统设备仪器配置见表 7-1。

图 7-1　HGH – Ⅲ堤防隐患探测系统设备及工作示意图

表 7-1　HGH – Ⅲ堤防隐患探测系统设备仪器配置

序号	名称	单位	数量	说明
1	主机	台	1	
2	分布式电极电缆	节	16	8 道一节,共 128 道
3	电极	根	129	加 1 根接地桩
4	电瓶	个	1	12 V、17Ab
5	存电器	个	1	电瓶用
6	主机电箱	个	1	装主机和附件
7	电缆总线	根	1	
8	主机电瓶连线	根	1	
9	主机电源适配器	个	1	
10	接地线	根	1	5 m
11	电缆总线加长线	根	1	每根 5 m

　　根据堤防隐患探测工作特点以及高密度电阻率法数据处理模式,开发了 Windows 环境下电法数据处理软件系统 DFKT2000。该软件系统引入了数据库管理系统,使得所测资料可系统地进行管理,数据资料处理流程如图 7-2 所示,实现了数据高速采集、快速处理、实时显示、网络通信、可视化操作,使得数据采集和处理实现一体化。该探测系统完成后,在黄河堤防等工程进行了大量现场探测试验,仪器性能稳定,效果良好。

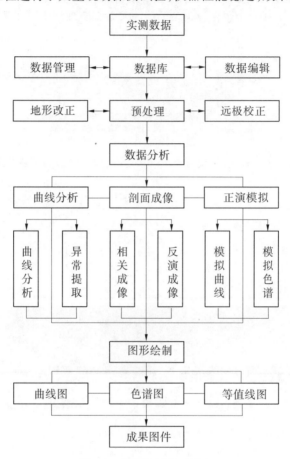

图 7-2　数据资料处理流程

(二)分布式智能堤坝隐患综合探测系统

　　黄委山东黄河河务局科研人员采用电法探测技术研制生产了"ZDT－1 型智能堤坝隐患电测仪",集计算机、发射机、接收机和多电极切换器于一体,配专用数据处理软件,形成完整的探测分析系统,并于 1999 年获得国家技术发明三等奖。

　　在"ZDT－1 智能堤坝隐患探测仪"的基础上,又研发了新一代"分布式智能堤坝隐患综合探测系统",该系统包含了地球物理勘察、电子、计算机等方面相关的新技术,由多功能主机、分布式智能电极系和数据处理软件组成,具有"四极滚动快速隐患定位"、"高密度自适应小 MN 装置隐患详查"、"恒定电流场源探测堤坝漏水"、"二次场动态测量"等功能,实现了"智能电极随机编码"、"内置储能式高压恒流产生器"、"宽范围动态补偿"、"双重极化电位抑制"、"无通道零飘"、汉字提示、人机对话等功能。

该系统专门用于堤防和水库大坝的裂缝、蚁穴、孔洞、松散土等各种隐患以及渗漏的探测,应用实例如下。

1. 大堤裂缝探测

齐河黄河大堤106 + 626 ~ 106 + 662(临河)剖面:该剖面长度为36 m,探测点距为1 m,起点桩号为106 + 626,剖面中点位于106 + 644。由ρ_s灰阶图(见图7-3)可以看出,在桩号为106 + 644处有一小范围立脉状高阻带,为土质疏松形成的裂缝。

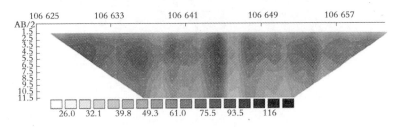

图7-3　齐河黄河堤防106 + 626 ~ 106 + 662(临河)ρ_s灰阶图

2. 局部松散体

利津黄河大堤297 + 143 ~ 297 + 179(背河)剖面:该剖面长度为36 m,探测点距为1 m,起点桩号为297 + 143,剖面中点位于294 + 161。由ρ_s灰阶图(见图7-4)可以看出,该区视电阻率变化较小,总体上筑堤土土质及压实较均匀;在桩号为297 + 152 ~ 297 + 168范围内堤身中上部有一高阻体,为局部土质疏松形成的松散带的反映。

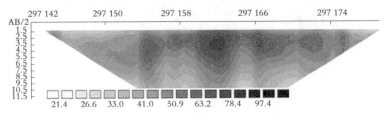

图7-4　利津黄河堤防297 + 143 ~ 297 + 179(背河)ρ_s灰阶图

3. 蚁穴

武汉邮电学校院内一树荫绿地白蚁活动猖獗,一些树株遭蚁害致死,经该仪器在可疑区域内布设了三条测线,其中一条有明显高阻异常反映,如图7-5所示。经分析推断,在测线的6.5 m和13 m位置分别有两处蚁巢,埋深均在0.6 m左右;17.5 m的高阻异常为一裸露混凝土水沟。经现场开挖,在6.5 m和13 m下方,分别挖出两个蚁巢,6.5 m下方蚁巢直径约为0.5 m,顶部埋深0.6 m;13 m下方蚁巢直径约0.35 m,顶部埋深0.5 m。探测与开挖对应一致。

(三)应用

为在黄河堤防上大力推广应用堤防隐患探测新技术,1996 ~ 2000年,黄委组织黄河勘测设计研究院物探总队、山东黄河河务局、河南黄河河务局共计32个探测组34台探测仪器,累计完成堤防探测长度达748.5 km,所取得的大量探测成果资料为堤防加固除险提供了可靠的依据,并组织编写了《黄河堤防工程隐患电法探测管理办法》,加强了队伍培训,规范了探测工作,保证了探测成果质量。

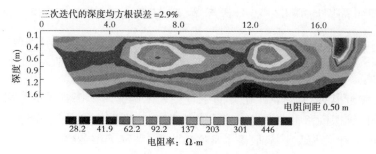

图 7-5　武汉邮电学校院内蚁巢探测电阻率反演成像分级图

第三节　抽水洇堤

抽水洇堤是一种简单易行的堤防加固方法。基本方法是选择质量较差的堤段,在堤顶开挖一纵向沟槽,底宽 1 ~ 1.5 m,深 1 ~ 2 m,沿槽底纵向间隔 0.5 m 锥孔,孔深至堤基面,抽水入槽内,边洇水、边加水,使该段堤身浸水后沉降加固。其主要作用是使堤身土壤通过洇水饱和、排水固结过程及水对土颗粒的渗压作用,使土体结构重新组合,土体密度增加,从而使堤身内松土层得到一定程度的加固。洇堤后,该段堤身通常会发生不均匀沉陷、裂缝或渗水漏洞,从而暴露堤身内部所存在的隐患。

据《黄河防洪志》记载,1959 年在山东齐河王庄、大王庙等 8 段堤防进行了抽水洇堤施工,堤段总长 1 420 m,共发现大小漏洞 45 个,堤顶陷坑 7 个,裂缝 50 条、长 1 121 m,从堤顶槽内注水后,堤坡出现冒水口 33 个,口径一般为 0.1 ~ 0.5 m。1965 年,河南在中牟赵口、兰考四明堂、原阳蒉张堤段进行抽水洇堤,3 处共长 2 599 m,均为历史上决口的老口门堤段,堤防薄弱,土质砂性大。堤顶开槽,槽底以孔距 0.5 m 锥孔,孔深 9 m,随后灌水。堤身经洇水后,3 处堤防共发现洞穴 112 处(赵口 34、四明堂 52、蒉张 26),洞径一般为 0.5 m,最大为 1.5 m,堤坡上出现冒水孔 26 个,出水口径为 0.1 ~ 0.5 m。洇水后,堤身均发生不均匀沉陷,平均沉陷值为四明堂 0.173 m、蒉张中间部位 0.136 m、赵口 0.010 m,同时堤身出现许多裂缝。发现的洞穴、裂缝、孔洞等都做了开挖回填和灌泥浆填实处理。

1980 年修堤时,在菏泽刘庄险工段堤防裁弯。在老堤桩号为 219 + 600 ~ 221 + 040、新堤长 1 167 m 的堤段进行了抽水洇堤。在堤顶距临河侧 1 m 处挖槽,槽深 0.6 m、宽 0.7 m,槽内每隔 2 m 打一孔,锥孔深 6 m。抽水注入后,在槽内填土拌浆,使泥浆随水注入堤身。灌注后,在堤防背水坡已铺好的窄轨铁路沉陷 3 处,堤身下沉 0.1 ~ 0.3 m。把沉陷坑和沉陷堤段用土夯实填平后,又连续 3 年进行了压力灌浆,增强了堤身的抗洪能力,该段堤防没有再发生浪窝和陷坑等险情。

多次现场试验表明,对于堤身局部存在的松土层、施工接缝沟和动物洞穴等隐患,抽水洇堤是有效的堤防加固方法之一。经测试,对砂性土堤洇水后堤身内土的干密度可提高5% ~ 10%,干密度达到 1.42 t/m³ 左右。但对于黏性土,由于固结缓慢,加密效果甚微。应特别指出的是,由于堤身洇水后伴随着不均匀沉陷以及陷坑、冒水、裂缝甚至脱坡等险象,因而抽水洇堤不能单独用来加固堤防,必须针对出现的隐患对堤身进行灌浆、局部开挖回填压实等相应措施,确保堤防的完整和密实,而这些均必须在汛前完成,保证堤防的度汛安全。

鉴于抽水洇堤的局限性,20 世纪 80 年代后,在黄河堤防加固中已不再采用。

第四节　锥探灌浆

20 世纪 50 年代初,在黄河下游修防中首创人工锥探用于探测堤身隐患。70 年代以来,随着先进的锥探机和压力灌浆机组的研制成功,压力灌浆加固堤防处理堤防隐患技术在深度和广度上有了飞跃发展,取得了良好效果,在黄河下游各修防处、修防段迅速得到推广应用。据统计 1950 ~ 1990 年间,黄河下游各类堤防累计完成锥探灌浆达 9 660 万眼,处理各种隐患 36 万余处,灌浆土方 226 万 m^3,其中临黄堤一般普灌 2 ~ 4 遍。

一、锥探压力灌浆试验

为研究锥探压力灌浆加固堤防的机理,查明对不同类型堤身隐患的加固效果,结合堤防加固工程实践进行了多次现场试验研究。

(一)试验堤段

1988 年 6 ~ 11 月,黄委工务处组织河南黄河河务局及所属焦作黄河修防处、武陟第一修防段等单位专业技术人员,在黄河下游左岸武陟张菜园堤段(桩号 84 + 800 ~ 88 + 630)进行了较大规模的堤防锥探压力灌浆试验。

该堤段历史久远,1956 年曾进行了帮宽加高,1977 年第三次修堤期间再次进行了加高,顶宽 12 m,堤身高 12 m,临背边坡 1:3。根据试验后期对 85 + 520 段 20 m 长堤防开挖并分层取样检测结果,该堤段土质基本为粉质黏土与重粉质壤土。由于历次修堤技术条件所限,分层取样表明堤身干密度较低,最低值为 1.38 g/cm^3,最高值仅为 1.47 g/cm^3。0 ~ 6.1 m 深的 9 组试样干密度平均值为 1.42 g/cm^3。在 7 m 深、20 m 长、7.8 m 宽的开挖范围内,发现堤身存在 9 条纵横裂缝以及空洞、树根等隐患,6 m 深处最大缝长达 13 m。

(二)试验内容

本次现场试验研究主要内容有机型对比、锥孔布置、泥浆控制、终孔压力选择以及锥探灌浆效果等。实际现场试验堤段长 2 900 m,试验人员 40 人,用工 1 600 个工日,锥探灌浆 9 138 孔,灌浆用土方 485 m^3。现场作业平面布置如图 7-6 所示。

试验所用锥探机型有两种:一种是黄河机械厂制造的 ZK – 24 型柴油锥探机,动力为 15 马力,突破力为 2 400 ~ 2 700 kg,整机重 2.7 t。另一种是湖北洪湖机械厂生产的 HD – 1 型柴油锥探机,动力为 24 马力,突破力为 800 ~ 1 200 kg,整机重 1.8 t,该机特点是可在堤坡上钻孔。经现场对进锥、提锥、移孔等工序同条件对比表明,ZK – 24 型机打一孔平均耗时为 40.1 s,HD – 1 型机为 71.1 s。ZK – 24 型机工效明较高,故作为主要用机,并在黄河下游各修防单位推广应用。

(三)锥孔布置及泥浆

锥孔布置及孔距、行距比选。锥孔采用梅花形布孔,重点对比了孔距 2.0 m、行距 1.0 m 和孔距 1.5 m、行距 1.5 m 两种孔距、行距布置方式。试验堤段长 600 m,分 6 段,每段 100 m,在堤顶临、背河两侧分别布置,锥孔深度为 9 m,用 ZK – 24 型机同一机型实施锥探作业。试验结果表明,两种布孔方式锥探效率相差很小,从单孔灌浆量和灌浆效果来看,

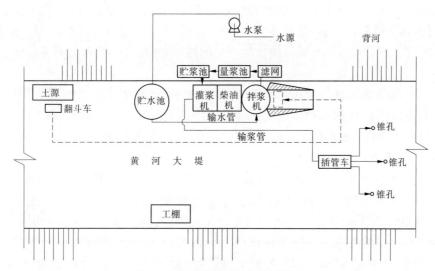

图 7-6　灌浆场地平面布置示意图

孔距 1.5 m、行距 1.5 m 的布孔方式明显高于孔距 2.0 m、行距 1.0 m 的布孔方式。

灌浆土料选用和灌浆控制。灌浆用泥浆由黏土和水搅拌而成,为较好地充填堤身裂缝、洞穴等,要求泥浆具有流动性较好、脱水快、收缩性小,且黏结力大、透水性小等特点。本次试验选用了黏粒含量为 15% ~ 20% 的重粉质壤土和中粉质壤土,仅有一段选用了黏粒含量为 13% 的轻粉质壤土(见表 7-2)。

表 7-2　灌浆土料物理性能

| 试验堤段桩号 | 土料名称 | 液限(%) | 塑限(%) | 塑性指数 | 颗粒含量(%) | | | 泥浆比重 | 水土比(水/土) | 黏度(s) |
					黏粒(<0.005 mm)	粉粒(0.005~0.05 mm)	砂粒(>0.05 mm)			
84+800~85+100	重粉质壤土	30.0	15.3	14.7	24	58	18	1.46	1:1.00	18.5
85+100~85+300	重粉质壤土	30.0	15.4	14.6	23	59	18			
85+500~85+700	中粉质壤土	29.6	17.3	12.3	18	64	18	1.48	1:1.06	
86+865~86+900	重粉质壤土	28.0	15.2	12.8	22	49	29			
87+130~87+330	重粉质壤土	30.7	17.7	13.0	27	56	17	1.46	1:0.99	20.8
87+730~87+930	重粉质壤土	29.0	15.7	13.3	21	53	26	1.43	1:0.91	
88+030~88+130	中粉质壤土	28.4	18.0	10.4	17	67	16	1.59	1:1.45	24.2
88+130~88+230	重粉质壤土	32.5	17.2	15.3	29	52	19	1.47	1:1.04	20.9
88+230~88+330	重粉质壤土	30.0	15.7	14.3	20	60	20	1.52	1:1.19	20.1
88+330~88+430	轻粉质壤土	28.0	17.2	10.8	13	61	26	1.59	1:1.43	23.1

灌浆浆液的基本技术指标。根据工程实践经验并参考《土坝灌浆》一书有关要求,灌浆浆液可按以下指标控制:泥浆比重为 1.40 ~ 1.60,水土比为 1:0.83 ~ 1:1.46,黏度为 15 ~ 50 s。本次试验配置的灌浆浆液实际测定的指标为:泥浆比重为 1.43 ~ 1.59,水土比为 1:0.91 ~ 1:1.45,黏度为 18.5 ~ 24.2 s,使用情况良好。

泥浆比重在工地采用比重瓶和比重计两种方法配合使用,泥浆拌好后先用比重瓶法测定,若不符合要求,及时调整水土比,而后再用比重计法校核测定,使之符合泥浆指标要求。泥浆黏度的测定,要求用 500 mL 浆液流经直径 5 mm 短管的时间为 15 ~ 50 s。

(四)灌浆压力

终孔压力对比试验。灌浆终孔压力的选择是灌浆工艺的重要指标,当压力过小时,细小的堤身裂缝充填不密实;当压力过大时,会造成冒浆,甚至裂缝扩大或产生新的裂缝。试验均采用孔距 2.0 m、行距 1.0 m 的梅花形布孔方式,试验段每段均为 100 m。孔深为 8.5 m 的条件下试验终孔压力分别为 78.5 kPa 和 98.1 kPa,孔深为 7.5 m 的条件下试验终孔压力分别为 98.1 kPa 和 117.7 kPa。试验测得平均每一灌浆孔的吃浆量结果见表 7-3。

表 7-3   不同终孔压力单孔灌浆量

孔深(m)	终孔压力(kPa)	单孔平均灌浆量(m³/孔)
8.5	78.5	0.084
	98.1	0.120
7.5	98.1	0.165
	117.7	0.204

由表 7-3 看出,当孔深为 8.5 m 时,终孔压力由 78.5 kPa 增加到 98.1 kPa,压力提高 25%,单孔平均灌浆量由 0.084 m³/孔提高到 0.120 m³/孔,灌浆量增加 43%。当孔深为 7.5 m 时,终孔压力提高 20%,相应单孔灌浆量增加 24%。在选择灌浆终孔压力时,应在不损坏堤身土体结构的前提下,适当提高终孔压力、单孔灌浆量,这样堤身隐患处理率明显提高。根据本次试验对比以及以往灌浆实践经验,结合黄河下游堤身土质结构实际情况,灌浆终孔压力一般在 98.1 kPa 左右,不超过 117.7 kPa。

(五)压力灌浆效果检验

本次试验开挖剖析了 85 + 520 处顺堤长 20 m 的堤段,横向长为 7.8 m,在临河堤坡处开挖,挖深为 7.0 m,边坡为 1:0.5。开挖范围内共有 35 个灌浆孔,孔距为 2.0 m,行距为 1.0 m,灌浆终孔压力为 98.1 kPa,灌浆土质为中粉质壤土。每开挖深 0.5 m 分层清理为平面,观察层面处裂缝、空洞、树根和锥孔情况。在开挖范围内共发现裂缝 9 条,分布在堤顶以下 1.2 ~ 7.0 m 深范围内。实地观察表明,凡是锥探灌浆孔穿过的裂缝,缝内全部充满泥浆,泥浆通过缝隙远及 13 m 或更远,泥浆固结后与堤身土结合密实,取样试验干密度为 1.45 g/cm³。对于较大裂缝,洞穴一次灌浆不实者,应多次复灌才能密实。图 7-7、图 7-8 分别为 5 号裂缝堤顶下 5 m、6 m 深灌浆后的状况。

在黄河堤防加固中,广为应用的是低压充填式灌浆,孔口压力一般控制在 98.1 kPa

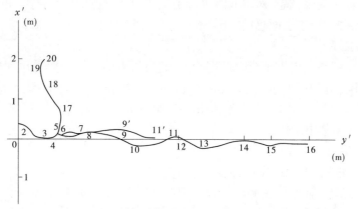

图 7-7　堤顶下 5 m 深 5 号缝平面(图中的序号为缝宽测点序号)

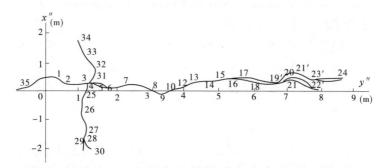

图 7-8　堤顶下 6 m 深 5 号缝平面图(图中的序号为缝宽测点序号)

左右,最大压力不超过 147.2 kPa,堤身内存在较大洞穴的一般复灌 3~4 遍。经多次开挖验证,在锥孔所到之处,所有裂缝灌实,灌脉沿缝可达数十米;对各种洞穴、土石结合缝也可灌实,灌浆体与周围土体结合较为密实。但亦发现这种低压充填灌浆难以使堤身内部松土层加密,对锥孔未能贯穿的洞穴可能无法充填。

为改进和提高灌浆效果,20 世纪 90 年代初,山东黄河河务局在总结多处现场试验的基础上,制定了《山东黄河堤防压力灌浆施工及验收规程》,规定孔口最大持续压力为 196 kPa,一般按 147 kPa 控制,比原先的充填灌浆压力提高了 49~98 kPa;灌浆孔布置顺堤方向孔距由原先的 2 m 加大为 3 m,横向布孔行距由 2 m 减为 1 m,仍呈梅花形交错布置。3 年的施工实践表明,按改进后的方法进行灌浆加固,灌入土方比原先低压充填灌浆成倍增长,加固效果明显提高。主要原因是在较高压力下,浆液对锥孔周围土体产生了沿堤轴线方向的劈裂力,使孔间浆脉相互连通,即充填了孔间洞穴和裂缝,又形成了沿堤轴线方向的局部防渗帷幕。

二、劈裂灌浆试验

20 世纪 70 年代后期以来,劈裂灌浆加固土堤土坝技术在我国有了一定的发展,并在工程实践中得到了推广应用。资料表明,该技术已在 2 000 余座坝高 50 m 以下的中低土坝加固中应用。1989 年,山东黄河河务局在济南历城临黄堤付家庄堤段 5 m 高的均质砂土堤段进行了劈裂灌浆试验,对浸润线进行了检测,并对灌浆堤段进行了开挖检查。杜玉海参加了试验,并进行了全面总结。

(一)灌浆压力

劈裂灌浆一般在大堤纵轴线附近进行,对起裂压力的计算一般采用弹性力学及断裂力学理论,得出的起裂压力

$$P_0 \geqslant \alpha\sigma_3 - \sigma_2 + \sigma_t$$

式中　α——应力集中系数;

　　　σ_3——堤身土的横向主应力;

　　　σ_2——堤身土的纵向主应力;

　　　σ_t——土的单轴抗拉强度。

孔口压力 P 应满足

$$P \geqslant (\alpha - \nu)\sigma_3 - (\nu\gamma + \gamma')h + \sigma_t$$

式中　ν——土的泊松比,计算时采用0.4;

　　　γ、γ'——堤身土体的土、泥浆的容重,分别采用 1.9 t/m³、1.2 t/m³;

　　　h——孔深,采用 7.5 m;

　　　σ_3——土的单轴抗拉强度,按有限元法算得为 63.8 kPa。

计算结果为 $P = 41.2$ kPa。

通过对17个孔的实际观测,孔口压力最大为117.7 kPa,最小为58.9 kPa,一般为78.5 kPa,比计算结果高一倍左右。其原因主要是:堤内土体并非弹性体,而计算采用弹性力学理论;多次对堤防进行加高培修,堤身土质不均匀。因此,计算结果一般只能作为参考,在选择灌浆机械时要留有余地。比较准确的数据应通过现场试验确定。

灌浆时若采用压力过高,有可能使堤坡发生滑动变形,可针对易出现的平面滑动和圆弧滑动,采用朗肯极限压力和圆弧滑动法计算孔口极限压力,作为压力控制标准。实际上,堤身越低,堤坡产生滑动的可能性越小。黄河大堤堤身一般高 10 m 左右,出现堤坡滑动的可能性不大。在试验中,还没有达到控制压力,堤顶就出现裂缝冒浆,灌浆就得停止。为了安全,施工中将压力控制在一定范围内是必要的,对于出现管路堵塞等情况应另当别论。

(二)泥浆在堤坝内的分布

在一定压力下土体发生劈裂后,泥浆随即充填。由于小主应力的存在,劈裂将沿其作用面顺堤方向开展,开挖检查发现浆脉是顺堤方向的(见图7-9),但有弯曲、有倾斜,还具有非单一性。这是因为劈裂总是朝着易于开裂的方向发展,而土体是不均质的,内部应力不规则,尤其遇到堤内裂缝、空洞等隐患时,泥浆充满后,就会沿其最薄弱处向外开裂,出现一些非顺堤向的裂缝。这样的非顺堤方向的劈裂导致土体出现非顺堤方向的变形分量,同时引起很大的应力增量,使该方向继续变形受到阻止,迫使继续沿顺堤方向开裂。所以,堤身的几何特性决定了浆脉总是趋向于顺堤方向分布,而土体的不均匀性决定了浆脉的不均匀性、弯曲性和非单一性。

孔底注浆时,裂缝可能向上、向下及左、右开展。向上发展时,相应的应力增量相对较小,所以劈裂可一直发展到堤顶,这就保证了竖直方向的连续性。只要灌浆孔间距合理,

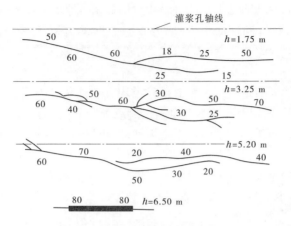

注：h为堤顶以下深度；其余数字为浆脉宽度，单位mm。

图7-9　不同深度浆脉分布

相邻孔产生的浆脉就能连接在一起。

（三）泥浆在堤坝内的固结

劈裂灌浆中，泥浆压向堤身土体，土体在泥浆压力作用下变形，裂缝开展，应力增加，直至应力达到平衡，变形停止。灌浆停止后，堤身土体压迫泥浆。此时外部压力消除，土体回弹，压缩泥浆，使泥浆在回弹压力下析水固结；同时土体应力松弛，最终达到新的平衡。由于灌入的泥浆一般含水量较大，回弹量只是土体变形的一部分，所以一次灌浆过后往往不能使泥浆得到较密实的固结和较宽的浆脉，必须进行多次复灌。经过泥浆的多次充填、固结，浆脉逐渐增宽。试验中，共复灌15次，经开挖检查，浆脉结构紧密、均匀。取样测试干密度均在1.55 t/m³以上（见表7-4），大于原堤身土体干密度（1.48~1.50 t/m³），表明泥浆得到了较好的固结。

表7-4　浆脉干密度开挖检查结果

测试方法	称重法				烘干法			
深度（m）	2.8	3.5	4.0	5.0	4.0	4.0	5.0	5.0
干密度（t/m³）	1.58	1.55	1.56	1.60	1.60	1.60	1.57	1.56

（四）影响浆脉厚度的因素

在试验段，堤高为4.5 m，灌浆孔深为7.5 m，开挖检查深度为6.5 m。在开挖范围内浆脉厚度一般为5 cm，最大为8 cm，且有下宽上窄的规律。影响浆脉厚度的因素主要有以下几方面：

一是堤身的几何尺寸。在一般情况下，土体内某处劈裂，裂缝越宽，向外延伸越长。因为采用的是孔底灌浆，下部劈裂后，随着裂缝的增宽，向上很快延伸到了堤顶，随即出现堤顶冒浆，这时就得停止灌浆，因此不可能形成很厚的浆脉；而对很高的堤防或土坝，可以形成内劈外不劈，在中、下部形成较厚的浆脉，而在顶部浆脉较薄或无浆脉。

二是堤身质量。土体松散或有内部空隙，可产生较大的塑性变形，形成较厚的浆脉。经过开挖检查，试验段的土体内无隐患，土体密实，因而形成的浆脉较薄。

三是施工工艺。合理的施工工艺可以相对增加浆脉厚度。试验时将灌浆孔间距分为 2 m、3 m、4 m 三种情况,同样灌浆处理,开挖检查时最大浆脉厚度分别为 8 cm、7 cm、5 cm,平均厚度为 5.4 cm、4.3 cm、3.8 cm。可见,要增加浆脉厚度,合理选择灌浆孔间距是必要的。

四是搞好灌浆管周围封堵。一般造孔直径均大于注浆管外径,在堤防上又多不用套管,因此灌浆中泥浆极易沿管壁上冒,影响注浆量,所以管周围封堵至关重要。此外,由于黄河堤防不是很高,注浆管安设好后,不宜再动,以免扰动管周围的封堵,影响灌浆质量。

五是复灌次数。对于黄河堤防,一般堤高 10 m,孔距以 2～3 m 为宜。复灌次数由设计浆脉厚度和每次的灌入量确定。对于黄河堤防,每次的灌入量不可能很多,应遵循量少次多的原则,一般不少于 10 次,以保证达到浆脉设计厚度为标准。施工中,可用下式估算浆脉厚度:

$$\delta = k \sum_{i=1}^{n} G_i / h\gamma$$

式中　$\sum_{i=1}^{n} G_i$ ——每米轴线长 n 次累计灌入干土重;

　　　h——孔深;

　　　γ ——浆脉干容重,可取 1.6 t/m³;

　　　k——浆脉不均匀系数,可取 0.6～0.8。

通过估算,δ 若已达到设计厚度,即可停止复灌。

（五）截渗效果

试验中所用灌浆土料为重粉质壤土(见表 7-5)。开挖后,对浆脉取样做室内渗透试验(见表 7-6)。可以看出,浆脉的渗透系数比较小,具有较好的抗渗能力。为了解实际截渗效果,又进行了现场充水观测,充水水位至堤顶以下 1 m。达到稳定渗流后,实测了断面浸润线(见图 7-10)。图 7-10 中同时给出了计算浸润线,以资比较。计算采用有限单元法,渗透系数取实测平均值,浆脉为 3.86×10^{-8} cm/s,堤身与地基为 3.1×10^{-5} cm/s。图 7-10 中②线比③线高出 0.2 m 左右,其原因一是计算与实际有误差,二是灌浆段较短,仅 50 m,且两端没有封闭,实际有绕渗影响。

表 7-5　灌浆土料颗粒组成

粒径（mm）	<0.005	0.005～0.05	>0.05
含量(%)	30	59	11

表 7-6　浆脉渗透系数测验结果

试样编号	1	2	3	平均
k 值（$\times 10^{-8}$ cm/s）	4.17	3.53	3.89	3.86

实际观测和计算都表明,尽管浆脉较薄,但由于其结构密实,渗透系数小,截渗效果十分明显,其截渗作用不仅表现在堤身部位,还可深入基础。

采用劈裂灌浆可以消除劈裂过程中遇到的堤身内部隐患,形成顺堤向连续浆脉,并且

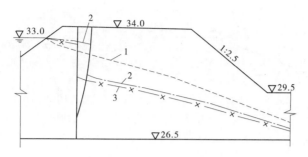

1—均质坝无灌浆情况计算浸润线；2—灌浆后实测浸润线；

3—按5 cm厚度浆脉计算浸润线

图7-10　断面浸润线实测与计算比较

可深入到一定深度的基础内。浆脉结构密实，抗渗能力强，截渗加固效果明显。

浆脉的连续性及达到一定厚度是保证工程质量的关键。对此，灌入泥浆的多少起着决定作用。施工中应合理安排施工工艺，以尽可能多地灌入泥浆，达到加固堤防的效果。

第五节　黏土斜墙与抽槽换土

由于黄河堤防堤身砂性土含量大、土质不均，填筑不实，存在隐患多，洪水偎堤极易产生渗水、漏洞、脱坡等险情，严重时可能造成堤防决口。在堤防加固措施选择上，按照"临河截渗，背河导渗"的原则，可在临河侧采取截渗措施，即在堤防临水坡加修黏土斜墙。有些堤段堤防位于强透水地基上，强透水地基厚度不大，以下为相对不透水层，为防止渗流破坏，在临河堤脚外，挖出强透水土层，按要求回填弱透水土料。黄河上称为"抽槽换土"。20世纪50年代多处采取了黏土斜墙与抽槽换土措施加固堤防。

对于堤身土质差、堤基土质尚可的堤段，在堤防临水侧修建黏土斜墙，外修壤土保护层，达到防渗保安全的目的。

对于堤身、堤基土质差、透水性大的堤段，常采用黏土斜墙与抽槽换土相结合的办法处理。挖槽长度一般超过加固堤段两端各20 m。

图7-11是一种常用的断面形式，根据所在堤段的断面情况及堤基情况，也可采用图7-12所示的2种断面形式。

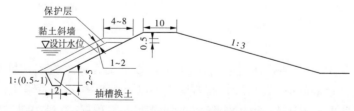

图7-11　抽槽换土和黏土斜墙加固堤防断面图Ⅰ　（单位：m）

黏土斜墙墙顶高于设防水位0.5 ~ 1 m，垂直于堤坡厚度为1 ~ 2 m，边坡为1:2.5 ~ 1:3，黏土墙外有壤土保护层，保护层高于斜墙顶1 ~ 1.5 m，垂直堤坡厚度为0.8

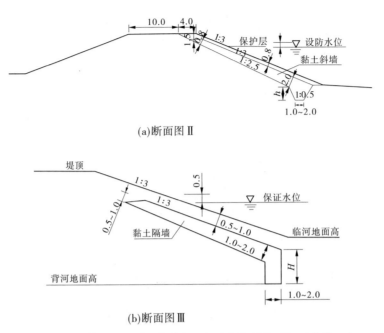

(a)断面图Ⅱ

(b)断面图Ⅲ

图 7-12　抽槽换土和黏土斜墙加固堤防断面图Ⅱ、Ⅲ　（单位:m）

m,以保护黏土墙身不受干裂、冻裂或其他侵害影响。

黏土斜墙的作用是加长堤身的渗径,降低渗流浸润线在背水堤坡的出逸比降和出逸点高程,增强堤身的渗流稳定性。黏土斜墙加固措施适宜在平工堤段修筑。

抽槽换土的抽槽深度。为了取得好的防渗效果,槽底面一般达到与背河侧地面平或低于背河侧地面 1 m,槽底宽 2~2.5 m,边坡 1:0.5~1:1,设计挖槽长度要超过加固堤段两端各 20 m,也可视情况而定。槽内换成黏土夯实。抽槽换土应与黏土斜墙连接好,以共同发挥防渗作用。对于抽槽换土能截断堤基透水层的情况,其防渗效果是非常好的。

东平湖滞洪区围堤韩村、熊村堤段,采用抽槽换土方法进行加固,长 3 598 m,槽深4~6 m,最大挖深至 7 m,回填黏土厚度 2 m,夯实后干密度为 1.55 t/m³。

为增强截渗效果,抽槽换土一般作为齿墙与黏土斜墙结合使用,连为一体。在第一次大修堤期间的 1955~1957 年,集中实施了一批抽槽换土与黏土斜墙工程。当时主要是针对 1954 年洪水时发生的漏洞、渗水、管涌等险情,在大堤土质普查的基础上,在河南的郑州花园口、中牟赵口、开封军张楼等 15 个堤段,以及山东的郓城四龙村、齐河大牛王、济阳马圈等 13 个堤段,共计 28 个堤段,修筑了抽槽换土与黏土斜墙工程。上述工程基本上达到了防渗的目的,在此之后,很少采用。如济阳马圈堤段,堤身土质牛头淤多,孔隙很大,附近獾洞亦较多,1915 年曾出现过漏洞,临河地面以下 2.5 m 处挖出古坟 10 座,1954 年黄河花园口发生 15 000 m³/s 洪水时,在背河堤脚以上 0.5~1 m 的堤坡上渗水严重,背河堤脚 100 m 以外也出现洇水,自 1955 年实施抽槽换土工程后,经过 1958 年洪水考验,基本上没有再出现渗水现象。

第六节　前戗后戗

对于堤身单薄、抗滑稳定及渗流稳定达不到要求的堤段,可以采取修建前戗、后戗的办法进行加固。具体采取何种措施需视情况确定。

一、前戗

前戗是选择渗透系数较小、优于原堤身土质的土料培厚大堤临河侧,通过临河截渗,达到降低堤身浸润线的目的。

在临河堤坡较陡,堤前有滩,并具有黏粒含量较多的壤土时,可在临河堤坡外加修断面较大的前戗。前戗顶宽 10 m,顶部高出设计洪水位 1 m,边坡同大堤堤坡,一般为 1∶3。由于黄河下游土质较差,满足前戗土质要求有一定难度,因此前戗加固堤防近期已采用不多。

20 世纪 80 年代初,在第三次大修堤期间,重点对黄河下游左岸沁河口以下防洪确保堤段的武陟至原阳堤段,利用铲运机施工方法,修筑了前戗。武陟堤防 86 + 000 处前戗加固断面见图 7-13,图 7-13 中显示了 1950 年、1951 年、1955 年、1956 年和 1977 年多次对该段堤防进行加高培厚的情况,以及 1982 年在临河侧加修前戗以后的断面。

前戗仅适用于平工堤段。

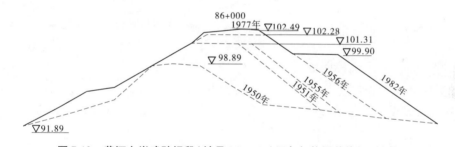

图 7-13　黄河左岸武陟堤段(桩号 86 + 000)逐年加修及前戗加固断面

二、后戗

后戗是在大堤背河坡采用人工或机械填土夯实的方法,培厚大堤断面,达到延长渗径长度的目的。采用后戗加固堤防在黄河下游堤防加固中多有应用。黄河下游堤防原来设计时,浸润线概化为平工段按 1∶8,险工段按 1∶10,水位升高后,堤身断面不能满足渗流要求,往往采取修后戗的办法加固。后戗外轮廓线要高出设计防洪水位条件下浸润线以上 1.0 m,后戗的修筑范围根据背河地面的地形,特别是要查明洪水期地面出现渗水或管涌的部位后确定,使背河戗坡的渗流出逸比降降低到允许值以下,同时要覆盖住历史上曾出现渗水或管涌的部位,以达到除险加固的目的。根据堤身高度和临、背河地面高差的大小,黄河下游堤防加固修筑的后戗一般为 1 ~ 2 级,个别老口门渗水严重段最多要修筑 4 ~ 5 级后戗方可满足渗流稳定要求,后戗戗台顶宽 4 ~ 6 m,后戗边坡 1∶3 ~ 1∶8,一般上部陡、下部缓。具体断面需通过渗流稳定和边坡抗滑稳定计算确定,并满足《堤防工程设计规范》(GB 50286—98)规定的安全系数要求。

山东济南章丘河务局所辖黄河右岸金王庄堤段,堤防桩号为 88 + 230 ~ 91 + 653,该段长 3 423 m,堤顶宽 7 m,堤身高 11 m。1889 年 6 月曾在 91 + 010 ~ 91 + 092 处发生决口,1890 年 6 月在 88 + 830 ~ 89 + 450 处决口。1976 年、1982 年伏汛和 1985 年凌汛期间都出现顺堤行洪,历年大水期间均发生渗水险情。1996 年 8 月洪水期间,该堤段背河堤脚严重渗水,临河堤坡出现两处严重裂缝,缝深 2 m 多,最大缝宽达 20 cm。该堤段曾被列为黄委重点除险堤段。渗水的主要原因,一是堤防断面不足,渗径不够;二是堤身土质差,防渗性能低;三是历史决口处堵口用的秸料未清除。1998 年在背河侧采用加修多级后戗的办法进行加固(见图 7-14),采用 2000 年水平年设计防洪水位,浸润线按 1:8,后戗顶部高程按超出浸润线 0.5 m 控制,各级后戗戗台顶宽 6 m,边坡 1:5。

章丘金王庄堤段后戗加固施工采用 1 m³ 挖掘机装土,5 t 自卸车运土,59 kW 推土机清基和平土,填筑土方每层铺土厚度 25 cm,用履带式拖拉机和 8 t 平碾分层压实,压实干密度不小于 1.5 g/cm³。

需要说明的是,按上述的后戗宽度修筑的后戗,未必都能解决渗流破坏问题,如梁山县黄花寺堤段是历史决口老口门,1986 年进行了后戗加固,但在 1996 年洪水期又发生了多处管涌群,最大管涌口直径达 5 cm。特别是在有承压水的堤段,后戗的作用是有限的。

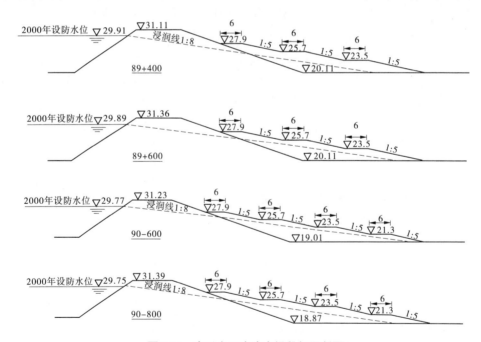

图 7-14　章丘金王庄渗水堤段加固断面

平工堤段可采用前戗或后戗加固,险工堤段由于堤防临河侧修有坝垛,只能在背水侧采用后戗加固。

第七节　砂石反滤与减压井

一、砂石反滤

砂石反滤是按背河导渗的原则在背河堤坡、堤脚修筑砂石反滤体,以背河导渗的形式降低浸润线,防止发生渗透破坏。该法借鉴了土石坝坝坡、坝脚反滤排水的结构,有贴坡反滤和棱体反滤等形式。反滤层的构造一般为,接近土壤的一层为细砂,细砂外面为粗砂,粗砂外面为碎石,每层厚度不小于 20 cm,表面为块石平扣。齐河水牛赵险工堤段,背河历年渗水严重,1954 年洪水期背河曾发生渗水、管涌、翻沙鼓水、脱坡等多种险情,1955年在该堤段背河堤坡、堤脚修筑了 375 m 砂石反滤工程后,即消除了翻沙、脱坡等险情。1957 年汛期堤防观测资料表明,修筑砂石反滤工程堤段比未修砂石反滤工程的堤段浸润线一般降低了 0.4 ~ 0.5 m。这说明砂石反滤工程的作用是比较明显的。由于黄河下游河道不断淤积抬高,每经数年堤防就需要加高加固。在以后的堤防加高加固时需要拆除,否则,埋进堤身会成为新的隐患。因此,其缺点是使用周期短,在黄河下游不能长期使用。但是,砂石反滤作为堤身渗水险情的紧急抢护措施还是行之有效的。

二、减压井

减压井与砂石反滤原理类似,用背河导渗的办法降低堤身浸润线,以策堤防渗流安全。在堤身堤基渗水严重的堤段,堤防背河侧堤脚外设置减压井。

黄河下游加固堤防中,采取减压井措施的主要集中在东平湖围坝基础渗水、管涌严重的坝段。1960 年东平湖蓄水运用前夕,在东坝段 7 431 m 长坝段的背湖地面修作各类减压井 701 眼,减压井类型有砂石井、陶管井、竹管井等,以砂石井居多。井深为 8 m,井距为 10 ~ 15 m,滤管内径采用 10 ~ 20 cm 的陶管或塑料管,外包玻璃丝网布作为滤网。在1960 年 7 月 ~ 1961 年 3 月蓄水运用期间,各种减压井出水情况良好,起到了排水减压的作用。但由于后来东平湖改变了运用方式,新湖区一直没有再蓄水运用,不少减压井年久失修而失效。

1967 年,在河南武陟白马泉严重渗水堤段背河侧 200 m 范围内,修建了钢管、混凝土管减压井,共 16 眼。后来改用放淤固堤措施加固堤防,减压井被废弃。

从运用情况来看,减压井普遍存在容易淤堵、排水减压效果随着时间的推移而降低的问题,黄河大堤平工堤段长期不靠水,洪水偎堤时间短,减压井使用价值低,而且减压井维修养护管理困难,因此在黄河下游堤防加固中未再采用。

第八节　截渗墙

混凝土截渗墙是在堤防的堤身、堤基浇筑混凝土墙体,以达到截渗目的。截渗墙对消除局部堤段的堤身隐患和处理基础渗水也有较好作用。

在堤身或堤基渗水严重的堤段,采用截渗墙技术进行除险加固。由于截渗墙加固不需迁移、赔偿地面建筑物,在堤防背水侧紧靠村镇且堤基存在相对不透水层时,采用截渗墙加固优越性明显。

自20世纪70年代起,黄委所属修防部门曾经多次采用地下截渗墙技术加固堤防。如1976年在东平湖围堤东段用潜水钻机造孔,泥浆护壁,修筑黏土混凝土截渗墙,墙厚为0.6 m,深为7～9 m,墙体渗透系数为10^{-8} cm/s,加固堤段长为2.39 km。1984年,在济南常旗屯黄河堤防,采用联合回转钻机矩形造孔设备,建造地下黏土混凝土截渗墙,墙厚为0.6 m,平均墙深为10.74 m,造墙面积为7 214 m^2。20世纪80年代,引进了高压水泥定喷成墙技术,在郑州黄河大堤马渡引黄闸洞身及堤防的土与混凝土结合部进行了加固试验。

1998年以来,我国自创和引进国外多项适用于堤防及堤基加固的截渗墙建造设备及工艺。结合黄河堤防及堤基地质情况,在黄河堤防加固中,先后采用液压开槽机连续开槽法(简称锯槽法)、射水开槽法、潜水组合钻孔开槽法灌筑混凝土截渗墙,墙体厚度为0.22～0.45 m。各种开槽法成孔造墙工艺对泥浆护壁要求高,在工程施工中发现黄河大堤有些堤段堤身填筑质量差,孔洞裂缝多,开槽后泥浆护壁时漏浆严重,导致造墙施工难以完成。多头小直径水泥搅拌桩成墙技术,无须开槽护壁,通过多头小直径钻进搅拌机械将水泥(干法)或水泥浆(湿法)与堤身或堤基土搅拌成水泥土,即修成水泥土截渗墙。该工艺在黄河大堤的河南、山东一些堤段和沁河下游堤段加固中多有采用。在利用亚洲开发银行贷款项目实施的东平湖围堤加固项目中,主要采用了水泥土搅拌桩造墙技术。据有关资料统计,1997～2003年,黄河下游堤防加固截渗墙工程共完成加固堤防35段,长为49.887 km,造墙总面积为100.26万 m^2。2004～2006年,东平湖围堤截渗墙加固堤段长为65.57 km,造墙总面积为115.5万 m^2。

现将济南历城秦家道口堤防垂直铺塑防渗加固堤防工程、东平湖滞洪区围堤截渗墙加固工程、新乡封丘荆隆宫堤防截渗墙工程介绍如下。

一、历城秦家道口堤防垂直铺塑截渗墙

秦家道口险段位于济南泺口下游约30 km处,黄河右岸堤防桩号为59＋900～60＋300。该堤段顶宽仅7 m,堤身断面小,临河滩面低洼,常年积水,背河多为坑塘、藕池等。在历次洪水期大水偎堤后,背河均出现不同程度渗水。1976年泺口出现8 000 m^3/s洪水期间,该堤段背水侧出现大面积渗水,并出现管涌二三十个之多,其中8个大的管涌带出黑色泥沙,涌沙口径为10～30 cm。在1982年和1996年洪水期间,该堤段背河大面积渗水,背河堤坡下段普遍出现渗水,秦家道口村中有14口民用井冒水。因此,该堤段被列为重点险段。山东黄河河务局于1997年5月实施了济南历城秦家道口渗水险段除险加固工程,加固方式为垂直铺塑防渗加固,这是垂直铺塑技术在黄河堤防加固中的首次应用。

(一)工程设计

根据地质勘探,该堤段堤身为壤土填筑,渗透系数约为10^{-4} cm/s;堤基2.5～11.4 m范围主要分布为粉砂土和砂壤土,渗透系数约为10^{-3} cm/s,透水性较强;以下壤土层为弱透水层,渗透系数约为10^{-5} cm/s。考虑到堤身和堤基均出现了大面积渗水和管涌的情况,工程设计推荐采用堤防临河侧垂直铺塑和临河堤坡铺塑相结合的防渗加固方案,使之

形成完整的防渗体系。

垂直铺塑布置在临河堤脚以外 5 m 处,设计垂直截渗塑膜底高程 9.9 m,塑膜嵌入弱透水层 1.5 m,垂直截渗总深度为 15.6 m。垂直截渗膜采用聚乙烯塑料薄膜,根据埋深、渗透水压力及施工情况,选用 0.25 mm 塑料薄膜。铺塑沟槽宽 0.3 m,铺塑完成后用黏土回填。为保证截渗效果,顶部采用 1 m 厚黏土封顶直到堤脚,黏土上部采用 1 m 厚壤土保护,塑料薄膜嵌入黏土 1 m。

堤坡防渗,将原大堤草皮铲除,树株伐除并整平,削坡厚 0.3 m,其上铺设防渗膜,并覆盖壤土保护,防渗膜顶部铺设高程为 2000 年水平年设防水位 33.27 m 加 0.5 m 超高,采用 33.8 m,下部至堤脚平铺 5.0 m 长与垂直铺塑膜焊接。为了增加土与防渗膜之间摩擦,使之紧密结合,不产生相对滑移以满足防渗膜及保护土的稳定性,并满足施工期填土夯实要求,选用 SJN – 1 型两布一膜复合土工膜。土工膜上部覆盖壤土保护层,临河边坡 1∶3,顶宽 6.0 m,壤土按堤防回填土标准回填。

工程设计断面见图 7-15。

(二)土工膜覆盖层稳定分析

土工膜覆盖层的稳定分析采用《水工建筑物》介绍的折线法,通过假定多个滑动折面进行分析,计算出土工膜覆盖层最小稳定安全系数。土与复合土工膜之间的摩擦系数与土的颗粒大小、形状、填实密度以及含水量等因素相关,经分析,壤土与所用复合土工膜的摩擦系数选用 0.35。

计算工况分为两种:一种是临河侧为设防水位 33.27 m 时的情况,另一种是水位由设防水位 33.27 m 骤降至 31.27 m 时的情况。通过假定多个滑动折面进行分析计算,两种工况下最小安全系数分别为 1.413 和 1.323,满足《堤防工程技术规范》(SL 51—93)的土堤抗滑稳定安全系数要求。

(三)渗流稳定分析

根据秦家道口堤段的地形、地质条件,分别对 59 + 900、60 + 100、60 + 300 三个代表性断面,按 2000 年水平年设防水位进行了渗流分析,对堤背出逸处水力坡降与允许坡降进行了比较,当坡降 $J < J_允$ 时是安全的,否则将产生渗流变形,需采取必要的加固措施。

假定在设计洪水位时出现稳定渗流,按均质土堤,采用土石坝二向渗流有限单元法,秦家道口堤段土层设计指标见表 7-7,参照《堤防工程技术规范》(SL 51—93),允许水力坡降按土的不均匀系数 $C_u < 3$ 时,$J_允 = 0.25 \sim 0.35$,本次分析中取允许水力坡降 $J_允 = 0.30$。

1. 无防渗措施渗流稳定分析

(1)背河堤坡渗流稳定分析。

根据计算,59 + 900、60 + 100 和 60 + 300 三个断面背河堤坡浸润线出逸点高度分别为 0.9 m、0.85 m 和 0.97 m,水力坡降分别为 0.346、0.345 和 0.343。从表 7-7 中可以看出,三个断面均不满足要求,所以当达到 2000 年水平年设防水位时,该堤段背河堤坡会发生流土破坏。

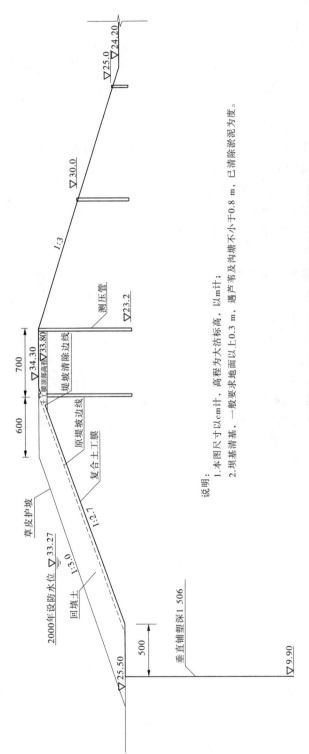

说明：
1.本图尺寸以cm计，高程为大沽标高，以m计；
2.坝基清基，一般要求地面以上0.3 m，遇芦苇及沟塘不小于0.8 m，已清除淤泥为度。

图7-15 秦家道口垂直铺塑加固堤防工程设计断面

表 7-7 土层设计指标采用值

桩号	土层编号	岩土名称	渗透系数(cm/s)
59 + 900	1	素填土	7.28×10^{-5}
	2	粉砂	9.64×10^{-4}
	2 – 1	黏土	2.50×10^{-7}
	2 – 2	砂壤土	1.72×10^{-4}
	3	黏土	3.24×10^{-7}
	3 – 1	砂壤土	1.28×10^{-4}
	4	壤土	1.29×10^{-6}
	4 – 1	砂壤土	1.88×10^{-5}
60 + 100	1	素填土	5.10×10^{-5}
	2	砂壤土	5.31×10^{-4}
	2 – 1	壤土	7.90×10^{-6}
	2 – 2	粉砂	9.52×10^{-5}
	2 – 3	黏土	5.25×10^{-7}
	3	黏土	4.75×10^{-6}
	4 – 1	粉砂	1.08×10^{-4}
	4	砂壤土	8.76×10^{-5}
	4 – 2	黏土	6.44×10^{-8}
	5	壤土	2.40×10^{-5}
	5 – 1	黏土	1.65×10^{-8}
	5 – 2	砂壤土	2.66×10^{-5}
60 + 300	1	素填土	9.15×10^{-5}
	2	砂壤土	5.22×10^{-4}
	2 – 1	壤土	2.90×10^{-7}
	3	粉砂	9.32×10^{-4}
	3 – 1	砂壤土	3.78×10^{-5}
	4	黏土	5.67×10^{-8}
	4 – 1	砂壤土	1.90×10^{-4}
	4 – 2	粉砂	3.74×10^{-4}
	5	壤土	1.10×10^{-7}
	5 – 1	黏土	7.91×10^{-8}

（2）堤基渗流稳定分析。

根据计算,三个断面在背河堤脚、堤基实际水力坡降分别为 0.327、0.324 和 0.320,三个断面均不满足要求（见表 7-8）。故当达到 2000 年水平年设防水位时,该堤段背河堤脚也会发生流土破坏。

表 7-8   渗流稳定分析结果

计算断面	上游水位（m）	下游水位（m）	无防渗措施			铺塑加固防渗		
			出逸点高度（m）	水力坡降		出逸点高度（m）	水力坡降	
				坝坡	坝基		坝坡	坝基
59 + 900	33.27	24.2	0.90	0.346	0.327	0	0	0.015
60 + 100	33.25	24.2	0.85	0.345	0.324	0	0	0.015
60 + 300	33.23	24.2	0.97	0.343	0.320	0	0	0.013

分析表明,本堤段在黄河高水位情况下,不经防渗加固处理,将可能发生堤身和堤基的渗流破坏险情,为此应考虑防渗加固措施。

2.铺塑加固后渗流稳定分析

根据计算,59 + 900、60 + 100 和 60 + 300 三个断面背河堤坡均无出逸点,堤坡出逸坡降为零,堤基出逸坡降分别为 0.015、0.015 和 0.013（见表 7-8）,均能满足要求。

计算表明,堤身和堤基进行铺塑防渗后,有效地降低了堤身浸润线以及背河堤坡和堤基的渗透出逸比降,满足了渗流稳定要求。

为观测本试验堤段渗流情况及浸润线变化,沿试验段每 100 m 设一组测压管,在黄河大堤桩号 59 + 900、60 + 000、60 + 100、60 + 200,共设 4 个观测断面,其中 59 + 900 断面位于试验坝段外缘,用于与修筑防渗设施的堤段做对比分析试验。每组测压管共设 4 根,分别位于上、下游堤肩和下游堤坡（见图 7-15）。测压管水位采用"H2000"张力式地下水位探测仪探测。

（四）施工方法及技术要求

1.垂直铺塑

垂直铺塑采用专用机械设备进行,主要设备包括链条开槽机、拌浆机、置膜机各 1 台,其施工工艺流程如图 7-16 所示。

铺轨安装机械 — 链条开槽机造槽 — 泥浆护壁 — 置膜机置放土工膜 — 填充黏土 — 补充泥浆继续前进土

图 7-16   垂直铺塑施工工艺流程

造槽应达到设计深度,泥浆配制应满足沟槽稳定要求,塑料薄膜搭接长度不小于 1 m,回填土料应均匀,施工工序应连续、紧凑,避免间隔时间过长而发生塌壁现象。

2.临水堤坡复合土工膜铺设

按设计进行削坡,垂直厚度为 0.3 m,坡面平整,达到设计要求。

铺设复合土工膜,应做到铺设平整、松紧适度,不得损坏和受硬物顶压。注意做好聚乙烯薄膜与堤坡复合土工膜之间的焊接工作。

3. 土料填筑

按照《山东黄河碾压式土方工程施工及验收规程》要求施工,不合格的土料不准使用,回填黏土干密度不小于 $1.55\ t/m^3$,砂壤土不小于 $1.5\ t/m^3$。

二、东平湖滞洪区围堤截渗墙

东平湖滞洪区位于山东省梁山、东平和汶上县境内,处于黄河由宽河道向窄河道的转变处,滞洪区总面积为 627 km^2,原设计洪水位为 46.00 m,相应库容为 39.79 亿 m^3,由二级湖堤分隔为老湖区和新湖区两部分,老湖区面积为 209 km^2,还接纳汶河来水,常年有水;新湖区面积为 418 km^2。滞洪区围堤工程全长 100.307 km。其中,围堤(围坝)77.829 km,为 1 级堤防,黄河、湖区共用堤长 13.936 km,山口隔堤长 8.542 km。

(一)围堤堤身及堤基存在的主要问题

围堤为 1958 年抢修而成,后又加高培修,据隐患探测资料,其堤身填筑质量差,存在松散体、裂缝、空洞等隐患。

堤基地质条件复杂。围堤位于汶河与黄河冲积平原交会地带,为第四系地层。沉积物的沉积类型主要有河流冲积层、湖积层和冲积湖积层。堤基存在多处古河道。第四系冲积湖积层属中高压缩性土层,容易引起变形、滑移等稳定性问题,古河道堤段存在形成渗漏通道的条件。堤基内低液限黏土、高液限黏土、高液限粉土、低液限粉土的渗透破坏类型为流土型,粉土质砂、级配不良砂和含细粒土的砂层的渗透破坏类型为管涌型或过渡型。堤基地层结构大致可分为上部低液限黏土、下部为砂层的双层地基结构,局部为单层和多层结构,部分堤段砂层在背湖侧出露。因此,在水位较高时,一些堤段堤基透水砂层较厚,加上背湖侧存在诸多坑塘、沟渠,使上部弱透水层变薄或穿透而发生渗透变形破坏。一些堤段堤基砂层埋深较浅,堤身坐落在砂层上,水位较高时堤基产生渗透破坏。古河道在堤基内穿过的堤段,集中渗漏和渗透变形破坏更为突出(地质勘探情况见图 7-17)。

堤基渗水严重。以围堤东段为例,1960 年东平湖蓄水运用期,全东平湖背湖地面均有渗水现象出现,地面出现多处冒水翻沙、管涌,口径 1~5 cm 的有 1 400 多个,5~10 cm 的达 80 多个,其中最大的口径达到 20 cm,形成 50 cm 左右的沙环。有的堤段地表黏性土大面积开裂,缝长 3~5 m。2001 年汛期湖水位上升后,围堤东段渗水依然严重,背湖地面出现管涌翻沙现象,背水堤脚偎水。这些情况表明,东平湖围堤大多堤段的渗透破坏问题,急需加固处理,以消除险情。

(二)东平湖滞洪区围堤截渗墙加固工程概况

2001 年,东平湖滞洪区围堤除险加固工程列入"黄河洪水管理亚行贷款核心子项目",2002 年 12 月和 2004 年 3 月由黄河勘测规划设计有限公司和山东黄河勘测规划设计研究院分别编制完成了工程初步设计,2005 年经水利部和国家发展和改革委员会批复同意,2006 年工程招标后开工建设,2008 年全部完工。

1. 截渗墙加固范围

采用截渗墙加固围堤的范围为桩号 10 + 471 ~ 88 + 400 堤段,考虑到以往已对其中采

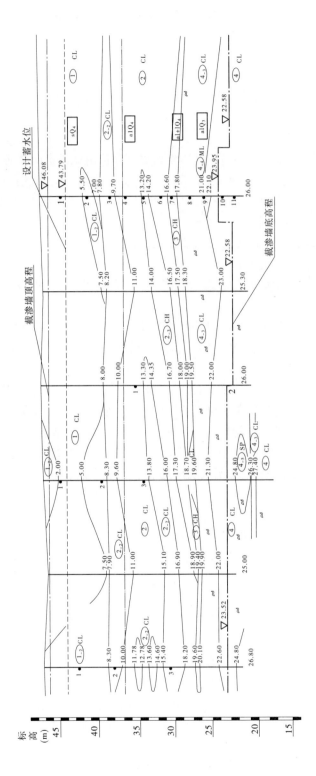

图 7-17　东平湖滞洪区围堤截渗墙纵剖面

桩号	20+500	20+600	20+700	20+800	20+900	20+970 21+000 21+050	21+200
堤顶高程(m)	47.17	46.52	47.07	47.16	46.71	47.05	47.05
截渗墙长度(m)		300			170	80	170
截渗墙顶高程(m)	46.08	46.08			46.08	46.08	46.08
截渗墙底高程(m)	23.52				22.58	23.95 22.13	22.58
截渗墙高度(m)	22.56				23.50		23.50

用了多级后戗加固的堤段不再布置截渗墙(但与相邻截渗墙堤段加固搭接50 m),围堤采用截渗墙加固的实际堤线长度为65.574 km,修筑截渗墙面积共计115.512万m²,截渗墙规模之大是黄河堤防加固实践中前所未有的。

2.截渗墙工程设计类型及典型断面

针对围堤堤身土质、填筑情况和堤基地质透水层埋深条件,结合在长江、黄河、淮河、松花江等大江大河堤防加固中截渗墙施工应用情况,经技术经济分析论证后确定截渗墙深度小于22 m的堤段采用水泥土搅拌桩施工,深度在22～27 m的采用水泥砂浆振冲防渗板墙,深度大于27 m的采用混凝土截渗墙。三种类型截渗墙加固工程规模见表7-9,截渗墙典型设计横断面见图7-18～图7-20,混凝土截渗墙或振冲板桩和水泥土截渗墙连接平面见图7-21,混凝土截渗墙与振冲板桩墙连接平面见图7-22,截渗墙顶回填设计见图7-23。

表7-9　三种类型截渗墙加固工程规模

截渗墙类型	加固坝段长度(km)	设计墙体面积(万m²)
水泥土搅拌桩截渗墙	57.013	92.115
振冲板截渗墙	3.236	7.974
混凝土截渗墙	5.325	15.423
合计	65.574	115.512

3.截渗墙设计指标

1)墙顶高程

围堤为1级堤防,依据《堤防工程设计规范》(GB 50286—98),截渗墙墙顶高程高于设计蓄洪水位0.5 m。考虑到水泥土搅拌桩在顶端1.0 m范围施工时,因上覆土压力小,成墙质量较差,综合分析确定墙顶设计高程按低于现堤顶1.0 m控制。为方便施工,在一定堤段内取一个统一高程值。

2)墙底高程

选择土层较厚、分布连续、渗透系数较小的黏土层或壤土层作为相对不透水层,截渗墙底部嵌入相对不透水层不小于1.0 m,分段设计确定墙底设计高程。

3)截渗墙厚度和渗透系数

截渗墙厚度一般可参照下式计算:

$$T = H/J_允$$

式中　H——最大作用水头;

　　　$J_允$——截渗墙允许渗透比降。

设计蓄水条件下,东平湖围堤最大水头按7 m考虑。根据不同类型截渗墙施工工艺设计经验,水泥土搅拌桩截渗墙设计抗压强度R_{90}>0.5 MPa,渗透系数K<1×10⁻⁶cm/s,允许渗透比降40;混凝土截渗墙设计抗压强度R_{28}>6.0 MPa,渗透系数K<1×10⁻⁷cm/s,允许渗透比降70;振冲水泥砂浆防渗板墙设计抗压强度R_{28}>1.0 MPa,渗透系数K<1×10⁻⁷cm/s,允许渗透比降80。按上述指标估算得出,水泥土搅拌桩截渗墙最小厚度0.175 m,混凝土

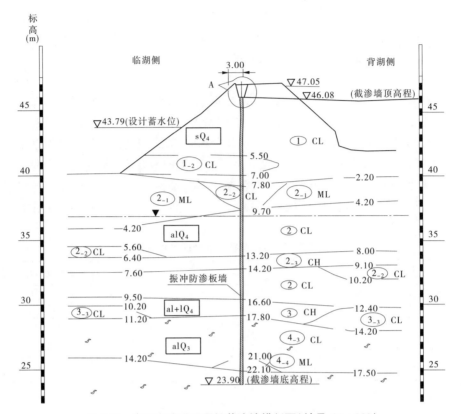

图 7-18　东平湖滞洪区围堤截渗墙横剖面(桩号:21 + 000)

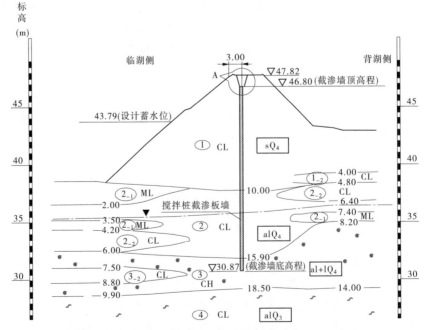

图 7-19　东平湖滞洪区围堤截渗墙横剖面(桩号:36 + 400)

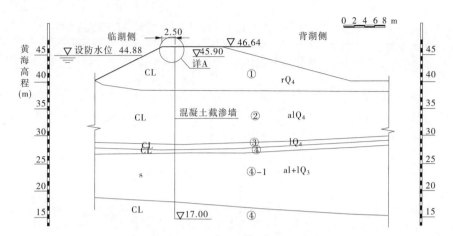

图 7-20 东平湖滞洪区围堤截渗墙横剖面(桩号:79 + 500)

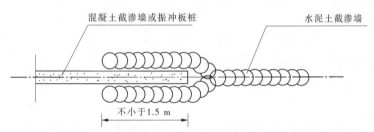

图 7-21 混凝土截渗墙或振冲板桩和水泥土截渗墙连接平面图

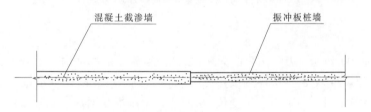

图 7-22 混凝土截渗墙与振冲板桩墙连接平面图

墙 0.10 m,振冲板墙 0.088 m。考虑施工机械作业要求和分段成墙的相互连接等因素,参考国内外大量设计施工经验,本次设计确定的截渗墙厚度为:水泥土搅拌桩截渗墙不小于 0.22 m,混凝土为 0.20 m,振冲板墙 0.15 m。

4. 应力应变分析

为了了解围堤设置截渗墙后墙体的应力应变情况,对围堤选取了两个典型断面,采用二维非线性有限单元法进行平面应力应变分析研究。

1)典型断面选取

以实际地质勘察断面为基础,结合实测地形,经综合分析选取混凝土截渗墙堤段 80 + 300 和 88 + 100 两个断面,两断面处截渗墙拟定为混凝土截渗墙,深度分别为 23 m 和 31 m。由于水泥土搅拌桩截渗墙为柔性结构,适应变形能力较强,不再进行结构分析。

2)有限元网格离散

有限元采用四边形等单元,截渗墙也划分为实体四边形,截渗墙与土体之间设置了古

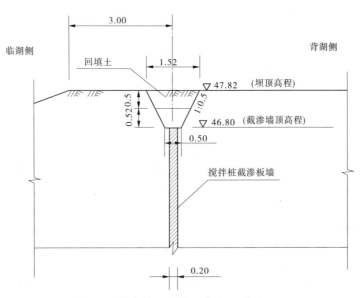

图 7-23　截渗墙顶回填设计图　（单位：m）

德曼无厚度接触面单元。桩号 80 + 300 断面剖分单元 1 744 个,结点 1 828 个;桩号 88 +
100 断面剖分单元 1 876 个,结点 1 958 个。

3)计算工况

为了比较不同的墙体厚度、墙体不同弹性情况下的应力应变成果,计算中分别考虑了
墙体厚度为 0.15 m 和 0.22 m 两种情况,截渗墙材料分别考虑了刚性混凝土、塑性混凝土
两种情况。

4)计算结论

对于 80 + 300 和 88 + 100 两个断面来讲,截渗墙施工前的坝内应力分布比较均匀,各
点应力状态基本与其上覆土层厚度成正比,应力状态良好;在设计洪水位下,截渗墙在前
后渗透压力差的作用下向湖外发生变位,从而使整个围堤断面都向湖外变位;从应力的分
布看,截渗墙材料的不同对围堤内部的应力分布影响不大。

对 80 + 300 断面,在设计洪水位下,截渗墙水平变位朝向下游,竖向变位很小,基本可
以忽略不计。墙上应力基本为压应力,只有墙体材料采用刚性混凝土时,在墙上部出现了
拉应力,但数值不大,只有 42.75 kPa。

对 88 + 100 断面,在设计洪水位下,截渗墙水平变位朝向下游,竖向变位向下,数值较
小。墙上应力均为压应力,墙体材料采用刚性混凝土时,竖向应力比墙体采用其他材料时
要大。

墙体采用刚性混凝土材料时,墙体底部产生的应力要大于采用塑性混凝土材料的情
况,这样墙体底部的弯矩较大,对墙体不利。采用其他几种塑性材料,无论是线性还是非
线性模型,其应力的分布及数值都相差不大。

墙体厚度由 15 cm 增至 22 cm 时,墙体的应力减小,分析原因后认为墙体厚度变大后
可使应力更加均匀,从而引起应力的减小。

综上分析认为,采用截渗墙作为防渗体在各种荷载的作用下对东平湖围堤的应力情

况没有不利影响,墙体自身的应力条件也比较好;相对而言,墙厚为 22 cm 时应力条件好于 15 cm 时,当截渗墙材料为塑性混凝土时,其应力条件好于刚性混凝土材料的截渗墙。混凝土材料采用线性或非线性指标对结构基本没有影响。

5. 渗流计算分析

在设计堤段范围内,根据地质资料和实际出现的险情,共选取 30 多个断面进行渗流稳定计算,以确定截渗墙的布置。现以 62 + 600 断面为例进行计算分析。

1) 计算断面设计资料

自上而下渗透系数为:

堤身 6.2×10^{-4} cm/s;

粉质黏土 1.9×10^{-4} cm/s,土层厚 4.0 m;

黏土 1.9×10^{-5} cm/s,土层厚 4.0 m;

砂 6×10^{-4} cm/s,土层厚 3.0 m;

黏土 3.0×10^{-6} cm/s,土层厚 2 m;

砂 6×10^{-4} cm/s,土层最厚 8.0 m,该层厚度不均;

粉质黏土 3×10^{-5} cm/s,土层厚 1.5 m;

砂 6×10^{-4} cm/s,土层厚 2.0 m;

黏土 3.0×10^{-6} cm/s,土层较厚。

设计水位:临水坡采用设计蓄洪水位 43.79 m,背水坡无水。

2) 计算结果

渗流计算结果见表 7-10、图 7-24 和图 7-25。

表 7-10　截渗墙加固渗流稳定计算分析结果

项目	渗流流量 （m³/d）	出逸点高度 （m）	出逸比降	临界比降	容许比降
现状围堤	0.323	0.05	0.381（堤基）	0.39	0.15 ~ 0.25
截渗墙深 19.5 m	0	0.03	0.333（堤基）	0.39	0.15 ~ 0.25
截渗墙深 34 m	0	0	0.081（堤基）	0.39	0.15 ~ 0.25

注:截渗墙加固墙深分别按 19.5 m 和 34 m 计算。

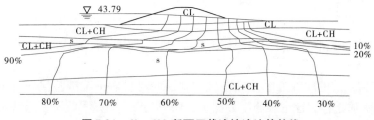

图 7-24　62 + 600 断面无截渗墙渗流等势线

从渗流计算结果看:截渗墙加固堤段加固前背湖坡出逸高度为 0.05 m,渗流量较大,堤基产生渗透破坏;修建深 19.5 m 的截渗墙后,围堤背湖坡基本不出逸,但背湖堤基出逸比降不能满足设计要求;修建深 34 m 的截渗墙后,围堤背湖坡不出逸,背湖堤基出逸比降

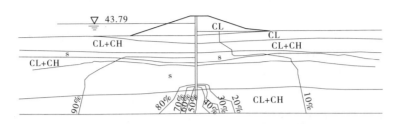

图 7-25　62 + 600 断面建 32.5 m 深截渗墙渗流等势线

能满足设计要求,截渗效果十分明显。

从 30 多个渗流计算断面现状条件和修筑截渗墙后渗流理论计算分析结果来看,现状围堤段渗流出逸高度较高,堤坡、堤基出逸比降大于容许出逸比降,渗流量相对较大。鉴于 1960 年蓄水期出现的重大险情和围堤存在隐患,按渗流理论进行的计算结果,难以全面反映围堤及堤基存在的问题,为保证围堤的蓄滞洪安全,对围堤及其堤基进行加固是十分必要的。

6. 水泥土搅拌桩截渗墙施工

水泥土搅拌桩截渗墙施工是通过特制的多头小直径深层搅拌截渗桩机把水泥浆喷入土中,并与原土搅拌相继搭接连续成墙。目前,多头小直径深层搅拌截渗技术已广泛应用于长江、淮河、海河、松花江、太湖、巢湖等流域,黄河上应用的有河南濮阳渠村翟庄段、范县张庄段堤脚截渗工程。

水泥土搅拌桩截渗墙的主要施工流程是下钻、喷浆、拌和、连续成墙等。

首先通过主机的双驱动动力装置,带动主机上的多个并列的钻杆转动,并以一定的推动力使钻杆的钻头向土层推进到设计深度。在钻机下钻过程中,通过水泥浆泵将水泥浆由高压输浆管输进钻杆,经钻头喷入土体中,在钻进和提升的同时水泥浆和原土充分拌和。

1)材料与配合比

作为固结剂的水泥采用 52.5 级普通硅酸盐水泥或矿渣水泥,水泥掺入量(占天然土重的百分比)一般为 8% ~ 12%。水灰比可根据地质报告反映的土质性质,土中孔隙率、孔洞裂隙情况,土层含水量及室内试验数据初步确定,然后根据现场施工情况修正,一般情况下水灰比为 0.8 ~ 2.0。浆液中可掺入适量的黏土或膨胀土,以增大墙体柔性。外加剂的使用可视工程需要而定,但应避免对地下水造成污染。

2)施工场地

施工场地应事先平整,清除桩位处地上、地下一切障碍物(包括土块、树根等)。

3)施工步骤

(1)做好施工前的准备工作,包括收集地质勘探报告、土工试验报告、设计与测量资料、水泥的有关质量检验证书和施工放样等;当需要进一步查明截渗墙沿线的地质、地层具体情况时,可适当布设前导孔。

(2)桩机就位,主机调平。

(3)启动主机钻进,喷浆与钻进下沉搅拌应同时至设计深度,再持续喷浆搅拌提升到地面。

（4）主机移位,搭接尺寸应满足设计要求。

（5）主机整体按预先标定的方向移动,并重复上述作业直至最终成墙。

4）施工技术要求

（1）通过成墙试验确定浆液的配比、输浆量和与之匹配的钻头下沉、提升速度等参数。

（2）加固浆液应严格按确定的配比拌制,并充分拌和。使用的浆液不得离析。

（3）泵送浆液必须连续,用量必须有计量,并有专人记录。

（4）必须保证主机机身施工时处于水平状态,保证导向架的垂直度,偏差不得超过0.3%。

（5）桩位偏差不得大于 10 mm。

5）施工设备

深层搅拌桩建造水泥土截渗墙施工设备主要由深层搅拌机、灰浆拌制机、集料斗、灰浆泵及输浆管路组成,详见表 7-11。

表 7-11　深层搅拌桩施工机具配套

名称	型号	数量	额定功率（kW）	生产能力	用途
深层搅拌机	SZJ－18	1	120	200 m²/d	钻孔
输浆泵	BW250/50	1	17	250 L/min	输浆
高速搅拌机	ZJ400	1	7.5	400 L/min	搅拌
搅拌桶	ZJ2×200L	1	3	400 L/min	存浆
发电机	200 kW	1			供电
潜水泵	QS25－24－3	1	3	25 m³/h	供水
潜水泵	QGW200－40－37	1	37	200 m³/h	供水

7. 振冲防渗板墙截渗墙施工

振冲防渗板墙技术是从国外引进开发的一种防渗技术,已在长江干堤、赣江干堤、松花江干堤等多项工程中应用,黄河上应用的有山东鄄城双李庄堤顶截渗墙工程、山东梁山岳庄堤脚截渗墙工程。

振冲切槽成墙是利用大功率振冲器,将振管下端的切头振动挤入地层。在挤入和提升切头的同时,使墙体材料（浆液）从其底部喷出,形成浆槽,后续施工利用切头副刀在相邻已成浆槽内振动搅拌和导向,从而建成连续完整的板墙。

1）材料与配合比

拌制水泥砂浆的水泥选用 42.5 级普通硅酸盐水泥,砂采用粒径小于 2 mm 的细砂。浆液中可掺入适量的黏土或膨胀土,以提高浆液的和易性,增加墙体的柔性。

2）施工准备

施工前的准备工作包括:水泥砂浆配合比试验,水泥、砂子等建材的质量检验、施工放样等。工作平台必须坚实、平坦,不得产生过大沉降和不均匀沉降,平台宽度应满足施工及汽车运输通行需要。

3）施工工序

振冲切槽法施工工艺流程见图 7-26。

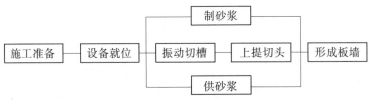

图 7-26　振冲切槽法施工工艺流程

一个具有一定宽度和长度的切头切入到预定深度，成槽宽度为 0.1~0.3 m。该方法不用泥浆固壁，可减少施工工序。设备可适用于黏土、粉砂及薄层的砂卵石地层，最大成槽深度可达 20 m。

4）施工技术要求

（1）准确测定板墙轴线位置，进行槽孔放样、编号并做好标记。

（2）进行切槽机定位并调整振管垂直度。切头定位允许误差 3 cm，振管垂直度误差≤0.3%。

（3）进行切槽机定位后，先送浆液后启动振动锤，根据地层的密度变化和技术要求控制下切速度，防止振管弯曲变形。切入深度达到墙底设计高程后，可按技术要求上提切头。

（4）切头下切和上提过程中应保持槽内浆液充满槽口。当液面低于槽口 0.5 m 时不宜上提切头，并应连续注浆。

（5）切头提出槽口后应及时清除挟带的泥土，避免其掉落槽内。移动切槽机至下一相邻槽孔，按照要求顺次连续施工。

（6）必须按设计要求配置浆液，并定期检测浆液质量。当槽内严重漏浆时，可采取降低振管升降速度、原地注浆、增大注浆量、掺加速凝剂等措施处理。

（7）切槽施工因故中断后恢复施工时，应采取重复切入、高压喷浆等措施保证墙体的连续完整性。

5）主要设备

根据工程规模、工艺要求、切槽深度、地层、场地条件等选定成墙设备。制浆搅拌机的性能应与所用浆液类型和需浆量相适应，储浆搅拌桶应能满足连续供给切槽浆液的需要，并应设筛以清除浆液中的杂质。

振管应选用抗弯耐震厚壁无缝钢管制作，要求振管壁厚不小于 15 mm。注浆管可选用内径 20~25 mm 的无缝钢管。切头形状和规格应与地层条件相适应，刀板材质宜选用 45 号钢。根据工程需要确定导向板的数量和大小。切头应设副刀，副刀宽度为 10~20 mm，其长度应不小于主刀长的 50%。

振冲切槽成墙施工的主要设备见表 7-12。

表 7-12 振冲切槽成墙施工的主要设备

名称	型号	数量	额定功率(kW)	生产能力	用途
振动切槽机	DZ90KS18	1	133	300 m²/d	切槽
输浆泵	3SNS	1	17	250 L/min	输浆
搅拌机	Z400T	1	7.5	400 L/min	搅拌
搅拌桶	ZJ2×800L	1	3	400 L/min	存浆
发电机	85 kW	2			供电
潜水泵	QS25-24-3	1	3	25 m³/h	供水
潜水泵	QGW200-40-37	1	37	200 m³/h	供水

8. 混凝土截渗墙施工

1)定线

截渗墙轴线位置按距临湖堤肩 2 m 布置。截渗墙轴线定位时,根据围堤现有的情况,在依据设计原则的基础上,进行适当的调整,做到截渗墙轴线平顺,以利于工程施工的正常进行。

2)导向槽开挖、支撑及导轨铺设

堤顶导向槽采用人工开挖,宽度为 0.4 m,深度为 0.3 m,开挖的土料置于堤顶上,待后期回填之用;堤坡、堤脚挖槽宽 3.1 m,深 1.4 m,采用 0.5 m³ 反铲挖掘机开挖,推土机推运集中堆放。造孔施工前应埋设孔口导向槽板,以防止孔口坍塌,并起导向作用。由于截渗墙长度较大,可选用钢板或木板进行支撑,以达到重复利用。

导向槽板位于围堤的顶部,由于孔口附近槽壁所受的泥浆压力较小,造孔时受到成槽设备产生的振动荷载,易引起孔口坍塌。施工前,应对该部分土体在施工机械设备振动下的稳定性做出正确评价,必要时对土体进行加固处理,以保证工程顺利进行。

由于临湖堤肩有树木,枕木铺设时应避开树木,保证树木不遭受破坏。钢轨道的铺拆采用人工作业。

3)固壁泥浆

截渗墙施工是靠泥浆固壁来维持槽孔稳定的,为了降低工程造价,根据工程的实际情况,可优先选用黏土作为造浆材料,泥浆用的黏土应满足黏粒含量大于 50%、塑性指数大于 20、含砂量小于 5% 的要求。本工程土料场黏粒含量偏低,不符合要求,为降低工程造价,固壁泥浆土料采用 50% 膨润土和 50% 黏土混合使用。膨润土采用山东潍坊膨润土,运距 300 km。黏土采用 3# 土场土料,平均运距 6 km。泥浆池置于临湖侧堤脚外,泥浆池为 5 m×3 m×2 m(长×宽×深),沿堤每 50 m 开挖一个。

新拌制的黏土泥浆应满足表 7-13 中指标要求。

表 7-13 新拌制的黏土泥浆性能指标

项目	单位	性能指标	试验用仪器
泥浆密度	g/cm³	1.1 ~ 1.2	泥浆比重秤
漏斗黏度	s	18 ~ 25	500/700 mL 漏斗
含砂量	%	5	含砂量测量器
胶体率	%	96	量筒
稳定性		0.03	量筒、泥浆比重秤
失水量	mL/30 min	30	失水量仪
泥饼厚度	mm	2 ~ 4	失水量仪
静切力	N/m²	2 ~ 5	静切力仪
pH 值		7 ~ 9	pH 值试纸或电子 pH 值计

4)造孔

开槽选用导管反循环法,导管直径 22 cm,钻头直径 22 cm。第一个导管孔采用地质钻钻成,利用设备本身的机架和设备,将导管吊装就位,开始钻孔作业,后续孔造孔设备放在已造出孔的位置,逐孔向前。对孔间小墙,采用专门设备修整。

该技术主要施工设备为反循环钻机(直径 22 cm)、导管(直径 22 cm)、15 t 履带起重机、泥浆搅拌机、泥浆泵等。

混凝土浇筑前,应对造孔质量进行全面检查,造孔的深度应满足设计要求。经检查合格后,方可进行清孔换浆。

根据相邻堤段地质勘探情况,围堤堤身存在狐、獾洞穴及裂缝,相邻地段造孔施工时,发生漏浆现象,从而影响施工的正常进行。造孔时漏浆,应采取紧急措施处理。施工现场应储备一定数量的黏土、水泥和漏浆处理设备(如重锤等)。采用水泥处理漏浆时,处理后应尽快清孔换浆,防止水泥发生絮凝现象。

清孔换浆结束前,应清除接头缝混凝土孔壁上的泥块。清除的方法用钢丝刷子钻头进行刷洗,刷洗的合格标准为刷子钻头上基本不带泥屑。

清孔换浆结束后 1 h,槽孔内泥浆和孔底淤积应满足以下标准:①孔底淤积厚度不大于 10 cm;②孔内泥浆的密度不大于 1.3 g/cm³,黏度不大于 30 s,含砂量不大于 10%。

上述项目检查合格后,方可进行混凝土浇筑。混凝土浇筑距清孔换浆结束的时间间隔不应大于 4 h,否则应重新清孔换浆、检查。

5)混凝土拌和

混凝土所用的水泥、骨料、水、掺合料及外加剂等材料均应符合有关标准的规定,宜优先选用天然中、粗砂,水泥强度等级不低于 42.5。混凝土配合比及配置方法应通过试验确定。考虑墙体较薄,仅为 30 cm,浇筑混凝土导管的直径受到一定的限制,为便于浇筑,墙体材料宜采用一级配混凝土。

水泥、砂、石子等材料置于沿线堤顶上，混凝土拌和采用 JB750 型混凝土搅拌机，混凝土运输采用 FC-1 翻斗车运输。拌制好的混凝土应具有较好的和易性，入孔坍落度应为 18~22 cm，扩散度应为 34~40 cm。混凝土的拌和、运输应保证浇筑能连续进行。若因故中断，时间不宜超过 40 min。

6）混凝土浇筑

沿槽应先进行隔离，隔离长度一般不应超过 8 m，隔离体材料选用以橡胶材料为主、土工布为辅的软体隔离体。

混凝土浇筑时应选择合适的槽孔长度、导管直径，为了保证混凝土浇筑的顺利进行，根据施工经验导管直径可采用 180 mm，浇筑过程宜满足以下规定：①入混凝土的深度不得小于 1 m；②混凝土面的上升速度不小于 2 m/h；③混凝土面应均匀上升，各处的高差应控制在 0.5 m 以内；④因墙体较薄，混凝土面上升速度较快，应每隔 15~20 min 测量一次槽孔内混凝土面，并及时绘制导管内混凝土面深度。

隔离体应等最后一盘混凝土初凝后方可开始拆除，一般为混凝土浇筑后 2 h 左右。拆除隔离体时，先将填充介质排出后，再将隔离体提出槽外。

混凝土截渗墙为地下隐蔽性工程，其质量控制较为困难，尤其是采用黏土泥浆，由于黏土含砂量大，对工程质量影响较大，施工中应严格按规范要求进行质量控制。混凝土质量控制主要以机口取样为主，槽孔墙完工后，应进行混凝土质量的 CT 检查。

7）围堤顶回填土施工

混凝土截渗墙施工分段完成后，进行土方回填。回填土以堤顶开挖土料回采为主，不足部分采用 3# 料场土料，并掺和使用。料场土方采用 1 m³ 挖掘机挖装，10 t 自卸汽车运输土料，运距 6 km。

土方回填应采用质量较好的土料，其施工质量应严格控制。由于受工作面场地限制，主要以人工回填为主，并配合蛙式打夯机进行施工。分层填筑的厚度根据现场的生产性试验确定。

9.墙体质量检测

1）水泥土搅拌桩截渗墙墙体质量检测

截渗墙成墙后应进行钻孔取芯检测，并可附加物探检测。

沿堤不大于 500 m 设一垂直钻孔检测段，布置 3 个钻孔。取芯后，进行抗压强度、渗透系数、渗透破坏试验，根据试验指标分别留取试样。钻孔须灌浆封孔。在钻孔取芯处必须打备墙，备墙深度与相应检测墙体深度相同，备墙与相应检测墙体应组成一体，平面尺寸不小于 0.45 m×0.9 m。

沿堤段不大于 500 m 设一处探坑进行水平取样检测墙体。探坑深度为 2 m，宽度为 1.0 m，长度为 3.0 m。应对所有揭露的土层取芯，进行抗压强度、渗透系数、渗透破坏试验。取芯后须对墙体补强。

水泥土搅拌桩截渗墙成墙后（90 d 龄期）应满足下述要求，墙体材料渗透系数 $K < 1 \times 10^{-6}$ cm/s，抗压强度 $R_{90} > 0.5$ MPa，水力破坏坡降 $J \geqslant 100$。

2）振冲防渗板墙墙体质量检测

墙体质量检测分留样检测和水平钻孔检测。

沿堤不大于 500 m 设一处探坑进行水平取样检测墙体。探坑深度为 2.0 m，宽度为 1.0 m，长度为 3.0 m。对所有揭露的地层都要取芯，进行抗压强度、渗透系数、渗透破坏试验，根据各种试验指标分别制取试样。取芯后须对墙体补强。

沿堤每 80 m 留 3 组试样（在墙体的上、中、下分别留取），按各种试验指标分别制取试样。对所留取试样进行抗压强度、渗透系数、渗透破坏、弹性模量试验。

振冲防渗板墙截渗墙成墙后（28 d 龄期）应满足下述要求，墙体材料渗透系数 $K < 1 \times 10^{-7}$ cm/s，抗压强度 $R_{28} > 0.27$ MPa，水力破坏坡降 $J \geqslant 100$，弹性模量 $E < 1\,000$ MPa。

3）混凝土截渗墙墙体质量检测

混凝土截渗墙墙体质量检测方法与振冲防渗板墙墙体质量检测方法相同。混凝土截渗墙成墙后（28 d 龄期）应满足下述要求，墙体材料渗透系数 $K < 3 \times 10^{-7}$ cm/s，抗压强度 $R_{28} > 6$ MPa，水力破坏坡降 $J \geqslant 100$。

三、封丘荆隆宫堤防截渗墙

荆隆宫险段位于黄河北岸新乡封丘县荆隆宫乡境内，黄河大堤桩号为 159 + 300 ~ 162 + 300，堤段长 3 km。该段是历史上多次决口的老口门，自明代洪武三十五年（1402 年）到清代顺治七年（1650 年）先后决口 9 次。根据勘探资料，在 160 + 200 ~ 161 + 350 范围内均有堵口秸料层，分布在高程 61 ~ 71 m（黄海标高）之间，宽度为 65 m 左右。大堤临背差达 6.5 m，背河坑洼常年积水，经渗流计算堤基渗透坡降大于允许渗透坡降，需进行防渗加固处理。

（一）加固方案选择

设计比较了临河修新堤 + 背河压土盖重、防渗墙 + 老口门充填灌浆、减压井 + 老口门充填灌浆、防渗墙等方案。考虑到堤身前移修新堤解决不了堤基渗透问题，背河紧邻村庄，移民安置任务量大，充填灌浆对老口门秸料层加固效果不好，减压井易堵易淤、失效较快，根据当时防渗墙施工技术情况，确定采用防渗墙加固方案。

（二）防渗墙方案选择

设计对堤顶垂直混凝土防渗墙、堤顶高压旋喷桩防渗墙、堤脚混凝土防渗墙 + 堤坡防渗土工布等方案比较。堤顶垂直混凝土防渗墙深度大，施工机械难以打到相对不透水层，因此选择了堤脚混凝土防渗墙 + 堤坡防渗土工布方案。

（三）工程平面布置

防渗墙工程建设范围为 159 + 200 ~ 162 + 388，顺堤向长 3.188 km。防渗墙墙体平行于大堤轴线布置在临河堤脚外 1.6 m 处。

（四）防渗墙体结构设计

工程以花园口站洪峰流量 22 000 $\mathrm{m^3/s}$ 洪水为防御标准，加固堤段设防水位为 83.97 ~ 83.36 m。考虑超高和施工便利，堤脚混凝土防渗墙墙顶设计高程为 79.5 m。

设计截渗墙墙体嵌入相对不透水层深 1 m，老口门段 160 + 000 ~ 161 + 600 堤段墙底设计高程为 37.0 m,墙顶高程低于滩面平均高程 1.5 m,为 79.5 m,墙体净深为 42.5 m,造墙面积为 68 000 m²;老口门上下段的 159 + 200 ~ 160 + 000、161 + 600 ~ 162 + 388 两段,墙底嵌入重壤土隔水层 1 m,墙体高程分别为 60.0 m、60.5 m 和 59.0 m,墙顶高程为 79.5 m,墙体净深分别为 19.5 m、19.0 m 和 20.5 m,造墙面积分别为 15 565 m²、16 154 m²。

墙体设计厚度主要由施工方式和机具设备决定。对 159 + 200 ~ 160 + 000、161 + 600 ~ 162 + 388 堤段墙身在 21 m 以内的防渗墙,采用射水法和开槽法施工,墙厚为 0.22 m。160 + 000 ~ 161 + 600 堤段墙体深度深,采用开槽法施工,墙厚设计为 0.3 m。墙体混凝土防渗等级为 S_6,墙体混凝土强度 10 MPa。其设计指标见表 7-14。

表 7-14　防渗墙体结构设计指标

桩号	堤顶高程(m)	墙底高程(m)	墙体净深(m)	截渗墙厚(m)	截渗墙长(m)	墙体面积(m²)	防渗土工布(m²)	说明
159 + 200 ~ 159 + 930	79.5	60.0	19.5	0.22	730	14 235	13 972	老口门上段
159 + 930 ~ 160 + 000	79.5	60.5	19.0	0.22	70	1 330	1 340	
160 + 000 ~ 161 + 600	79.5	37.0	42.5	0.30	1 600	68 000	30 624	老口门段
161 + 600 ~ 162 + 388	79.5	59.0	20.5	0.22	788	16 154	15 082	老口门下段
合计					3 188	99 719	61 018	

(五)堤坡防渗处理

堤坡自设计防洪水位至防渗墙顶进行防渗处理,和堤基防渗墙共同形成完整的防渗系统。经对素混凝土板防渗、防渗土工布 + 砂壤土防渗、防渗土工布 + 砂壤土 + 浆砌石方框护坡防渗等方案进行经济技术比较,确定采用堤坡铺防渗土工布 + 砂壤土防护方案。

土工布与防渗墙搭接 1 m,顺堤坡铺设到设防水位以上的 85 m 高程处,并埋深固定。防渗土工布规格为 500 g/m²,布厚 0.25 mm,垂直渗透系数为 1×10^{-10} cm/s。防护砂壤土厚度为 1.5 m。

(六)工程施工

工程于 1997 年 11 月底开工,1998 年汛前主体工程完工,主体工程施工总工期 6 个月。

老口门上、下段的 159 + 200 ~ 160 + 000、161 + 600 ~ 162 + 388 截渗墙深度小于 21 m,采用 YK - 09 型液压开槽机施工;老口门 160 + 000 ~ 161 + 600 段截渗墙深度为 42.5 m,采用深层开槽机进行施工。锯槽机造墙工程量为 0.3 m 厚墙体 68 000 m²、0.22 m 厚墙体 82 000 万 m²,射水法造墙 0.22 m 厚墙体 8 000 m²,土方开挖 1.67 万 m³,填筑 5.59 万 m³,复合土工布铺设 45 700 万 m²。

该工程截渗墙施工基本与东平湖滞洪区围堤混凝土截渗墙要求相同,关键工序如下。

1. 射水法施工的关键工序

1)造孔

施工中要严格控制泥浆浓度,并准备适量的堵漏材料。泥浆密度大,有利于孔壁稳定,但易造成浮钻,影响造孔速度;泥浆密度小,则不利于孔壁稳定,设计泥浆密度在 $1.1 \sim 1.2 \ g/cm^3$ 之间比较适宜。

2)混凝土槽板接缝处理

射水法造墙采用平接技术,在同一轨道上工作,基础水平稳定,放样对位标在钢轨上,要对位准确。操作时需经常检查轨道及多层机械手刚性导向的定位,特别是检查成形器的侧向喷嘴,保证侧向水流畅通,以使混凝土单、双号槽板连接紧密。

3)混凝土浇筑

水下混凝土灌筑是防渗墙的最后一道工序,施工中要严格按混凝土配合比配料,误差不大于规范要求,同时要求混凝土有良好的和易性、均一性,坍落度应在 $18 \sim 22 \ cm$。

2. 开槽法施工的关键工序

1)导孔施工

液压开槽机造孔时,为实现全断面的水平方向前进,首先要用钻机在墙的顶部造一个圆孔,其直径和深度应能将刀杆下入孔底。

2)开槽施工

先将开槽机移至导孔处就位,空转测试,一切正常时,开槽机正式工作,刀杆的位置或刀杆的斜度小于10%,根据地质条件控制刀杆的频率,从而控制成槽的速度。施工中要严格控制泥浆浓度,设计泥浆密度为 $1.1 \sim 1.2 \ g/cm^3$ 比较适宜。

3)槽孔隔离

槽孔虽然连续开槽,但混凝土需分段浇筑,每浇筑槽长 8 m 时需进行隔离。隔离体选用橡胶材料或土工布。

4)混凝土浇筑

开槽法混凝土浇筑与射水法混凝土浇筑相同。

自20世纪60年代以来,在黄河下游堤防加固工程实践中,黄委广大治黄科技工作者密切结合黄河堤防的实际情况,在堤防隐患探测和堤防除险加固技术的科学研究、设计和施工等方面,通过技术攻关和工程实践,取得了丰硕的科技成果,利用截渗墙加固堤防的技术不断完善,进而加快了黄河下游堤防除险加固的进程,提高了堤防的抗洪能力。

参考文献

[1] 陈效国,李丕武,等.堤防工程新技术[M].郑州:黄河水利出版社,1997.

[2] 黄委会河务局.堤防隐患探测新技术推广应用.郑州:黄委内部资料,2000.

[3] 黄河防洪志编纂委员会.黄河防洪志[M].郑州:河南人民出版社,1991.

[4] 杜玉海.黄河堤防劈裂灌浆试验分析[J].人民黄河,1992(6).

[5] 宋玉杰,杨树林.黄河大堤现状问题及加固措施[J].人民黄河,1993(12).

［6］马国彦,王喜彦,李宏勋.黄河下游河道工程地质及淤积物物源分析［M］.郑州:黄河水利出版社,
　　　1997.

［7］中华人民共和国水利部.SL 51—93 堤防工程技术规范［S］.北京:中国水利水电出版社,1993.

［8］国家技术监督局,中华人民共和国建设部.GB 50286—98 堤防工程设计规范［S］.北京:中国计划出
　　　版社,1998.

［9］中华人民共和国建设部.JGJ 79—2002 建筑地基处理技术规范［S］.北京:中国建筑工业出版社,
　　　2002.

第八章　放淤固堤

黄河下游堤防的沙性土质决定了堤防险情发展迅猛的特点。防汛抢险演习中,在已知险情发生类型、地点,并且料物、设备、专业抢险人员准备充分的情况下,仍有抢险失败的情况发生。经过多年的防洪实践,在综合考虑黄河下游堤身、堤基问题的基础上,针对黄河水少沙多、下游河道淤积严重情况,总结出利用黄河泥沙进行放淤固堤的加固堤防方法。

放淤固堤是一种"以河治河"的措施。在黄河下游水流含沙量高,将含沙量高的河水或人工拌制的泥浆引至沿堤洼地或围堤内,降低流速,沉沙、固结,这属于加固堤防的工程措施。

第一节　放淤固堤的发展

20 世纪 50 年代以来,黄河下游放淤固堤经历了自流放淤、扬水站放淤和船泵放淤 3 个大的阶段,其中 20 世纪 70 年代以来是放淤固堤的大发展阶段,该阶段从单船、单泵放淤发展到船与泵、泵与泵结合的组合接力放淤。

黄河下游为悬河,水流含沙量大,从而增加了防洪的难度。但从引水灌溉的角度来看,由于黄河下游河道高于两岸地面,为沿黄地区自流引水灌溉创造了极为便利的条件,随着两岸灌溉的发展,下游河道成了黄淮海平原引黄灌溉的总干渠。20 世纪 50、60 年代,背河潭坑洼地较多,有大量的沙荒地、盐碱地需要改造。利用引黄自流放淤淤填了大量的背河潭坑和低洼地,使其变为良田,并加固了堤防。

1950 年在利津县綦家嘴兴建了山东黄河第一座引黄闸,开始利用引黄泥沙在背河洼地放淤改土,同时起到了加固堤防的作用。1954～1956 年,山东打渔张灌区对引黄泥沙的处理进行了试验研究,其他灌区也对泥沙处理做过探索,有的灌区利用背河潭坑、洼地做沉沙池,结合灌溉淤高背河堤脚。1955 年,济南王家梨行和杨庄建成了第一批虹吸工程,利用杨庄虹吸淤填了 3 800 亩常年积水的美里洼,平均淤高 1.2 m;王家梨行淤平了1898 年黄河决口的老口门。1956 年,郑州修防处为解决花园口老口门潭坑堤段渗水问题,曾修筑大堤后戗,修好的后戗不到一个月全部滑入潭坑内;同年汛期利用花园口引黄闸,引黄放淤 13 d,将面积为 2 500 亩、积水 13 m 深的大潭坑淤填了 11 m,以后又经放淤高出地面,彻底淤平了该潭坑,不仅解决了该堤段堤脚渗水问题,而且将潭坑改造成良田。1957 年,在济南小鲁庄虹吸进行了引黄放淤试点,总结认为:引黄放淤能压碱洗碱,改良土壤,同时提高背河地面高程,不但加固了大堤堤脚,而且可以大量补给修堤用土。1963 年,小鲁庄虹吸第二次进行引黄放淤试点,利用大堤背河一些坑塘洼地做沉沙池,经过几年的沉沙落淤使沿堤的一些坑塘洼地淤成了高地,处理了大堤隐患,防止出现渗水、翻沙鼓水、管涌等险情,提高了大堤的抗洪能力。1963 年,济南修防处利用盖家沟引黄闸在姬家庄进行放淤加固堤防,淤区范围由引黄闸至姬家庄沿堤 1 000 m,平均宽为 300 m,该堤段需修后戗土方 10 万 m³,放淤固堤后可少做后戗土方 5 万 m³。

随着引黄淤背固堤的发展,大堤背河地面逐渐淤高,低水位时涵闸虹吸不能引水沉沙,为了向高处沉沙,使背河淤得更高,开始采用机械扬水放淤。1965 年,济南市曹家圈、小鲁庄、傅家庄及济阳沟阳家虹吸下游修建了第一批扬水站,既解决了灌溉用水,又把大量泥沙淤填在大堤背后加固堤防。1965 年,水电部肯定了引黄放淤加固堤防的作用。

1965 年 1 月,山东黄河河务局济南修防处利用泥浆泵试办一处堤防充填试验,在一只木船上安装一台 75 kW 电机带动的水泵和 20 kW 电机带动的高压水枪泵,在泺口险工下首进行试验,含沙量可达 200 ~ 300 kg,共淤填土方 1.43 万 m³,土方单价为 1.86 元/m³。初步结论是放淤固堤可节省劳力、少挖农田、投资省、见效快,这次试验为建造简易吸泥船打下了基础。

1969 年,水电部批复修建山东齐河展宽工程时,同意利用吸泥船放淤修建房台,齐河修防段试制简易吸泥船,1970 年成立造船组,7 月建成黄河下游第一只简易吸泥船,1971 年 4 月在齐河老县城东投产运行,当年完成土方 1.31 万 m³。该简易吸泥船安装了 6160A 型 135 马力柴油机 1 台,配带泥浆泵,用 3B57 型离心泵接高压水枪。1971 年 6 月济南修防处自制简易吸泥船,安装 130 kW 电机配带 8PNA 泥浆泵,在泺口铁桥以东投产运用,当年完成土方 31.36 万 m³。1973 年,将挖泥船置于背河城市供水蓄水池内,挖取泥沙进行放淤固堤。1973 年底,山东已建造简易吸泥船 21 只,累计完成土方 293 万 m³。吸泥船放淤固堤经验得到肯定后,在黄河下游进行了推广。1974 年,河南开始在开封黑岗口、郑州花园口、兰考夹河滩、长垣孟岗、范县杨集等地组建造船厂,建造钢质简易吸泥船 45 只,以后为了利用滩地抽吸两合土,又购进一批绞吸式挖泥船。1974 ~ 1978 年高峰期黄河下游吸泥船数量曾达到 220 多只。从 1970 年黄河职工自制第一艘简易吸泥船起,至 1985 年底自制简易吸泥船 241 只,至 1989 年共购置 80 m³/h 绞吸式挖泥船 19 只。

1969 年,在三门峡召开的晋陕鲁豫四省治黄工作会议上提出:"在近三年内,应有计划地加固堤防,并积极进行堤背放淤,以利备战"。1971 年开始列入基本建设计划,特别是 1973 年治黄工作会议后,明确把放淤固堤列入第三次大修堤规划,1974 年经国务院批准正式列入黄河下游防洪基建计划,自此放淤固堤大规模开展起来。

1955 ~ 1969 年,主要为自流放淤阶段,引黄灌溉结合堤背沉沙,沿堤淤平了不少洼地、老口门、老潭坑等,一般淤高为 0.5 ~ 1 m。1970 年以后,为利用吸泥船、泥浆泵进行放淤阶段,进度快、收效大。特别是 1998 年长江大水以来,中央加大了黄河下游防洪工程建设力度,放淤固堤又进入了一个新的建设高潮,并成为以后堤防加固的主要方向。

第二节　放淤固堤标准

一、20 世纪采用的放淤固堤标准

放淤固堤在不同时期采用过不同的工程标准。1971 年,山东黄河河务局提出"引黄淤背结合改土,淤宽 100 ~ 200 m,高度与临河滩地平,以后逐年增高,逐步展宽。"并先把险工和重要堤段淤宽 100 m。1972 年，河南黄河河务局提出"险工淤背、平工淤临，淤宽 200 m，自流放淤结合改土，可淤宽 200 ~ 500 m，淤高超高 1958 年洪水位 1 m"的建设标准。1978 年黄委统一规定为"平工段淤宽 50 m，险工和老口门等薄弱堤段淤宽 100 m，背河淤高到 1983 年设防水位以上 0.5 m。"1981 年黄委根据国民经济进一步调整、压缩基本建设规模的精神，将放淤固堤的标准调整为"险工淤宽 50 m，平工淤宽 30 m，自流和扬水站可结合放淤改土适当放宽；淤背高度高于浸润线出逸点 1.0 m，淤临高度要高出 1983 年设防水位 0.5 m"。20 世纪 90 年代的标准改为"平工堤段淤宽 30 ~ 50 m，险工、老口门堤段淤宽 50 ~ 100 m，边坡 1:3，淤背顶高程超过设计浸润线出逸点 0.5 m。"1998 年长江大水之后，1999 ~ 2000 年采用的标准是淤区宽度原则上为 100 m，重点确保堤段、险点险段顶部高程与设计洪水位平，一般堤段顶部高程超出浸润线出逸点 1.5 m。

二、渗流稳定分析

渗透稳定分析计算是堤防加固工程设计的依据，而黄河下游堤防历史上决口频繁，老口门众多，堤身、堤基土质构成复杂，抗渗能力极差。因此，需要结合黄河下游堤防实际情况，在按照有关规范分析计算的基础上，研究符合堤防实际情况的渗流参数选择与计算方法。

(一)堤防渗流稳定计算方法

堤防渗流计算方法可分为流体力学解法和水力学解法两类。黄河下游堤防边界条件较为复杂，本次分析采用拉普拉斯方程数值计算法求解，并做如下假定：①渗流服从达西定律；②不考虑土体和水的压缩性，渗透时土体的孔隙大小和孔隙率不变；③土体内水的饱和度不变；④堤防各土层概化为均质土。

根据流体力学原理，对符合达西定律的二向渗流，在土体与液体压缩性可以忽略的条件下，水头函数满足拉普拉斯方程：

$$k_x \frac{\partial^2 h}{\partial x^2} + k_z \frac{\partial^2 h}{\partial z^2} = 0 \tag{8-1}$$

式中　h——水头函数；

　　　x、z——坐标；

　　　k_x、k_z——渗透系数。

(二)堤防渗流稳定计算结果及分析

根据黄河下游各堤段不同的地质条件，按照地基地层结构分段和分类，《黄河下游近期防洪工程建设可行性研究报告》(2009 年 9 月)安排的堤段中选取 41 个断面进行了渗流稳定计算，渗流计算结果见表 8-1。计算结果表明：在设计洪水条件下，所选取的 41 个计算断面中有 9 个现状断面背水堤坡出逸处产生渗透破坏，需采取渗控措施对堤防进行加固，其余 32 个断面不产生渗透破坏，无须加固；采取放淤固堤措施后，41 个断面的出逸高度均有所降低，且出逸比降均小于土层允许比降，所有断面均呈渗流稳定状态。

表 8-1 渗流计算结果

堤段范围	段落桩号	计算断面桩号	计算情况	出逸点高度（m）	出逸比降	允许出逸比降	单宽渗流量（m³/d）
新乡（左岸）	179+800～180+800	180+500	现状	0	0.015	0.38	0.31
			放淤加固	0	0.016	0.38	0.26
	182+640～186+400	182+700	现状	1.08	0.38	0.38	0.39
			放淤加固	0	0.2	0.38	0.36
		184+900	现状	0	0.45	0.38	0.18
			放淤加固	0	0.22	0.38	0.18
	5+890～6+300	5+900	现状	6.9	0.23	0.47	0.73
			放淤加固	0.3	0.16	0.375	0.42
	7+860～8+450	8+100	现状	0.52	0.35	0.498	0.425
			放淤加固	0.2	0.18	0.375	0.292
	10+400～12+600	11+000	现状	4	0.28	0.487	0.218
			放淤加固	0.5	0.14	0.375	0.194
	36+000～40+669	39+000	现状	2.07	0.43	0.493	0.182
			放淤加固	0.6	0.12	0.375	0.125
濮阳（左岸）	65+700～77+900	69+600	现状	2.61	0.31	0.45	0.424
			放淤加固	2.25	0.07	0.45	0.229
		72+900	现状	1.39	0.15	0.45	0.347
			放淤加固	0	0.13	0.45	0.25
	90+000～92+200	91+600	现状	6.34	0.26	0.45	0.303
			放淤加固	2.22	0.2	0.45	0.296
	120+734～124+728	122+000	现状	5.64	0.31	0.4	0.479
			放淤加固	0.11	0.29	0.4	0.245

续表 8-1

堤段范围	段落桩号	计算断面桩号	计算情况	出逸点高度（m）	出逸比降	允许出逸比降	单宽渗流量（m³/d）
聊城（左岸）	3 - 050 ~ 3 + 750	3 + 600	现状	1.2	0.4	0.29	0.17
			放淤加固	0.3	0.2	0.29	0.14
	4 + 220 ~ 5 + 512	5 + 300	现状	0.082	0.2	0.29	0.08
			放淤加固	0.052	0.2	0.29	0.07
	9 + 800 ~ 13 + 200	11 + 200	现状	1.14	0.3	0.284	0.06
			放淤加固	0.64	0.2	0.284	0.05
		12 + 900	现状	0.8	0.3	0.274	0.05
			放淤加固	0.08	0.2	0.274	0.04
	21 + 400 ~ 22 + 100	22 + 100	现状	0.17	0.2	0.284	0.13
			放淤加固	0.15	0.1	0.284	0.12
	37 + 730 ~ 39 + 600	39 + 103	现状	0.08	0.14	0.3	0.086
			放淤加固	0	0.19	0.3	0.071
	52 + 500 ~ 53 + 400	53 + 000	现状	0	0.26	0.4	0.042
			放淤加固	0	0.28	0.4	0.03
济南（右岸）	65 + 500 ~ 73 + 310 75 + 800 ~ 76 + 450	65 + 600	现状	0.34	0.33	0.49	0.69
			放淤加固	0	0.09	0.49	0.39
		68 + 550	现状	0.54	0.17	0.48	0.37
			放淤加固	0.12	0.18	0.48	0.31
		76 + 100	新堤	0	0.19	0.48	0.276
	86 + 630 ~ 87 + 700	87 + 700	现状	0.47	0.13	0.44	0.49
			放淤加固	0.15	0.19	0.44	0.33
滨洲（右岸）	91 + 653 ~ 92 + 190	92 + 000	现状	0.29	0.32	0.331	0.116
			放淤加固	0.69	0.19	0.331	0.108
	93 + 000 ~ 95 + 200	93 + 500	现状	0.7	0.32	0.331	0.123
			放淤加固	0.006	0.15	0.331	0.092
	98 + 650 ~ 106 + 500	102 + 050	现状	1.6	0.3	0.302	0.12
			放淤加固	0.314	0.2	0.302	0.105
		104 + 380	现状	0.85	0.36	0.302	0.119
			放淤加固	0.319	0.24	0.302	0.101

续表 8-1

堤段范围	段落桩号	计算断面桩号	计算情况	出逸点高度（m）	出逸比降	允许出逸比降	单宽渗流量（m³/d）
淄博（右岸）	109 + 560 ~ 110 + 200	109 + 890	现状	0.58	0.43	0.312	0.184
			放淤加固	0.319	0.27	0.312	0.133
	111 + 200 ~ 112 + 100	111 + 800	现状	0.318	0.29	0.329	0.174
			放淤加固	0.241	0.16	0.329	0.148
	120 + 125 ~ 127 + 700	121 + 700	现状	0.49	0.29	0.46	0.14
			放淤加固	0.05	0.32	0.46	0.15
		124 + 200	现状	0.02	0.19	0.46	0.13
			放淤加固	0.02	0.32	0.46	0.15
		126 + 700	现状	2.98	0.14	0.47	0.09
			放淤加固	0.05	0.21	0.47	0.11
	147 + 770 ~ 148 + 750	147 + 000	现状	0.05	0.17	0.48	0.19
			放淤加固	0.05	0.24	0.48	0.2
	152 + 220 ~ 154 + 350	154 + 325	现状	2.14	0.87	0.48	0.03
			放淤加固	0.08	0.34	0.48	0.12
	156 + 150 ~ 159 + 100	156 + 900	现状	0.07	0.34	0.47	0.13
			放淤加固	0.07	0.31	0.47	0.21
滨洲（右岸）	162 + 300 ~ 163 + 500	162 + 400	现状	1.26	0.47	0.313	0.26
			放淤加固	0.321	0.27	0.313	0.22
	164 + 600 ~ 167 + 050	165 + 750	现状	2.8	0.3	0.305	0.19
			放淤加固	0.328	0.22	0.305	0.13
	174 + 700 ~ 178 + 830	177 + 350	现状	0.175	0.2	0.309	0.12
			放淤加固	0.012	0.15	0.309	0.12
	178 + 830 ~ 182 + 650	181 + 100	现状	2	0.25	0.318	0.167
			放淤加固	0.327	0.17	0.318	0.12
	184 + 800 ~ 189 + 121	187 + 900	现状	3.3	0.31	0.32	0.172
			放淤加固	0.301	0.2	0.32	0.122
河口（右岸）	196 + 260 ~ 196 + 704	196 + 260	现状	2.19	0.28	0.4	0.357
			放淤加固	0	0.37	0.4	0.245
	247 + 350 ~ 247 + 680	247 + 600	现状	0.46	0.05	0.45	0.505
			放淤加固	0.26	0.15	0.4	0.225

该计算结果与黄河下游堤防实际情况相差较大。1996 年 8 月黄河防洪抢险统计资料显示,当年黄河下游大堤偎水长度为 969.17 km,平均水深为 2～3 m,最大水深为 5 m,出现了 29 段严重渗水、33 处裂缝。1958 年洪水、1982 年洪水等几场较大洪水发生时,上述计算断面多发生过渗透破坏。因此,实际计算结果与历史出险情况不符。经分析,造成这种结果的主要原因是:

(1)土层渗透系数的误差。本次计算所采用的渗透系数为地质成果推荐值,它是在地质勘探现场取样,通过室内试验确定的,而室内试验得出的渗透系数与堤防原状土有一定差距。

(2)土层允许渗透比降的误差。堤防各土层的允许渗透比降是利用规范中的公式计算得出的,而非试验确定。

(3)均质土层的假定。计算时将堤防各土层概化为均质土层,无法模拟黄河下游堤防普遍存在的堤身裂缝、孔洞、松散体以及众多老口门等渗水通道。这是造成计算结果与堤防实际表现存在差距的最大原因。

(4)其他原因。影响土壤渗透性的因素还有很多,如土体的结构、颗粒形状与大小、孔隙率、水的饱和度和水温等,这些因素在不同条件下呈现出不同的渗流运动规律。计算时没有考虑土体和水的压缩性,并假定渗透时土体的孔隙大小和孔隙率、土体内水的饱和度不变。

(三)堤防渗流反演计算结果及分析(渗流稳定补充计算)

1.堤防渗流反演计算方法

计算结果的可靠性在很大程度上取决于渗透系数和允许渗透比降的选取。鉴于上述渗流计算无法真实有效地模拟堤防渗透破坏,考虑到黄河下游堤防历史出险资料较为齐全,尤其是近几十年的渗透险情资料翔实可靠,黄河勘测规划设计有限公司潘明强等人提出了历史出险渗透比降计算方法,以此作为常规渗流计算方法的补充,力求计算结果尽可能地接近堤防的实际情况。

历史出险渗透比降的计算思路是,根据出险时的洪水水位、堤防断面以及地质勘探推荐的各土层渗透系数,用平面有限单元分析法求解拉普拉斯方程,推求出当年出险时的渗透破坏比降;再根据土层地质结构和出险资料对险情的描述,分析出险时的渗透破坏形式(流土或管涌),将出险时的渗透破坏比降除以相应的安全系数,并以此作为该段堤防的允许出逸比降,来判断堤防是否发生渗透破坏。

2.堤防渗流反演计算结果及分析

仍采用前述 41 个断面进行计算、分析。通过调阅黄河历史出险资料,从中选取 38 个断面进行出险渗透比降的计算(有 3 处没有出险记录)。渗流反演计算结果与前述计算结果对比情况见表 8-2。

表 8-2　历史出险渗透比降计算结果对比

堤段范围	段落桩号	计算断面桩号	计算工况	出逸比降计算值	允许出逸比降（公式计算值）	允许出逸比降（险情计算值）
新乡（左岸）	5+890~6+300	5+900	现状	0.23	0.47	0.13
			放淤加固	0.16	0.38	
	7+860~8+450	8+100	现状	0.35	0.50	0.14
			放淤加固	0.18	0.38	
	10+400~12+600	11+000	现状	0.28	0.49	0.21
			放淤加固	0.14	0.38	
	36+000~40+669	39+000	现状	0.43	0.49	0.18
			放淤加固	0.12	0.38	
濮阳（左岸）	65+700~77+900	69+600	现状	0.31	0.45	0.19
			放淤加固	0.07	0.45	
		72+900	现状	0.15	0.45	0.13
			放淤加固	0.13	0.45	
	90+000~92+200	91+600	现状	0.26	0.45	0.24
			放淤加固	0.20	0.45	
	120+734~124+728	122+000	现状	0.31	0.40	0.28
			放淤加固	0.29	0.40	
聊城（左岸）	3-050~3+750	3+600	现状	0.4	0.29	0.22
			放淤加固	0.20	0.29	
	4+220~5+512	5+300	现状	0.20	0.29	0.21
			放淤加固	0.20	0.29	
	9+800~13+200	11+200	现状	0.30	0.28	0.23
			放淤加固	0.20	0.28	
		12+900	现状	0.30	0.27	0.22
			放淤加固	0.20	0.27	
	21+400~22+100	22+100	现状	0.20	0.28	0.11
			放淤加固	0.10	0.28	
	37+730~39+600	39+103	现状	0.19	0.30	0.17
			放淤加固	0.14	0.30	
	52+500~53+400	53+000	现状	0.28	0.40	0.17
			放淤加固	0.26	0.40	

续表 8-2

堤段范围	段落桩号	计算断面桩号	计算工况	出逸比降计算值	允许出逸比降（公式计算值）	允许出逸比降（险情计算值）
济南（右岸）	65+500~ 73+310 75+800~ 76+450	65+600	现状	0.33	0.49	0.13
			放淤加固	0.09	0.49	
		68+550	现状	0.17	0.48	0.12
			放淤加固	0.18	0.48	
		76+100	新堤	0.19	0.48	—
	86+630~ 87+700	87+700	现状	0.19	0.44	0.17
			放淤加固	0.13	0.44	
滨洲（右岸）	91+653~ 92+190	92+000	现状	0.32	0.33	0.25
			放淤加固	0.19	0.33	
	93+000~ 95+200	93+500	现状	0.32	0.33	0.26
			放淤加固	0.15	0.33	
	98+650~ 106+500	102+050	现状	0.30	0.30	0.19
			放淤加固	0.20	0.30	
		104+380	现状	0.36	0.30	0.25
			放淤加固	0.24	0.30	
淄博（右岸）	109+560~ 110+200	109+890	现状	0.43	0.31	0.17
			放淤加固	0.27	0.31	
	111+200~ 112+100	111+800	现状	0.29	0.33	0.23
			放淤加固	0.16	0.33	
	120+125~ 127+700	121+700	现状	0.32	0.46	0.11
			放淤加固	0.29	0.46	
		124+200	现状	0.32	0.46	0.21
			放淤加固	0.19	0.46	
		126+700	现状	0.21	0.47	0.20
			放淤加固	0.14	0.47	
	147+770~ 148+750	147+000	现状	0.24	0.48	0.15
			放淤加固	0.17	0.48	
	152+220~ 154+350	154+325	现状	0.87	0.48	0.37
			放淤加固	0.34	0.48	
	156+150~ 159+100	156+900	现状	0.34	0.47	0.16
			放淤加固	0.31	0.47	

续表 8-2

堤段范围	段落桩号	计算断面桩号	计算工况	出逸比降计算值	允许出逸比降（公式计算值）	允许出逸比降（险情计算值）
滨洲（右岸）	162+300~163+500	162+400	现状	0.47	0.31	0.14
			放淤加固	0.27	0.31	
	164+600~167+050	165+750	现状	0.30	0.31	0.24
			放淤加固	0.22	0.31	
	174+700~178+830	177+350	现状	0.20	0.31	0.16
			放淤加固	0.15	0.31	
	178+830~182+650	181+100	现状	0.25	0.32	0.20
			放淤加固	0.17	0.32	
	184+800~189+121	187+900	现状	0.31	0.32	0.20
			放淤加固	0.20	0.32	
河口（右岸）	196+260~196+704	196+260	现状	0.37	0.40	0.21
			放淤加固	0.28	0.40	
	247+350~247+680	247+600	现状	0.15	0.45	0.11

分析渗流计算反演结果可以得出以下结论：

（1）依据历史险情推算出的允许出逸比降小于规范公式计算出的允许出逸比降。

（2）若以历史险情推算出的允许出逸比降作为判别堤防是否发生渗透破坏的标准，则根据前述计算结果可知：设计水位下，计算的 38 个现状断面均发生渗透破坏；设计水位下，放淤固堤后的 38 个断面出逸高度均大大降低，其中 27 个断面（占 71.1%）的出逸比降小于或者接近允许出逸比降，满足设计要求，其余 11 个断面出逸比降大于允许出逸比降，但放淤固堤后，放淤体覆盖了大部分险情出现的范围，堤防出险的概率和危害程度将大大降低。

（3）常规的渗流计算由于其假定条件的理想化，加上渗透系数、允许渗透比降的偏离实际，造成计算结果与堤防实际表现差别过大。本次依据历史险情资料推求出的渗透比降是实际发生的渗透破坏比降，再除以安全系数并作为允许渗透比降是适宜的，从计算结果上看，也是符合实际情况的。

三、21 世纪放淤固堤标准

（一）放淤固堤宽度和顶部高程

放淤固堤宽度应对黄河历史上背河堤脚以外经常出现管涌等险情的范围进行覆盖，以避免类似险情再次发生，并充分考虑现有堤防的实际情况，高度应高于背河堤坡在大洪水时出险（渗水、滑坡、漏洞等）范围，坡度应符合稳定要求（包括渗流、地震等）；淤筑体的表面保护要满足环境保护要求,并应有与工程相适应的耐久性。

由于黄河下游堤防存在较多问题,黄河历次发生大洪水,在背河出现管涌、渗水、滑坡、陷坑、漏洞等是最常见的险情,对于这些险情如果任其发展,就可能导致堤防的失事。堤防背河侧险情的发生部位:一是在背河堤坡,多发生渗水、滑坡、漏洞等险情,具体位置具有很大的离散性。渗水的位置低于临河水位;漏洞的位置有高有低,主要取决于大堤的自身状况,个别漏洞的出口高程接近临河水位;背河的滑坡一般由渗水引起,其程度取决于渗流强度和堤身土质,严重时产生整体滑动,往往涉及大堤顶部。二是在堤脚以外,多发生渗水、管涌、陷坑等险情。一般是由于基础存在问题,根据调查和统计,背河地面出现险情基本上集中在堤脚以外 100 m 的范围以内,但也有一部分发生在 100 m 以外,最远的曾在堤脚以外 200 m 处发生管涌(鄄城康屯,1982 年洪水期)。

根据黄河下游放淤固堤的实践,区别轻重缓急,近期对防洪保护区范围巨大的左岸沁河口至原阳篦张、右岸郑州邙山根至兰考三义寨、济南槐荫老龙王庙至历城霍家溜 3 个重点确保堤段及近年已批复实施的部分险要堤段的放淤固堤采用淤宽一般为 100 m、顶部与设计洪水位平的标准;其余堤段采用的标准为淤区宽度 80～100 m,顶部低于设计洪水位 2 m,其中河口附近南展以下堤段淤区顶部低于设计洪水位 3 m。

(二)边坡及包边盖顶

根据《堤防工程设计规范》(GB 50286—98),1 级土堤的边坡不宜陡于 1:3.0,放淤固堤作为黄河下游堤防的重要组成部分,其边坡与堤防背河侧边坡一致,即 1:3.0。

放淤固堤取土多为沙质土,淤区若不采取防护措施,风冲雨蚀,不但使淤区本身工程损毁,强度降低,且易使附近农田沙化,影响农业生产。因此,淤区要及时用含黏量大的土包淤,即包边盖顶。包边水平宽度为 1.0 m,盖顶厚度为 0.5 m。

(三)施工中的几项设计指标

1. 围堤

放淤固堤需设围堤,以保证把从河道或滩地抽取的泥浆在围堤约束下,将泥沙沉淀下来,加固堤防。根据泥沙沉淀固结需要,围堤需分层修筑。根据多年的实践经验,第一层(基础)围堤的高度一般为 2.5～3 m,顶宽为 2 m,第二层及其以上围堤的高度为 2～2.5 m;围堤外边坡与堤防背河边坡相同,即 1:3.0,内边坡取 1:2.5。当放淤固堤的长度较长时,需分段淤筑,在淤区范围内修筑若干条格堤。格堤尺度一般为顶宽 1.0 m,两侧边坡 1:2.0,高度 1.0 m,可用淤区内沙土修筑。

2. 退水渠与截渗沟

淤区尾水由退水管排入退水渠,经退水渠排到附近干渠中。退水渠深为 1 m,底宽为 1 m,边坡为 1:1.5。

淤区土质主要为粉细砂,颗粒较粗,渗水严重,一般浸渗范围为 20～30 m,渗水引起附近农田渍化,影响农业生产;另外,当堤脚距离村庄太近时,渗水将严重影响居民的生活,为阻止浸渗,在围堤背河侧堤脚外 2 m 处挖截渗沟。截渗沟与退水渠连通,其渗水由退水渠排出。考虑施工方便,截渗沟断面尺寸同退水渠。

第三节 放淤固堤方式和施工

放淤固堤的原则是:先险工段后平工段,先重点薄弱堤段后一般堤段,先自流放淤后提水放淤。

一、放淤固堤方式

放淤固堤的主要方式包括自流放淤、扬水站放淤、吸泥船放淤、泥浆泵放淤和组合放淤等形式。

(一)自流放淤

利用引黄涵闸、虹吸引水到堤防背河侧潭坑、沙荒盐碱地等低洼处,沉沙后灌溉农田,达到沉沙固堤的目的。自流放淤始于1950年,当时在山东利津县綦家嘴建闸试办引黄放淤工程,利用黄河泥沙放淤改土,同时起到了淤背固堤作用。1970年后走上了有组织有计划地自流放淤,特别是老潭坑、老口门,背河低洼地带,临河靠水条件好的,都首先进行了自流放淤。

自流放淤的主要优点:一是淤积的土质好,根据淤区土质调查,落淤土壤中沙土占29%～43%,壤土占20%～25%,黏土占11%～33%。二是放淤量大、淤筑面积大、设备简单、时间短、投资省,一般平均含沙量为20 kg/m³,不仅可以淤高背河地面,加固堤防,同时改造了低洼盐碱地和提供了灌溉用水。如据河南1956～1985年统计,自流放淤堤段长174.4 km,放淤土方4 649万m³,投资329.94万元,土方平均单价为0.127元/m³,相当于同期人工土方单价的1/10左右。

存在的问题是:由于泥沙分选现象,淤区末端土质以黏土为主,排水固结较慢;退水量大,汛期常与内涝发生矛盾,影响自流放淤的进行;同时,受引水高程的限制,不能进一步满足加固堤防的高程要求。

(二)扬水站放淤

堤防背河侧淤高到一定高度后就无法进行自流放淤。为了把水送到高处,在引黄闸、虹吸的消力池或临堤险工靠河处修建扬水站,提水放淤固堤,退水还可与灌溉相结合。同自流放淤一样,汛期含沙量大,放淤效果好,但往往退水与内涝发生矛盾。从1970年到1985年共修建扬水站72处,设计流量为272 m³/s。在抽水时大河含沙量不低于20 kg/m³的条件下,单位设计流量(1 m³/s)一年可放淤4万～6万m³,汛期抢沙峰提淤,年产沙量可达11万～12万m³。河南利用扬水站淤堤32 km,完成土方554万m³,综合单价为0.62元,仍较人工土方单价低。

(三)吸泥船放淤

吸泥船放淤是利用吸泥船配备的高压水枪或绞刀,松动河床或滩地土质,形成高含沙泥浆,由泥浆泵抽吸泥浆,通过管道输送到放淤地点沉沙固堤(见图8-1)。吸泥船可以根据需要流动放淤,且不受洪水季节和大河自然含沙量的限制,除冬季由于冰冻不好施工外,其他时间均可施工,这是放淤固堤的一大进步。第三次大修堤期间,吸泥船放淤得到了大发展。

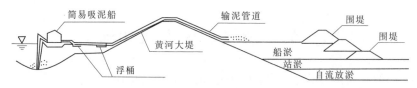

图 8-1　简易吸泥船放淤固堤示意图

　　由于造浆方式不同,吸泥船分为冲吸式和绞吸式两种形式。冲吸式船是用高压水枪冲击河底造浆,绞吸式船是用绞刀松动滩岸或河底造浆,二者造浆含沙量均可达 200 kg/m³ 以上。两者不同点在于冲吸式多抽吸沙质土,绞吸式多抽吸两合土。其共同点是机动灵活、退水量小、运转时间长,抽吸含沙量大,一只船每年可完成土方 20 万 m³ 左右,输送管道距离 180~1 500 m,20 世纪 80 年代土方单价为 1.2~1.5 元/m³。简易吸泥船最佳工况区的输沙距离为 400~600 m,效率可达 70%,最远输送距离可达 2 000 多 m,但是超过 1 500 m 时泵的效率仅为 40% 左右。黄河下游常用的船型情况见表 8-3 和表 8-4。

表 8-3　冲吸式吸泥船主要性能

船型	设计生产量(m³/h)	满载排水量(t)	柴油机			泥浆泵型号	设计排距/排高(m)	生产厂家
			主机型号	持续功率(kW)	副机型号			
简易吸泥船	70	40	6160A	99	东风 295	250ND	300/3	河南黄河河务局制造
简易吸泥船	80	50~59	6160-13A	136	295	10PNK-20型	800/8	山东黄河河务局制造
液压冲吸式吸泥船	80	48	12V135ACB	220	×2105C-4	1 000/7	1 000/7	河南黄河河务局制造

表 8-4　80 m³/h 全液压绞吸式挖泥船主要性能

船型	设计生产量(m³/h)	满载排水量(t)	柴油机			泥浆泵型号	设计排距/排高(m)	生产厂家
			主机型号	持续功率(kW)	副机型号			
拼装式 JYP250B 型	80	40	12V135Ca	169		800-42	350/3	江苏镇江船厂
拼装式 260 型	80	54.3	12V135ACa	190.5	东风 195/5 kW	800-40	500/3	湖南益阳船厂
拼装式 80 m³/h 型	80	54.3	12V135ACa	190.5	东风 195/6 kW	800-40	1 000/8	安徽蚌埠船厂
整体式 80 m³/h 型	80	69	12V135ACa₁	190.5	6135Caf/75 kW	800-40	1 500/10	河南黄河河务局制造

(四)泥浆泵放淤

　　泥浆泵放淤是将泥浆泵直接放在滩地上,利用高压水枪射出的高压水流冲击土体,使其湿化崩解,稀释成泥浆流到泵的吸水口,再由叶轮高速旋转,使泥浆进入输泥管道,然后送到淤区使泥沙沉淀,清水退走起到固堤作用。1976 年,河南中牟赵口闸管理段利用上海县新泾公社农机厂制造的 4PL - 230 型立式泥浆泵进行涵闸清淤,效果显著,泥浆泵清淤单价仅为人工清淤单价的 1/4。1978 年起,郑州修防处使用泥浆泵正式投入堤防加固。4PL - 250 型泥浆泵一个泵组平均台班产量 200 m³,月产量 1 万 m³,最高月产量可达 1.4 万 m³。4PL 小泥浆泵的主要参数:扬程为 10 m,输浆率为 80 m³/h,输浆距离一般为 120 ~ 300m,泥浆含量为 500 ~ 600 kg/m³,泵体质量为 120 kg。泥浆泵放淤的主要优点是:可以解决不靠河堤段的放淤固堤问题,泵体质量轻、机动灵活,安装方便,操作简单,土方单价低,功效高,易于推广。不足之处是:排距较小,必须有水源、电源和滩地等条件。目前,泥浆泵放淤已成为宽河段放淤固堤的主要方式之一,主要有 4PL、6PL 和 8PL 三种泵型,其中 6PL 具有产量高、排距远、易操作、移动维修方便、价格较低等优点,是黄河下游普遍采用的泵型。1985 年前,河南利用泵淤完成土方 554 万 m³,平均土方单价为 0.61 元/m³。

(五)组合放淤

随着放淤固堤由平工堤段向险工堤段发展,排距不断增大,普遍达到了 2 000 m 以上。"九五"以来,黄河下游大规模实施放淤固堤工程,排距 3 000 ~ 5 000 m 的情况不断增多,部分堤段的排距甚至达到 5 000 m 以上。随着排距的增加,水力输沙管道的沿程能量损失也相应增加,机械生产率会随之降低,为了提高机械生产率,通常采用接力输送的方式进行远距离输沙。特别是黄河下游宽河段堤距较宽,大堤距河槽较远,放淤固堤需要采用组合式放淤来实现远距离输沙。

1. 船泵组合

船泵组合是在吸泥船输沙管道设加压泵接力输送泥沙放淤。10PNK 简易吸泥船(功率为 100 kW)两级加压泵接力运距达 5 200 m,采用性能较好的 136 kW 冲吸式挖泥船经两级加压接力后,运距可达 8 000 m。

2. 泵泵组合

大小泵组合,即 10 台左右小泥浆泵供给一个大泵(见图 8-2),运距达 3 000 ~ 5 000 m。沁河利用大小泵组合淤背的工艺流程及机械性能见图 8-3 和表 8-5。

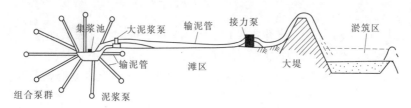

图 8-2　组合泵放淤固堤布置示意图

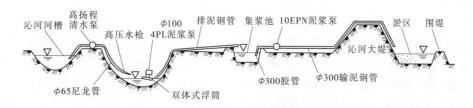

图 8-3　大小泵接力输沙工艺流程示意图

小泵与小泵串连,输送距离也在 800 ~ 1 000 m。

组合后泵、船的性能不变,联合运用,可达到远距离输沙淤背固堤的目的。

表 8-5　组合泵设备技术特性

机械名称	型号	扬程（m）	流量（m³/h）	挖泥量（m³/h）	配套功率（kW）	排泥距离（m）
组合泥浆泵（接力）	250ND－22	22	800	130	100	800～1 800
组合泥浆泵	10EPN－30	31.8	1 110	140	155	1 300～2 400
小泥浆泵	4PL－230	10	100	15	10	200
小泥浆泵	4PL－250	10	120	18	13	200
小泥浆泵	4PNL－250	15	150	30	15	200

二、放淤固堤施工

(一)施工方法

目前,在黄河下游放淤固堤工程中,通常采用挖泥船、组合泵(大小泵组合)等方法进行施工。施工时应根据淤筑堤段的取土土质、排距、水源情况,以及各种淤筑机械的特性、适用条件,选用适宜的施工方法。

若排距较大,取土场位于主河槽内,采用挖泥船进行施工;当取土场位于滩地上时,采用组合泵施工;当取土场位于靠水的边滩上时,采用挖泥船或组合泵施工。

根据放淤固堤的实践,大小泵接力组合方式通常为:一台大泵配 9 台 4PNL－250 或 6 台 6PNL－265 小泥浆泵。利用小泥浆泵向集浆池输送泥浆,由大泵集中将泥浆远距离输送到放淤固堤区。大泵的位置要根据施工段的具体情况一次到位,集浆池布设于滩面上。小泥浆泵开挖方式可由近及远,以利于提高工作效率。

挖泥船施工主要依靠铰刀或高压水枪冲击河床或边滩土质,加大含沙量,利用泥浆泵抽吸泥浆,通过排泥管输送至淤区。

淤区采用分块(条)交替淤筑方式,以利于泥沙沉淀固结。排泥管布置力求平顺,以减少排距。为使淤区保持平整,排泥管出口设分水支管,并根据淤筑情况,不断调整出泥口位置。退水口高程应随着淤面的抬高不断调整,以保证淤区退水通畅,并控制退水含沙量不超过 3 kg/m³。

(二)土场选择

施工机械不同,选择的土场也不同。冲吸式船以沙性土为主,土场通常选择在险工下首;绞吸式船以挖取嫩滩两合土为主;泥浆泵以挖取滩地和渠道内的两合土为主。因此,对土场的土质应事先进行颗粒分析,黏粒含量低于 15% 的土料适宜于冲吸式船作业,黏粒含量为 15%～20% 的土料适宜于绞吸式船作业。黏粒含量大于 20% 的土场,可用绞吸式挖泥船作业,但因淤区易出现团粒状土层,或不易固结,或固结后又易出现裂缝,故不宜选用此类土场。

取土坑应位于距大堤 100 m 以外的临河侧,以免影响大堤和河道整治工程的安全。土场附近的流势要基本稳定,不得产生横向摆动现象。挖土坑要与河槽相连,以保证水源,且有利于汛期大水时回淤。

(三)淤区工程

泵淤和船淤因受机械性能的限制,分段实施,便于多次复淤。放淤固堤需修建围堤,并用格堤分成若干小区,每个小区的长度根据土质黏粒含量多少来确定。按照黏粒含量划分的淤区长度见表8-6。

表8-6　按黏粒含量划分淤区长度

土质名称	黏粒(<0.005 mm)含量(%)	淤区控制长度(m)
中粉质壤土	20~15	100
轻粉质壤土	15~10	150
砂壤土	10~3	200
粉土或粉细沙	<3	不限

围堤和格堤可由淤区取土(围堤尺寸见本章第二节),最好用壤土或黏性土修筑。对于黏粒含量大于10%的土料,因淤土沉降固结较慢,淤筑期间不能加修围堤及格堤,应按当年确定的淤填厚度一次修够标准。对于黏粒含量小于10%的土料,围堤及格堤可按不同高度分期修筑。放淤期间要有专人防护,可用草袋、编织袋和柳枝秸料对冲刷地段加以防护,尤其要注意防止围堤滑坡、水漫堤顶及大雨时淤区决口。

(四)淤区退水处理

淤区退水(排水)要与进水相适应,力求排清不排浑。沙性土沉降快,一般从淤区上游进水,经淤区沉沙落淤,尾水变清,由退水管路将尾水排走,含沙量一般要求不超过3 kg/m³;黏性土沉降慢,退水较难处理,一般将退水管路做成简易可调装置,适时升降退水管口,保持管口在水面内浮动,同时要根据淤区情况、淤区内水流流路变化、积水部位等适时改变退水口位置,以便淤得平且均匀。

退水出路要与引黄灌溉、城市供水结合,或与地方排水沟道连通,以免淹没农田,造成矛盾;否则,尤其是雨季要用机泵提排入黄,即"清水回黄"。

淤区都有渗水问题,为防止渗水影响淤区外农田,一般在淤区外挖沟截渗,截渗沟与退水渠或排水沟连通,排走渗水。

第四节　几个技术问题探讨

一、淤区泥沙分选及沉降固结问题

泥沙在淤区的沉降机理比较复杂,泥沙在重力作用下沉降,除要克服浑水浮力及绕流阻力外,还需要克服浑流结构对它所产生的阻抗,既有分选作用,又有沉降。

(一)淤区内土料的自然分选

无论是冲吸式吸泥船、绞吸式挖泥船还是其他放淤设施,土料沉降过程均有一个自然分选问题。泥浆出排泥管进入淤区后自上而下流动,较粗的颗粒首先沉降在排泥管口附近,离排泥管口越远,沉降的颗粒越细,具有自然分选作用。泥沙沿淤区分选成上段粗、下段细、中段为由粗变细的过渡段。淤区越长,分选作用越明显,上、下段土质的颗粒组成相差也越大,有的淤区甚至出现排泥管口附近是细砂,而最下游段则是黏土,这对保证放淤质量非常不利。在淤区内土质分布极不均匀,下游段的重粉质壤土或黏土往往出现干缩裂缝,造成部分淤区加固效果不佳。

　　表 8-7 列出了济阳县 1979 年汛期抽淤土和齐河李家岸挖滩放淤固堤淤区土质分布情况。

表 8-7　典型淤区土质沿程分选情况

淤区位置	至排管出口距离(m)	<0.005 mm (%)	0.005~0.05 mm (%)	>0.005 mm (%)	土质名称
济阳	出口附近	0	38	62	粉砂
	30	0	56	44	粉土
	80	0	72	28	粉土
	130	0	78	22	粉土
	160	6	75	19	轻粉质壤土
	200	48	40	12	黏土
齐河	出口附近	0	68	32	粉土
	50	3	72	24	重粉质砂壤土
	120	6	73	21	重粉质砂壤土
	160	8	74	18	重粉质砂壤土
	250	15	73	12	中粉质壤土

　　只有合理地确定淤区长度,并适当地移动船、泵位置或适时调控排水口位置,或者采用排管多口出流,才能解决由于自然分选而使淤区土质不均匀的问题。淤区长度一般以150 m 为宜,对于黏粒含量较少的土料,淤区可适当长一些;黏粒含量较多的土料,淤区可适当短一些。

　　(二)淤区土体固结问题

　　泥沙沉降固结过程是一个含水量散失、密度增加、空隙水压力消散、土体强度增长的过程。淤区土体固结与土料的性质、淤区周边条件、排水设施及一次淤填厚度等因素有关。

　　绞吸式挖泥船或组合泵挖滩土质一般较细,黏粒含量也较高,因此沉降较慢,固结时间较长。在施工期年放淤厚度如果超过土体年固结厚度,淤区上部土体虽然固结,但下部仍处于塑性状态。如果当年的放淤土没有完全固结,第二年继续在上部淤筑,淤区土体越来越高,而底部未固结的塑性土在上部较大荷载的作用下,极易产生滑动现象,而且由于上部继续淤筑,会延缓未固结土体的固结时间,这对淤筑土体的稳定更为不利。因此,在放淤固堤施工中要求当年的淤筑土体在第二年施工之前能够基本固结。一般来说,相邻年施工之间,土体渗透固结的时间实际只有4个月左右。从山东黄河放淤固堤情况来看,淤区土的固结除与周边的边界条件有关外,主要取决于土质颗粒组成,土质的黏粒含量越大,沉降速度越慢,固结时间越长,在相同时间内,沉降固结的厚度就越薄。

具体实践是:山东济阳葛家店、齐河李家岸放淤固堤黏粒含量为3%~15%,一年淤填厚度为3.0 m,5个月后基本固结;汛期抽淤盖顶,黏粒含量大于20%,厚度小于1.0 m,经过4~5个月全部固结。济阳张辛放淤固堤淤区土黏粒含量为20%~30%,厚度为1.0 m,底部为粉细砂,渗透排水条件较好,经过5个月基本固结。东平湖二级湖堤备土,黏粒含量大于30%,经过一年多时间,固结厚度才达1.0 m多厚。如果不考虑周边边界条件,年固结厚度与土质的黏粒含量大体关系见表8-8。

表8-8　放淤固堤淤区土体年固结厚度与黏粒含量关系

土质名称	黏粒(<0.005 mm)含量(%)	年固结厚度(m)
重粉质壤土或黏土	>20	<1.0
中粉质壤土	15~20	2.0~1.0
轻粉质壤土	10~15	3.0~2.0
砂壤土	3~10	4.0~3.0
粉土或粉细砂	<3	>4.0

二、质量控制问题

放淤固堤土料大多属于细砂和粉细砂,一般干密度为1.45 g/cm³,表层小,底层大。4.0 m以下接近筑堤质量要求的干密度为1.50 g/cm³,土质比较密实;3.0 m以下相对密度大于0.5。这种土料的中值粒径d_{50}平均为0.081 mm,粒径为0.005~0.05 mm的粉粒平均只占20%,且渗透性强,平均渗透系数为8.4×10^{-4} cm/s;内摩擦角较大,平均为31°,沉降快,固结快,用做淤背固堤,符合背河导渗的要求。因此,冲吸式吸泥船适宜于淤背固堤,绞吸式挖泥船抽吸土料含黏性较大,适宜于淤临加固。

(一)含沙量监测利用称重法

用固定容积的比重瓶,在水泵出口处盛满泥浆,称出瓶和泥浆质量,用下式计算含沙量:

$$\left. \begin{array}{l} S = \dfrac{1\,000\,K(W_s - W_0)}{V} \\[2mm] K = \dfrac{\gamma_s}{\gamma_s - \gamma_0} \end{array} \right\} \tag{8-2}$$

式中　　S——含沙量,kg/m³;

　　　　V——比重瓶容积,cm³;

　　　　W_s——瓶和泥浆总重量,g;

　　　　W_0——瓶和清水总重量,g;

　　　　γ_s——泥浆颗粒比重;

γ_0——清水比重。

为了工作方便,事先计算出瓶和泥浆总量与含沙量的对照表,工作时称出瓶和泥浆重量即可查出相应的含沙量。

(二)流量测量用角尺法

角尺法是根据管道射流原理测量管道流量,射程远近反映流速和流量大小,其计算公式如下:

当排泥管呈水平状态时

$$Q = 3.9AB \qquad (8-3)$$

当排泥管呈仰角 φ 时

$$Q = 3.9AK \qquad (8-4)$$

式中　　$K = B \sqrt{\cos\varphi} + 0.305\tan\varphi \sqrt{\cos\varphi}$;

　　　　Q——通过管道的泥浆流量;

　　　　A——管道横截面面积;

　　　　B——角尺的尺角;

　　　　φ——管道出水仰角,即管道轴线与地面的夹角。

用角尺法测量流量,管道出口要露出水面,保持满管出流,用直角尺带刻度的一边紧贴管道,另一边紧贴射流弧线的外缘,读出射程尺度和管道出口出水仰角,查对照表或按公式计算即可得出流量。

(三)土料物理性质

通过齐河王庄、郓城四龙村及台前孙口等淤区进行取样试验,分析得出的物理性质见表 8-9 ~ 表 8-11。

表 8-9　淤区土料密度、含水量沿深度变化情况

堤段	深度(m)	含水量(%)	湿密度(g/cm³)	干密度(g/cm³)	饱和度(%)	相对密度 D_r
齐河	1	5.0	1.514	1.442	15.5	
	2	15.95	1.698	1.464	51.3	
	3	10.5	1.619	1.465	33.8	
	4	11.5	1.645	1.475	37.5	
	5	34.2	1.919	1.430	100.0	0.551
郓城	1	6.2	1.487	1.400	18.0	0.274
	2	6.4	1.575	1.480	21.0	
	3	5.6	1.566	1.483	18.4	0.546
	4	28.2	2.026	1.580	100.0	
	5	24.5	1.955	1.570	92.4	0.686

表 8-10　淤区土料基本物理性质

堤段	土样编号	土的名称	不同粒径(mm)的颗粒级配(%)					不均匀系数	中数粒径 d_{50}	比重	I_{max}	I_{min}
			0.5~0.25	0.25~0.10	0.10~0.05	0.05~0.005	<0.005					
孙口	孙13	极细砂		55	35	10	0	2.4	0.109	2.69	1.069	0.611
郓城	郓15	细砂		75	18	7	0	2.7	0.150	2.69	1.033	0.564
齐河	齐20	极细砂		45	42	15	1	2.6	0.094	2.69	1.135	0.642
齐河	齐19	轻粉质壤土		1	45	50	4	4.6	0.046	2.70	1.432	0.656

表 8-11　淤区沙土平均物理性质指标

指标名称	单位	平均值	指标名称	单位	平均值
湿密度	g/cm³	1.82	内摩擦角	°	31
干密度	g/cm³	1.45	凝聚力		0
饱和密度	g/cm³	1.91	渗透系数	cm/s	8.4×10^{-4}
浮密度	g/cm³	0.91	d_{10}	mm	0.039
比重		2.67	d_{50}	mm	0.081
天然空隙比		0.844	d_{60}	mm	0.087
相对密度		0.576	不均匀系数		2.3

(四)土料控制

要控制淤背土体不裂缝,必须选择适于放淤固堤的土料。从土质颗粒组成看,黏粒含量低于15%的砂壤土和轻粉质壤土是适于放淤固堤的土料,放淤土体基本不裂缝;黏粒含量为15%~20%的中粉质壤土有轻微的裂缝,需采取措施,控制使用;黏粒含量大于20%的重粉质壤土和黏土裂缝比较严重,仅可作为淤区盖顶或备用土料。

从土的塑性和渗透性来看,土料的黏性越大,塑性就越大,固结就越慢;当土料黏粒含量低于15%时,塑性指数低于9。实践证明,塑性指数低于10的土质是放淤固堤的好土料。淤背固堤要求土体渗透性能好,施工期沉降快,固结时间短,土体强度增长快,能起到背河导渗的作用。黏粒含量低于15%的轻粉质壤土、中粉质壤土和砂壤土的渗透系数为 10^{-6}~10^{-3} cm/s,是适宜的放淤固堤土料。

三、提高生产效率问题

提高船淤的生产效率主要靠提高泥浆含沙量、泥浆流量及机械利用率。

(一)提高泥浆含沙量的措施

1.选好土场

土场选择同前所述。

2.提高水枪冲力

水枪冲力与泵型、喷嘴形式及喷头布置有关。目前,冲吸式吸泥船多采用3B57型离心泵,喷嘴收缩角为13°,出口直线段的长度为$0.25D \sim 1.0D$(D为喷嘴出口直径)。喷头布置,对于粉细砂采用两喷头交叉布置,对于层淤层砂或固结较硬的板砂土采用单排多头水枪为好。

3.提高主泵吸力

提高主泵吸力即选择吸程较大的主泵。一般采用8PSJ型衬胶泵及10PNK-20型泥浆泵,进浆管直径为300 mm,吸头多采用吸力较大的扁圆形状。

几种常用泵型的特性见表8-12。

表8-12　几种常用泵型特性表

泵型	16丰产24A型混流泵			10PNK-20型泥浆泵			8PSJ型衬胶泵	
管径(mm)	400	350	300	350	300	250	300	250
输送距离 (m)	100 ~ 1 200	570 ~ 1 480	670 ~ 1 625	600 ~ 1 875	850 ~ 2 140	1050 ~ 2 110	760 ~ 2 540	1 150 ~ 2 670
泥浆流量 (m^3/h)	1 200 ~ 800	800 ~ 550	550 ~ 370	800 ~ 550	550 ~ 370	360 ~ 250	550 ~ 370	350 ~ 250
时产土方 (m^3/h)	145 ~ 97.0	97.0 ~ 66.6	66.6 ~ 44.8	97.0 ~ 66.6	66.6 ~ 44.8	43.6 ~ 30.3	66.6 ~ 44.8	42.5 ~ 30.3
耗油 (kg/m^3)	0.140 ~ 0.198	0.198 ~ 0.284	0.284 ~ 0.416	0.217 ~ 0.255	0.255 ~ 0.313	0.302 ~ 0.330	0.260 ~ 0.330	0.341 ~ 0.440
最大功率 (马力)	130	115	100	135	115	95	105	100

4.掌握适宜的含沙量

掌握适宜的含沙量,即采用吸泥船输沙效率高、消耗低的泥浆浓度。根据泥浆泵特性、管道特性和实际的产量、耗油及含沙量绘制成关系曲线,从曲线上查找最佳关系位置。含沙量一般要经常保持在$300 \sim 600$ kg/m^3为宜,16丰产24A型混流泵含沙量应控制在600 kg/m^3以内,10PNK-20型应控制在700 kg/m^3以内。

(二)提高泥浆流量

提高泥浆流量要做到以下几点:①排泥管合理配套,正确选用管长,一般钢管比较好。②减少排泥管水头损失,尽量采用沿程及局部摩阻力小的管道。③保持主泵叶轮完整,力求达到额定转速。

（三）提高机械利用率

提高机械利用率需要注意以下事项：①保持机泵和附属设备的完好率，对机械设备要经常维修养护，随时注意运转情况。②根据吸泥船生产情况，合理安排淤区，尽量减少非生产性时间。③严格操作规程，防止管道淤塞。

四、远距离输沙问题

1980 年以前放淤固堤主要是淤筑险工及其附近的平工堤段，平均输沙距离只有 300 ~ 400 m。20 世纪 80 年代开始向距险工较远的平工堤段发展，1982 年山东黄河河务局进行了两泵接力输送，1988 年底平均输沙距离已经达到 1 700 m，90 年代最远的达到 5 000 多 m。合理的输沙距离与机泵设备能力、泥沙粒径、泥浆浓度、管道特性等因素以及堤防状况有关。其实践经验如下。

（一）单泵输送距离

凡是单泵能够输送的一般不用两泵接力输送；当输送距离小于 2 500 m 时，尽量用单泵输送。单泵输送的距离，16 丰产 24A 型混流泵应控制在 1 500 m 以内，泥浆泵和衬胶泵应控制在 2 500 m 以内。

（二）两泵接力输送

两泵接力输送必须使用相同的泵型和等直径的排泥管。泵型选择扬程高的泥浆泵，如 8PSJ 型衬胶泵和 10PNK – 20 型泥浆泵。两泵接力最好采用柴油机驱动，不宜用电动机驱动。接力泵在管道中至主泵的距离应控制在总输送距离的 30% ~ 40%。

（三）加强管理

无论是单泵远送还是两泵接力和组合泵远距离输送，都必须建立电话或信号联系，安装必要的仪表，配备人力监视运行情况，防止淤区围堤决口、管道和接力装置损坏，以及管道淤堵等事故发生。

五、淤区沙土的液化问题

淤区土料多属于沙性土，尤其是冲吸式吸泥船抽吸的多为河床质。根据黄河水利科学研究院试验分析，当淤区处于部分饱和状态时，在地震烈度为 6 ~ 7 度的地震作用下，所有堤段都不会发生液化，只有完全饱和时，才有发生液化的可能。黄河下游堤防，除菏泽、濮阳地区的部分堤防处于 8 度地震烈度区外，其余堤段均在 6 ~ 7 度地震烈度区，而且黄河下游洪水一般高水位持续时间较短，淤区土体大部分高出浸润线，不可能完全饱和，因此产生液化的可能性不大。按照《水工建筑物抗震设计规范》(DL 5073—2000) 规定，当设计烈度为 6 度时不致液化；当设计烈度为 7 ~ 8 度，沙土的相对密度 D_r 为 0.7 ~ 0.75 时，可能发生液化。黄河下游堤防的堤基大部分为沙土，淤区土又为极细沙，按地震烈度 8 度检验其抗震稳定性。

抗震稳定计算采用极限平衡分析法（总应力法）并考虑条块之间的作用力，对每一滑动面进行设计防洪水位和中常水位工况的计算，计算成果见表 8-13，滑动面的位置见图 8-4。

表 8-13　堤防抗震稳定计算结果

滑动位置	编号	滑动面内堤顶宽度（m）	静力计算			动力计算 K 值
			r_f/σ_f	σ_1/σ_3	K	
上游	1	0.0	0.369	2.05	1.63	0.94
	2	2.5	0.270	1.67	2.23	1.00
	3	7.5	0.293	1.70	2.05	1.02
	4	11.2	0.228	1.57	2.64	1.10
下游	5	7.0	0.266	1.70	2.27	1.03
	6	9.3	0.217	1.53	2.77	1.06
	7	15.0	0.147	1.34	4.08	0.98
	8	26.0	0.156	1.38	3.85	1.02
	9	29.0	0.144	1.33	4.18	1.06

注：1. r_f、σ_f 分别为起始有效法向应力和剪应力，σ_1、σ_3 分别为最大主应力和最小主应力，K 为安全系数。

　　2. 表中 K 取小值，计算中因地基土层简化为最不利情况，K 值大于 1.0 即可。

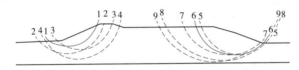

图 8-4　放淤固堤后计算滑弧面示意图

　　计算结果表明：在地震情况下，大堤和堤基将失稳滑动，包括上下游堤顶垂直堤线方向有 20 多 m 宽可能下滑。按放淤固堤 100 m 宽的标准，即使失稳滑动，淤背区还有 70 m 左右可以抵御洪水，并为临时进行抢护赢得宝贵时间，从而保证大堤安全。

第五节　放淤固堤效益

一、提高堤防强度

　　黄河下游经放淤改土，大堤背河侧地面普遍淤高 1.0 m 左右，缩小了临背差，并淤平了历史上决口遗留的潭坑 151 处，改善了汛期大堤两侧皆水的局面。至 1995 年底，黄河下游临黄大堤共完成放淤固堤土方约 4.3 亿 m³，加固堤段长约 750 km，其中基本达到放淤固堤标准的堤段长约 420 km。至 2010 年，按照新的放淤固堤设计标准，达到设计标准的放淤固堤堤段长 807.7 km。经过放淤固堤，加大了堤防断面，延长了渗径，增强了堤防稳定性，大大提高了防御洪水的能力。对于解决堤身漏洞，背河冒水翻沙、渗水、管涌等险情起到了显著作用。如 1958 年黄河花园口发生 22 300 m³/s 大洪水，河南堤防产生管涌、渗水、塌陷等 130 处，渗水管涌堤段总长为 3 520 m；山东堤防发生险情 355 处，渗水堤段长为 4 245 m，坍塌长为 22 646 m。而 1982 年花园口站 15 300 m³/s 洪峰流量时的水位比 1958 年大洪水水位在孙口站以上高 1.0～2.09 m，河南段堤防仅出现渗水管涌 44 处，渗水堤段长为 503 m,山东段堤防出现管涌、塌陷也只有 44 处,渗水堤段长为 3 385 m。发生渗水和管涌的堤段,均为未进行放淤固堤的堤段。

二、利于灌溉和城市供水

在自流放淤阶段,淤高了背河洼地,不仅改善了防汛环境,也扩大了种植面积,改良了土壤,为农业增产创造了条件。沿河两岸低洼地淤高还耕以后,放淤固堤与引黄沉沙结合,可缓解无处沉沙的问题。浑水经沉沙后,清水灌溉农田或向城市供水。如开封市柳园口灌区,在堤防附近布设 2 处沉沙池,面积为 3.56 km²,利用泥浆泵和绞吸式挖泥船将沉淀的泥沙输送到淤背区固堤,配合其他沉沙池可运用 20 ~ 30 年。原阳县放淤固堤就是利用该县韩董庄灌区的沉沙池和输水干渠,用泥浆泵在其内和输水干渠靠大堤一侧挖坑取土,再由渠道输水沉淀,清水由渠道送入田间。

开封、郑州、濮阳等城市供水预沉池与淤背区结合,沉沙固堤,清水送入城市。开封市供水利用黑池、柳池潭坑作为预沉池,利用沉淀的泥沙淤背 7 ~ 8 km。濮阳市和中原油田的水源工程,在建设预沉池时,将开挖的 160 万 m³ 泥沙全部用于放淤固堤,其后的泥沙处理仍用于加固堤防。

三、少用耕地

放淤固堤比人工或机械施工具有成本低、省劳力、省投资,少挖耕地等优点,减少了修堤与生产之间的矛盾。

四、改善生态环境、为防汛抢险提供场地和料源

淤区包边盖顶后,可植树种草、营造生态适生林,形成较大规模的绿化带,有利于防风固沙,改善生态环境。淤区上大规模种植林木、花卉、苗圃等,可以实现经济林的开发和营造防护林带相结合。淤筑 100 m 宽的淤筑区,为抗洪抢险提供了场地和物料资源。放淤固堤不仅加固了堤防,为防汛抢险提供料源,而且改善了生态环境。

进入 21 世纪后,黄河下游进行了大规模的放淤固堤,堤防强度进一步提高,抗洪能力得到加强,使堤防成为防洪保障线、抢险交通线和生态景观线。

参考文献

[1] 胡一三. 中国江河防洪丛书·黄河卷[M]. 北京:中国水利水电出版社,1996.
[2] 胡一三. 黄河水利科学技术丛书·黄河防洪[M]. 郑州:黄河水利出版社,1996.
[3] 黄河水利委员会黄河志总编辑室. 黄河防洪志[M]. 郑州:河南人民出版社,1991.
[4] 水利部黄河水利委员会勘测规划设计研究院. 亚行贷款项目——黄河下游 2001 ~ 2005 年防洪工程建设可行性研究报告[R]. 郑州:2001.
[5] 水利部黄河水利委员会勘测规划设计研究院. 黄河下游 2001 ~ 2005 年防洪工程建设可行性研究报告[R]. 郑州:2002.
[6] 黄河勘测规划设计有限公司. 黄河下游近期防洪工程建设可行性研究报告[R]. 郑州:2009.
[7] 李洪明,等. 136kW 冲吸式挖泥船放淤固堤生产率研究[J]. 水利建设与管理,2006(3).

第九章　穿堤跨堤建筑物

由于防洪、农业供水灌溉、城市供水、交通、油田输送油气以及通信等部门的需要,在黄河下游临黄大堤上,陆续修建了大量的分洪闸、引黄水闸、各类管道和交通线路等穿堤跨堤建筑物及设施。这些穿堤跨堤建筑物及设施在其设计、施工及日常管理等方面除满足自身功能及专业技术规范标准的要求外,还必须满足黄河防洪和所处黄河大堤的安全,以及工程管理方面的要求。

第一节　黄河穿堤水闸设计有关规定

我国第一部《水闸设计规范》(SD 133—84)是由原水利电力部于 1984 年颁布实施的。在此之前,全国没有统一的水闸工程设计技术标准。1957 年,由长江水利委员会编写、水利电力出版社出版的《平原地区水闸设计参考手册》一度成为各地进行各类水闸设计的主要参考书。水利部于 2001 年 2 月颁布的《水闸设计规范》(SL 265—2001),为现行设计规范。

黄河下游由于防洪与两岸引黄灌溉的需要,于 20 世纪 60～70 年代建设了 10 余座分泄洪闸和 50 多座引黄涵闸,还修建了 30 多处引黄虹吸工程。这些工程的建设在防洪和灌溉兴利方面发挥了重要作用。在工程设计方面,由于国家当时尚未颁布统一的技术标准、规范,对黄河河道水沙淤积运动规律的认识也不够深入,对上下游、左右岸非汛期较小来水流量时的引水也没有限制规定,因此早期修建的一些水闸工程存在设计防洪水位偏低、对泥沙淤积的影响考虑不足、设计引水位偏高、引水保证率低等问题。

为规范黄河下游涵闸建设工程设计工作,结合黄河下游水文、泥沙及河道变化特性以及黄河堤防防洪标准等实际情况,黄委于 1980 年 1 月颁布了《黄河下游涵闸虹吸工程设计标准的几项规定》,主要内容如下:

(1)建筑物等级与防洪标准。

黄河下游黄河堤防为 1 级堤防,在临黄堤上建设的涵闸、虹吸工程为 1 级建筑物。

防洪标准采用与黄河花园口站 22 000 m³/s 洪水相应的洪水标准。

(2)设计水平年。

由于泥沙淤积河床抬升,导致涵闸设计防洪水位随之抬升。规定涵闸工程以工程建成后 30 年作为设计水平年。

(3)设计防洪水位和校核防洪水位。

防洪标准设防流量下相应的设计防洪水位逐年抬升,不是一个固定值。规定涵闸工程设计防洪水位以工程修建时前三年黄河防总颁发的设防水位的平均值(H_m)作为设计防洪水位的起算水位,并根据发展趋势对特殊情况进行适当调整。

洪水位的年平均升高率(a),根据 20 世纪 70 年代黄河下游河段平均泥沙淤积情况分析各河段泥沙、淤积分布概化情况,规定下游河段洪水位年平均升高率按表 9-1 采用,该规定一直用至小浪底水库建成前。

表 9-1　黄河下游洪水位年升高值

河段	花园口—高村	高村—艾山	艾山—河口
a(m)	0.08	0.096	0.126

涵闸工程设计防洪水位采用: $H_m + 30a$。

校核防洪水位采用: $H_m + 30a + \Delta h$。Δh 一般采用 1m。

(4)挡水超高值。

涵闸主体建筑物的挡水超高值按表 9-2 采用。

表 9-2　涵闸主体建筑物的挡水超高值

河段	沁河口以上	沁河口—渠村	渠村—陶城铺	陶城铺以下
挡水超高(m)	2.5	3.0	2.5	2.1

(5)防渗标准。

涵闸建筑物的地下轮廓长度 L(m),按下式作近似计算:

$$L = C \times \Delta H$$

式中　C——渗径系数,根据涵闸闸基不同土质按表 9-3 采用;

　　　ΔH——设计水头,m,上游水位采用设计防洪水位,下游水位采用汛期最低水位,汛期最低水位视情况采用汛期最低地下水位,或以闸下游海漫、分水闸、节制闸底板高程代替。

表 9-3　涵闸闸基渗径系数

地基土类别	细砂、砂、壤土	中砂、粗砂
渗径系数 C	9~10	8

开敞式水闸的地下轮廓设计应根据地基的土层地质情况,对渗透线出逸比降进行理论计算,必要时通过电拟试验确定。

(6)抗震设计。

按《水工建筑物抗震设计规范》(DL 5073—2000)规定执行。

(7)引水标准。

引黄灌溉引水主要在黄河非汛期。鉴于黄河下游两岸现有引黄涵闸的设计引水能力已大于黄河枯水流量,本着上下游、左右岸统筹兼顾的原则,涵闸的设计引水规模相应大河流量按表 9-4 采用。

表 9-4　设计引水规模相应大河流量

控制站	花园口	夹河滩	高村	孙口	艾山	泺口	利津
流量(m³/s)	600	500	450	400	350	200	100

设计引水位按照表 9-4 内插求出拟建涵闸处设计大河流量,以相应水位作为设计引水位。设计引水位应采用工程修建时的前三年平均值。

(8)闸底板高程。

要考虑所在河段河槽冲淤变化趋势,在泺口以下还应考虑周期性的河口改道影响,适当降低闸底板高程,以保证在河槽下切、大河流量很小、闸前实际水位低于设计引水位时,仍可以引出一定水量。

闸上下游的设计引水水位差,要通过对临背河地面高差、灌区地形情况,并考虑清淤的影响等因素分析确定。一般情况下,艾山以上设计引水位差应大于 0.3 m,艾山以下不小于 0.2 m。

2000 年小浪底水库建成投入运用后,由于水库的拦沙和调水调沙作用,下游要发生一定程度的河槽冲刷,下游河道将先冲后淤,相当于 20 年不淤积抬高。因此,在 2000 年后新建或改建的引黄涵闸在确定设计洪水位时,要考虑小浪底水库运用对下游各河段河槽冲刷、水位下降的影响。

第二节　分洪泄洪水闸

黄河下游的北金堤滞洪区、东平湖滞洪区、齐河展宽区和垦利展宽区等蓄滞洪区是黄河下游防洪工程体系的重要组成部分,承担着分滞大洪水和凌汛洪水、确保两岸安全的重要任务。蓄滞洪区上修建的分洪闸和泄(退)水闸是重要的分洪和退水建筑物。各分洪滞洪闸的主要技术指标见表 9-5。

一、地基处理

黄河下游地区工程地质分区按地貌类型划分,孟津以下至阳谷陶城铺河段属冲积扇平原区,阳谷陶城铺至淄博段属冲积平原区,梁山及东平属冲湖积平原区,滨州至垦利河段属冲海积三角洲平原区。在各工程地质区内广泛分布着第四系全新统地层及部分更新世地层。沉积物分布的规律是从西向东颗粒逐渐变细,自地表向下颗粒由细逐渐变粗。由于黄河频繁摆动、泛滥,岩相相互叠置,使沉积物的岩性更加复杂。冲积平原区沉积物主要为第四系全新统的黄河冲积层,岩性主要为粉砂、粉土及砂、壤土,其下为更新统的砂、砂壤土、壤土等。冲湖积平原区区内广泛分布着第四系全新统的冲积、湖积层,厚度为 15~19 m,岩性主要为壤土、黏土及砂壤土和粉砂等。冲海积三角洲平原区由黄河冲积层及海积层交互沉积而成,其岩性一般由粉砂、粉土及砂、壤土组成,海相淤泥质土含贝壳碎

表 9-5 黄河下游各分泄洪闸的主要技术指标

蓄滞洪区	水闸名称	堤防桩号	设计流量（m³/s）	闸室结构形式	闸室长度（m）	孔数	孔口尺寸（高×宽）（m×m）	闸门形式	启门力（t）	建设时间	设计抗震烈度
北金堤滞洪区	渠村分洪闸	左岸 48＋150	10 000	桩基胸墙式	15.50	56	4.50×12.00	钢筋混凝土平板门	2×80	1978 年 5 月建成	8
	张庄退水闸	左岸 193＋981	1 000	胸墙式	26.00	6	5.00×10.00	钢筋混凝土平板门	2×40	1999 年 10 月改建	6
	石洼分洪闸	右岸 338＋000	5 000	桩基胸墙式	19.00	49	4.00×6.00	钢弧形门	2×63	1979 年改建	7
	林辛分洪闸	右岸 339＋000	1 500	桩基胸墙式	19.30	15	4.00×6.00	钢筋混凝土平板门	2×63	1980 年改建	7
	十里堡分洪闸	右岸 340＋000	2 000	桩基胸墙式	38.50	10	4.00×9.70	钢筋混凝土平板门	2×80	1981 年改建	7
东平湖滞洪区	清河门出湖闸	右岸山口处	1 300	桩基胸墙式	14.70	15	5.50×6.00	钢平板门	2×40	1997 年改建	7
	陈山口出湖闸	右岸山口处	1 200	岩基胸墙式	18.60	7	8.00×10.00	钢平板门	2×22.5	1998 年改建	7
	司垓退水闸	围坝 42＋750	1 000	桩基胸墙式		9	3.60×8.00 3.00×8.00	钢弧形门	2×40	1989 年建	7
齐河展宽区	豆腐窝分凌闸	左岸 104＋644	2 000	桩基开敞式	14.00	7	7.00×20.00	钢平板门	2×125	1974 年 8 月建成	7
	大吴泄洪闸	展览堤 32＋495	500	桩基胸墙式	14.50	9	2.80×8.00 2.00×8.00	钢筋混凝土平板门	2×63	1977 年建成	7
垦利展宽区	麻湾分凌（洪）闸	右岸 191＋270	2 350	桩基开敞式	17.00	6	5.50×30.00	钢平板门	2×125	1975 年 10 月建成	7
	章丘屋子泄洪闸	右岸 232＋730	1 530	桩基开敞式	13.00	16	6.50×8.00	钢筋混凝土平板门	2×80	1976 年 12 月建成	7

片,属高压缩性及中等压缩性土,抗剪强度很低。

黄河下游的 12 座分泄洪闸均为大型水闸,等级为 1 级水工建筑物,其中麻湾分凌闸采用闸墩与底板分离式结构,共 6 孔,每孔净宽达 30 m,豆腐窝分洪(凌)闸共 7 孔,每孔净宽 20 m,其余闸孔一般净宽为 6~12 m。由于闸基多属软土地基,天然地基承载力大多低于设计要求的地基允许承载力,且天然地基由于压缩性较大,总沉降量会很大,同时由于地层土质的不均匀性和闸上部荷载的差异,会造成闸基的不均匀沉降,这些都不利于闸体的安全稳定。

在 12 座分泄洪闸设计中,10 座采用了混凝土灌注桩对闸基进行加固处理,构成复合式地基,提高了闸体的地基承载力和抗滑稳定性,也有利于处理饱和粉砂、细砂层的抗地震液化。混凝土灌注桩采用梅花形布置,桩间距和桩深度由计算确定,设计桩径为 85 cm。灌注桩采用水冲钻式或潜水钻式钻机施工,孔内放钢筋笼,水下浇筑混凝土,形成钢筋混凝土桩,与周围地基紧密嵌固,共同承载上部荷载,也称为摩擦桩。实践证明,灌注桩地基的应用成效是好的。闸在施工及运用期的最大沉降量一般在 50 mm 以下,不均匀沉降更小。

北金堤滞洪区张庄退水闸 1963 年开工,至 1966 年建成。闸室采用筏式结构,施工时对闸室上层淤积质软土层进行开挖,置换为素混凝土,根据观测,闸基施工期沉降量为 54 mm,自 1963 年开工至 1972 年总沉降量为 2~13 mm 并基本稳定。而该闸的岸厢部分未进行基础处理,建成后沉降量达 550 mm,导致岸墩开裂 250 mm,止水拉断。该闸于 1999 年进行了改建。

陈山口出湖闸地基系石灰岩基,未作处理。

12 座分泄洪闸设计抗震烈度除渠村分洪闸为 8 度、张庄退水闸为 6 度外,其余均为 7 度。按《水工建筑物抗震设计规范》(DL 5073—2000)要求,均将地震条件作为闸的特殊荷载组合进行抗滑稳定计算。

二、闸室结构形式

豆腐窝分凌(洪)闸、麻湾分凌(洪)闸和章丘屋子泄洪闸采用开敞式结构,孔口净宽分别为 20 m、30 m、8 m。孔口尺寸大的原因主要是闸的主要功能是分泄凌汛期洪水,大河中冰块、冰量较多,只有闸的孔口大,且闸顶开敞,才可能最大限度适应排泄冰凌洪水的要求,避免卡阻冰凌,以免影响分洪能力。

其余 9 座分洪闸,设计关门挡水高度为 8~10 m,孔口净宽为 6~12 m,闸室采用胸墙式结构形式。

图 9-1 为东平湖滞洪区林辛分洪闸纵剖面图和上游立视图。

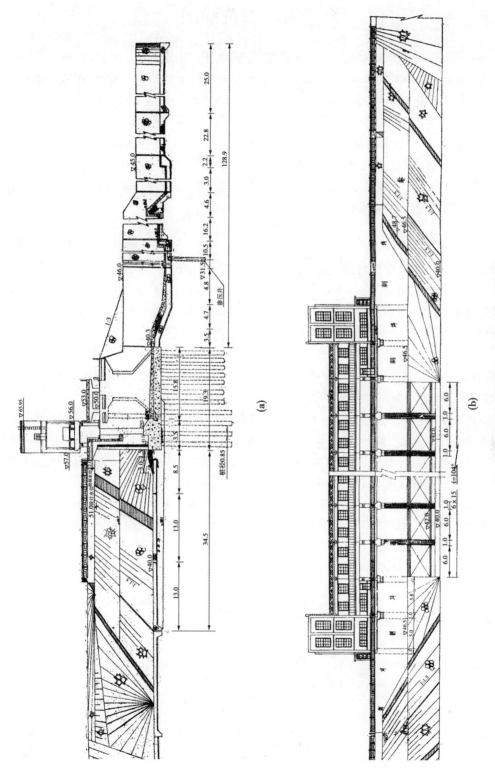

图 9-1　林辛分洪闸纵剖面图和上游立视图

第三节　引黄涵闸

　　2002 年,黄河下游临黄大堤上引黄涵闸共有 94 座(河南 32 座、山东 62 座),设计引水能力 3 600 m³/s(河南 1 600 m³/s、山东 2 000 m³/s),年引黄河水量为 90 亿～100 亿 m³,引黄灌溉面积 3 750 万亩(河南 1 230 万亩、山东 2 520 万亩,1995 年统计数)。引黄涵闸工程不仅为沿黄豫、鲁两省农业灌溉提供了可靠的水源,还为郑州、开封、新乡、濮阳、济南、聊城、德州、东营等大中城市的城市供水以及中原油田、胜利油田等工业用水提供了保障。位于淄博县的打渔张引黄闸是引黄济青(岛)的渠首工程,位于东阿的位山引黄闸、位于齐河的潘庄引黄闸及位于武陟的张菜园闸曾多次向天津市和河北白洋淀送水,在经济社会发展中发挥了重要作用。

一、工程结构形式

　　黄河下游堤防上穿堤修建的引黄闸大多修建于 20 世纪 80 年代之前,由于下游河道淤积抬高,20 世纪 80 年代较 1946 年黄河归故道时防洪水位相应提高 2～3 m,引黄涵闸原设计防洪挡水高度及渗径明显不足,不能满足防洪安全要求。随着黄河下游堤防的加高加培,先后对这些涵闸工程进行了改建加固或重建。

　　现有引黄涵闸的设计引水规模多不超过 100 m³/s,大于 100 m³/s 的仅有河南的三义寨闸(141 m³/s)、赵口闸(240 m³/s)和山东的位山闸(240 m³/s)、打渔张闸(120 m³/s)、十八户闸(200 m³/s)等 5 座引黄闸。

　　黄河下游堤防高度一般为 8～12 m,洪、枯水位变幅较大,可达 5～8 m。引黄涵闸设计引水单宽流量大多为 5～8 m³/(s·m),过闸水深为 2～3 m,在工程结构形式上采用涵洞式水闸比较合理。水流在洞内为无压明流,洞身埋入堤身内为地下结构,结构的整体受力条件和抗震性能较好,涵闸的防洪安全也较开敞式水闸有利。

　　经改建加固或重建后,现有 94 座引黄涵闸中有 88 座为涵洞式水闸,仅有河南的三义寨闸和山东的位山闸、刘庄闸、打渔张闸、西双河闸、十八户闸等 6 座闸室结构形式为带胸墙的开敞式水闸。开敞式水闸采用浮筏式结构,位山闸、十八户闸 4 孔一联,两联之间设缝墩,沉降缝设纵向止水,其余 4 座为整体式结构,结构尺寸见表9-6。图 9-2 为打渔张水闸纵断面。

表9-6　开敞式引黄闸结构尺寸

水闸名称	孔数	孔口尺寸(m)		设计引水流量(m³/s)	闸室长度(m)
		高	宽		
三义寨	4	4.50	4.80	141	21.50
刘庄	3	4.00	6.00	80	17.00
位山	8	3.00	7.70	240	20.00
打渔张	6	3.00	6.00	120	21.00
西双河	5	3.00	5.00	100	20.00
十八户	8	3.00	7.50	200	13.00

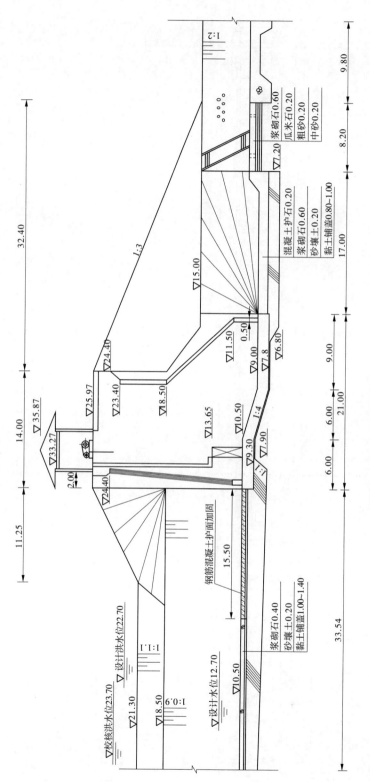

图 9-2　**打渔张水闸纵断面**　（单位：m）

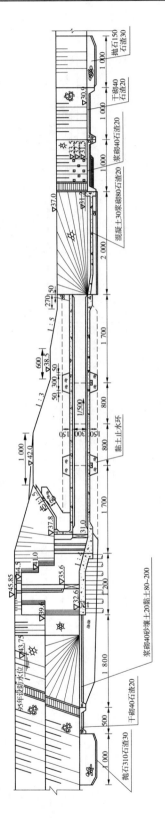

图 9-3　潘庄闸纵断面

黄河下游堤防上的涵洞式水闸,闸洞孔口一般单孔净宽为 2～3 m,净高为 2.5～3.5 m,高宽比不小于 1,结构受力状态较好,且便于涵洞的清淤检查和维修。在结构布置上,孔数 5 孔以下的横向整体布置不分缝,6 孔的采取一联 3 孔的 2 联结构,8 孔的采用一联 4 孔的 2 联结构,9 孔的采用一联 3 孔的 3 联结构,赵口闸 16 孔采取每联 4 孔的 4 联布置结构,联与联之间设纵向沉降缝和防渗止水。涵洞的纵向分节一般按 8～12 m 控制,因洞节过长在软土地基上沉降过大,可能导致涵洞底板中间断裂。根据设计防洪水位和上下游水头差的不同,闸室及涵洞总长一般为 70～100 m。

20 世纪 80 年代修建的引黄涵闸存在设防高度不够、渗径不足和涵洞洞身承载力不足、底板沉降过大、止水破坏等问题,工程总体安全度降低,影响涵洞自身和黄河大堤的安全与正常运行。山东齐河潘庄引黄闸工程的改建就是其中较为典型的实例。

潘庄引黄闸位于山东黄河左岸堤防桩号 63＋120 处,原建于 1972 年 6 月,设计引水流量为 100 m³/s,设计防洪水位为 39.90 m,设计堤顶高程为 42.00 m,涵洞为箱式结构,洞径尺寸 3 m×3 m,共 9 孔,分为 3 联。洞身总长为 50 m,分为 3 节,进口段 17 m、中段16 m、末段 17 m(见图 9-3)。联与联之间及洞节与洞节之间均设置止水沉降缝。潘庄引黄闸洞身沉陷情况如图 9-4 所示。

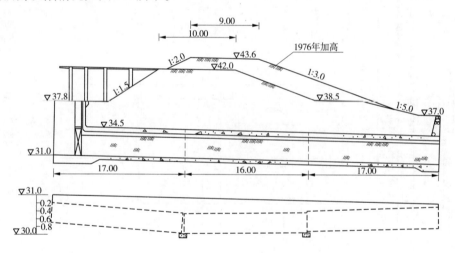

图 9-4　潘庄引黄闸洞身沉陷情况示意图

二、涵闸地基处理与防渗止水

在 20 世纪 90 年代以前,引黄涵闸工程设计中,除规模较大的开敞式水闸在闸室段底板下采用打钢板桩、木板桩防渗外,涵洞式水闸几乎全部修建在天然地基上。当部分涵闸底板下持力层存在淤泥、流砂等高压缩性软弱地层时,一般采用对软土层局部挖除换填中粗砂或壤土,分层压实处理,换土厚度一般不超过 3 m。1985 年建成的河南原阳柳园引黄闸(见图 9-5),是那一时期在天然地基上修建的引黄涵闸之一,具有一定的代表性。

柳园闸位于原阳县黄河左岸大堤桩号 114＋977 处,为 3 孔涵洞式水闸,孔口宽为 2.1 m,高为 2.5 m,设钢筋混凝土平板闸门,15 t 手摇电动螺杆式启闭机启闭。设计流量为 25

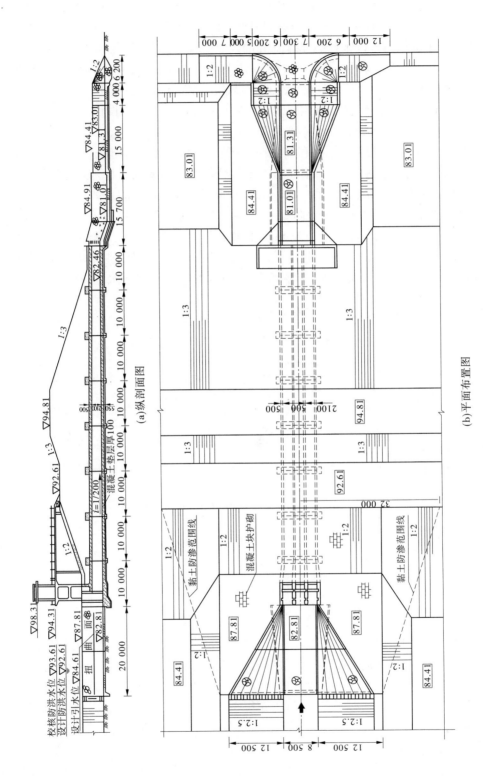

(a) 纵剖面图

(b) 平面布置图

图 9-5　柳园引黄闸平面布置及纵剖面图

m^3/s,设计灌溉面积为 1.53 万 hm^2。

在天然地基上修建的涵闸,由于洞顶以上填土高度一般为 6~9 m,荷载较大,在实际运行中,大堤主断面下涵洞底板最大沉降量可达 40~60 mm,一般涵洞进出口段沉降较小,中段较大,呈曲线分布。如 1979 年建成的原渠村引黄闸,涵洞中间段最大沉降量达 65 mm,形成倒坡,洞内积水,2~3 节洞身沉降缝、止水被拉裂,为防止涵洞集中渗水破坏,不得不停止引水,清淤后对下沉严重的底板段凿平并打孔插入锚固筋,表面复浇高强度等级混凝土,将凹坑填平,并重新修复洞内表面止水。

安全可靠的防渗止水措施对涵闸工程的安全运行至关重要,而且直接关系到相邻堤防的防洪安全。因此,涵闸工程设计中对防渗止水特别重视,主要体现在以下几个方面:

第一,按涵闸设计水平年(建成后 30 年)防洪设计洪水位条件下,涵闸的纵向渗径总长度与最大水头之比不小于 10,有的可达 12。

第二,闸室进口的闸前护坦、两岸翼墙和平台两侧护坡下,铺设厚 1 m 的黏土防渗层,上铺浆砌石或混凝土护板,防渗及护坡顶高程高于设计防洪水位 1 m,保证有足够的绕渗路径。

第三,闸室与涵洞、涵洞与涵洞之间的沉降缝设多道防渗止水,图 9-6~图 9-8 为防渗止水剖面结构图。最外层设厚 1.5 m 的黏土环,施工中分层夯实;沉降缝处涵洞混凝土表面热贴沥青麻布,也可用三布二膜土工布代替;洞间混凝土浇筑橡皮或塑胶止水环一道;洞内表面接缝处,混凝土接头两端预埋钢螺栓,表面用钢板压盖,做 4~5 mm 的止水橡皮板明止水一道,此道止水运行若干年后应予更换。

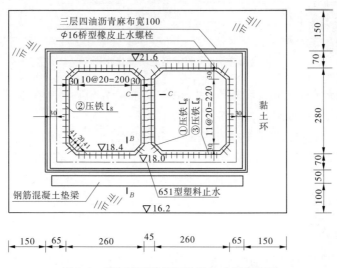

图 9-6　某两孔引黄涵闸防渗止水横断面图

采取上述多重防渗止水措施后,防渗止水效果总体上是好的,90 多座引黄涵闸在多年的运行中,尚未出现严重的破坏情况,但也存在一些值得研究和改进的问题:一是涵洞内接头表面设的钢板压橡皮明止水,在长年引水中受含沙水流冲刷,钢板及螺栓磨损和锈蚀较快,橡皮也存在老化问题,一般 8~10 年就需要更新,维修工作量大,清淤检查一次费用较大;二是在天然地基条件下,涵洞存在较大的沉降量。一旦遭遇地震作用,这一沉降

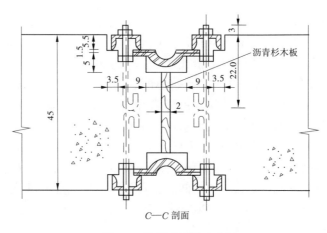

图 9-7　涵洞中隔墙止水图

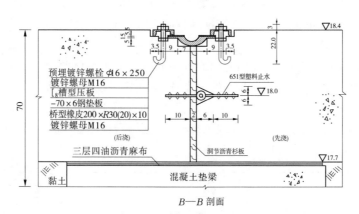

图 9-8　涵洞沉陷缝防渗止水图

会更大,将导致涵闸防渗止水系统严重损坏,在高水位情况下涵闸在损害处集中渗漏,大量土粒流失,可能导致涵洞断裂破坏。

为消除软基上建闸沉降量过大带来的不安全因素,在大型分泄洪闸建设中,多采用钢筋混凝土灌注桩对闸基进行加固。由于混凝土灌注桩造价高,在黄河下游引黄涵闸工程建设中并未采用。在 20 世纪 90 年代前修建或改建的涵闸多利用天然地基,但在个别涵闸改建和新建中也尝试采用了一些新的地基加固处理措施,取得了成效。

三、涵闸地基处理实例

(一)阎潭引黄闸旋喷桩加固地基

高压旋喷桩施工工艺是 20 世纪 70 年代从日本引进的。河南黄河河务局应用了该项技术,并组建了开封黄河旋喷桩施工队,在中牟赵口等处做了试验性灌注桩。经黄委同意,1981 年首次在东明阎潭引黄闸改建中采用高压旋喷桩技术加固地基。

阎潭引黄闸原建于 1971 年,为 4 联 12 孔涵洞式水闸,设计引水流量为 50 m³/s。由于防洪水位抬高,原闸挡水高度不够、渗径不足,必须改建加高和接长。但闸后为分水枢纽,不宜接长洞身,改建设计采用在原闸前向前接开敞式带胸墙的新闸室方案,新接长闸室13 m,孔口高2.8 m,宽6 m,共6孔,即1孔闸对接原2孔涵洞。由于老涵闸已经多年沉降稳定,为提高地基承载力和避免新接长闸室建于软土地基上的不均匀沉降差,新闸室及两侧岸墩地基采用旋喷桩加固,形成复合地基。桩基共布设157根旋喷桩,其中5块中墩底板下布设5×21根桩,两边墩布设2×26根。设计旋喷桩直径为70 cm,桩长为15.5 m,桩底部扩径为90 cm,桩按矩形布置,中墩桩距为2.1 m×2.1 m,边墩桩距为2.3 m×2.3 m。旋喷桩施工由开封旋喷桩施工队施工。工程施工前,按设计要求和地质资料,拟订了施工工艺,并打试桩、进行开挖检验等。

旋喷桩施工设备为76型专用旋喷钻机,在铺设好的轨道上,可以旋喷、升降、震动、移动,电机动力为25 kW。拌浆系统主要机具为水力水泥混合器和7 kW的供水潜水泵,每分钟能将1 t水泥混合成水泥浆。管路系统包括能满足工作压力29.4 MPa的高压胶管、钻管以及钻杆、钻头、喷浆嘴等。

旋喷施工技术参数:工作压力为17.2 MPa,钻杆旋转速度为40转/min,钻杆抬升速度为28.7～24 cm/min,喷嘴直径为2.4 mm,灌浆材料的水与水泥质量比为1.5:1.0,水泥浆液比重为1.36,水泥强度等级为42.5。浆液中掺等于水泥质量1%的速凝剂氯化钙。

施工完成后,对全部中墩桩和部分边墩桩进行检验,清除富余桩头部分后,逐一测量桩上部围长、成桩直径,检测的120根桩,折算桩径小于60 cm的有1根,大于60 cm小于70 cm的有15根,平均桩径为71.24 cm,基本满足设计要求。经对灌注水泥用量分析,每米桩长平均水泥用量为216 kg/m。

阎潭引黄闸改建工程完工后,施测沉降量为10～30 mm(中墩底板处较小,边墩处较大),未出现明显的沉降差,达到了设计预期效果。

需要说明的是,当时该项技术在我国处于引进应用初期,尚未出台相关技术规范。经过20多年的应用和发展,高压旋喷注浆技术已十分成熟,并在建筑、铁路、公路、水利等领域的各类软弱地基处理中广泛应用,由原建设部发布的《建筑地基处理技术规范》(JGJ 79—2002)已将高压喷射注浆法列入其中,有关设计、施工和质量检测技术要求等在规范中均有详细规定。

(二)胡楼引黄闸打砂桩加固地基

山东邹平胡楼引黄闸工程位于黄河下游右岸大堤102+500处,于1986年建成。设计引水流量为35 m³/s,为4孔涵洞式水闸,孔高为3 m,宽为3 m,涵洞全长70 m,共分7节,每节10 m。

该闸地质勘探表明,在闸首持力层面以下,埋深有约6.5 m厚的软弱黏性土层。闸首段在设计水位情况下和抗震校核条件下,天然地基允许承载力均小于设计地基应力值。在建成无水条件下,深层滑动安全系数为0.93,小于规范规定的1级水工建筑物抗滑稳定安全系数1.35。为提高闸首段地基承载力和深层抗滑稳定安全系数,设计对闸首段地基采用砂桩进行加固处理。砂桩是采用振动水冲法造孔,在孔中填充砂,并振捣密实,形成砂桩,在一定程度上可促使高含水黏性土排水固结,砂桩和黏性土形成复合地基,压缩性减小,提高地基的承载力。设计振冲砂桩直径为80 cm,按纵横间距各为2 m布设,平均桩长为7.5 m,穿过软弱黏土层约1 m,在首节涵洞下布设40根砂桩,设计复合地基的允许承载力为 258 kPa,大大高于原天然地基允许承载力 136.3～178.5 kPa。闸首段深层抗滑安全系数由原来的 0.93 提高到 1.77,满足规范要求。

在加固闸首段地基的同时,为减小上游进口段 15 m 长扭曲面浆砌石挡土墙的沉陷,在每侧挡土墙下地基中布设 3 根振冲砂桩,并在上游扭曲面翼墙处地基中布设 6 根砂桩,也提高了闸首段地基向下游方向的抗滑稳定性。

闸首段之后的涵洞地基地质条件虽也为软黏土层,设计中计算其地基承载力和抗滑稳定性满足规范要求。为减小不均匀沉陷对涵洞可能造成的不利影响,涵洞采用 3 m×3 m 的箱涵,每节长 10 m,以增强涵洞的整体强度,适应天然地基的沉陷影响。工程建成后,运行正常。

采用在软土地基中打砂石桩以提高建筑物地基的承载力,在我国应用已久,20 世纪 50 年代已广泛使用。现行的《水闸设计规范》(SL 265—2001)和《建筑地基处理技术规范》(JGJ 79—2002)中,均将砂石桩加固地基方法加以推荐,规范中对其设计、施工和质量检测均有明文规定。

(三)红旗引黄闸水泥土搅拌桩加固地基

为从根本上消除在软基上建闸沉降量大带来的不安全因素,自 20 世纪 90 年代以来,新建或改建的引黄涵闸工程在设计中对闸室、涵洞地基大部分都采取了加固处理措施。如 2005 年重建的河南封丘红旗引黄闸、2006 年在河南濮阳新建的渠村引黄闸、2007 年重建的河南武陟共产主义引黄闸等,均采用水泥土搅拌桩对涵闸地基进行了加固处理。

在地基中灌注水泥土搅拌桩,水泥与天然土壤在压力喷射下搅拌成水泥土桩,设计桩径为 50 cm 或 60 cm,桩间距一般为 1.5～2.5 m,桩深根据地层岩性和上部荷载设计确定,一般为 5～8 m。水泥土桩与地基土壤构成复合地基,共同承担建筑物荷载。实践证明,对地基进行加固处理后,闸室及涵洞地基受力条件大大改善,涵闸建成投入运用后沉降量均在 2～5 cm 之内,满足现行《水闸设计规范》(SL 265—2001)的有关要求,涵闸的防渗止水工作状况良好,防洪安全度大大提高。设计中对洞节间沉陷缝 4 道防渗止水做了优化,最外层一道黏土环,混凝土接缝外改铺三布二膜土工布,混凝土接头处中间嵌固高强度塑料止水带,洞内接缝处填乙烯板,表面用聚硫密封胶封堵,不再安设钢板压橡皮表面明止水,经多年运用,效果较好。

红旗引黄闸位于河南封丘左岸黄河大堤桩号 166+600 处,原建于 1958 年,为带胸墙的开敞式水闸,3 孔,孔口宽为 10 m、高为 3.5 m,设计流量为 280 m³/s,为黄河下游兴建较早的大型灌区引水口门之一,曾于 1978 年对闸体进行了局部加固改建。2003 年对该闸进行的安全鉴定表明,闸体混凝土破损老化严重,机架桥开裂,防渗止水损坏,安全鉴定确定为险闸,经批准进行重建。

新红旗闸由水利部天津水利水电勘测设计研究院设计,2004 年开工建设,2005 年 6 月竣工。新闸闸址位于老闸闸前引渠上,按照新的灌区用水规划和批准的用水许可规模,设计引水流量为 70 m³/s,3 孔,孔口宽为 2.7 m、高为 3.58 m,整联钢筋混凝土箱涵结构,首节闸室段长 16 m,后接 9 节各 10 m 共计 90 m 长的涵洞。图 9-9 为红旗闸纵剖面图和上游正视图。

根据地质勘探资料,闸基土的承载力计算结果见表 9-7。

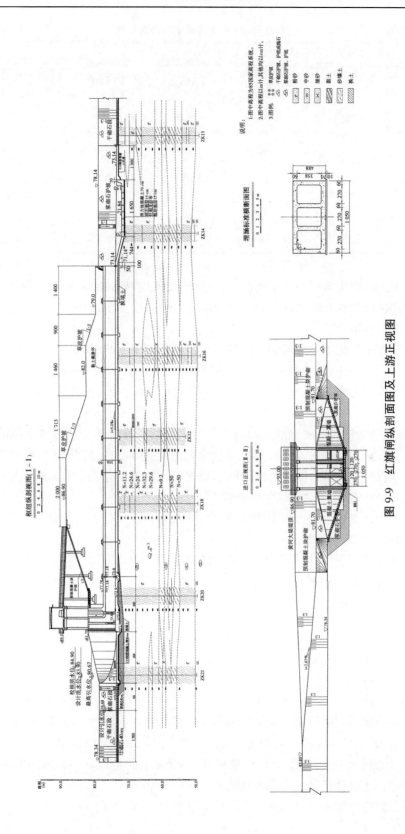

图 9-9　红旗闸纵剖面图及上游正视图

表 9-7　闸基土的承载力计算结果

层号	岩性	统计组数	标贯击数（N63.5）	容许承载力（kPa）	说明
①	砂壤土	16	4.1	80	因土质不均,故以统计值的小值平均值进行估算
②	粉细砂	27	18.7	224	
③	壤土	5	10.1	228	
④	黏土	6	10.7	243	
⑤	粉细砂	10	>50	>450	

　　闸基下的砂壤土多属中等压缩性土,该层土质不均,且局部夹有淤泥质、粉质黏性土,作为持力层时应注意不均匀沉陷问题。砂壤土以下各层为低或中等压缩性土,对工程不均匀沉降影响较小。

　　关于地基土的振动液化问题。闸基持力层的砂壤土结构松软,下卧层第②层的粉细砂,中密－密实,根据《水利水电工程地质勘察规范》（GB 50487—2008）的饱和少黏性土的地震液化判别公式,对其振动液化的可能性进行判别,砂壤土与粉细砂层均属地震液化土层。

　　涵洞段、消力池及海漫段的基础均位于粉细砂层。闸室部分和涵洞尾部的粉细砂层埋深较深,该部位的基础为砂壤土层,地基承载力仅为 80 kPa,满足不了建筑物对地基承载力的要求;涵洞段、消力池及海漫段的基础均位于粉细砂层,涵洞段地基压力超过允许承载力 224 kPa,因此地基需要加固处理。

　　地基处理以提高承载力为主,同时减少渗压、改善地基应力不均匀性、提高抗地震液化,以及边荷载所造成的基础不均匀沉降。

　　根据工程地质条件、材料来源、经济效益比、施工技术等因素,设计采用水泥土搅拌桩处理方案。桩径 60 cm,桩设计强度 $P_v = 1\ 800$ kPa,桩间距 S 为 1.4 m,等边三角形布置,按复合地基计算其地基承载力为

$$R = \frac{1}{K}\big[mP_v + (1 - m)P_s\big]$$

式中　K——安全系数,采用 2.0;

　　　　m——面积置换率,$m = \dfrac{D^2}{(1.05S)^2} = 0.167$。

　　天然地基承载力采用第二层即粉细砂层的桩端容许承载力 $P_s = 200$ kPa,经计算其地基承载力为 $R = 233$ kPa,满足涵闸最大地基应力大于 229 kPa 的要求。

　　涵闸共布桩 928 根,单桩长 7 m,总桩长 6 496 m。桩体水泥掺量按 10% 控制。该闸地基加固水泥土搅拌桩平面布置及纵断面图见图 9-10。

　　水泥土搅拌桩加固地基技术在《建筑地基处理技术规范》（JGJ 79—2002）中有详细

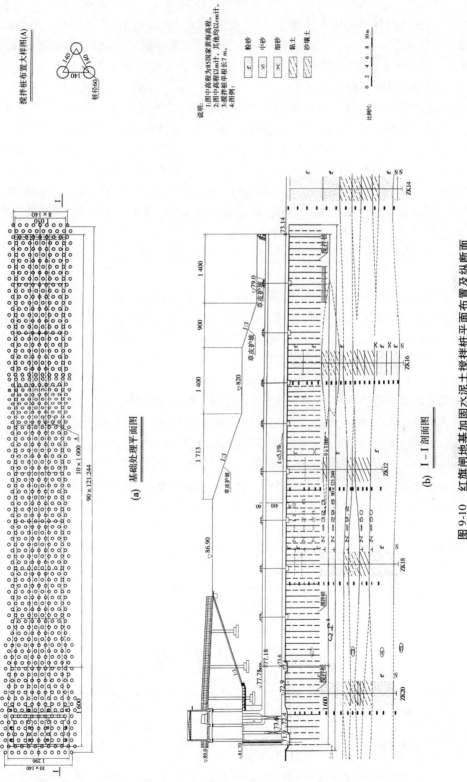

图 9-10　红旗闸地基加固水泥土搅拌桩平面布置及纵断面

（a）基础处理平面图

（b）Ⅰ—Ⅰ剖面图

规定。红旗闸地基加固处理的施工由封丘黄河工程队施工。由于闸基地下水位较高,按规范要求水泥土搅拌桩采用干法施工,即采用粉体喷搅法。根据设计,在正式开工前进行现场试桩,数量不少于 2 根,实际试桩 3 根。竖向承载搅拌桩施工浇筑面高于桩顶设计高程 50 cm,在开挖基础时将桩顶端部分凿除。桩的垂直误差应小于 1%,桩位偏差小于 50 mm,成桩直径和桩长不小于设计值。

施工过程中严格进行质量控制,全过程旁站监理,对照规定的工艺对桩的质量进行检查评定。质量检查的重点是水泥用量、桩长、搅拌头转数和提升速度、复搅次数和复搅深度等。基槽开挖后,应检查桩位、桩数与桩顶质量,如不符合设计要求,要采取补强措施。

水泥搅拌桩应进行承载力检验,采取复合地基荷载试验和单桩载荷试验。载荷试验宜在成桩 28 d 后进行,检验数量为总桩数的 0.5% ~ 1%,且不小于 3 根。红旗闸地基加固水泥土搅拌桩复合地基承载力试验由河南黄河基本建设质检中心实施,检测 3 根桩,检测结果符合设计要求。2005 年 12 月通过竣工验收。

四、土石接合部灌浆加固

作为穿堤建筑物和涵闸工程,在修建时必须在所选闸址处对现有堤防进行开挖,在深基坑中进行涵洞的施工,基坑深度可达 12 ~ 15 m。由于上部土层被挖出卸载,涵闸地基会产生一定的回弹,为减小建闸后建筑物砌体与堤防填土接合部位发生不均匀沉降裂缝,导致涵闸在高水位挡水时发生集中渗水,在施工中对基坑排水、地基的保护,特别是对闸室及周边、上部土方的回填质量都提出严格的要求。在基坑回填时,大面积土方进行机械压实。铺土厚度为 25 ~ 30 cm,靠近土石接合部的土方回填铺土厚度为 15 ~ 20 cm,采用小型夯实机械或人工夯实,每层均应做现场干密度检测,要求所有测点都必须达到质量标准。尽管如此,由于涵闸建筑物是刚性结构,回填土方可塑性大,同时新回填土方与原堤防密实度也存在差异,在雨水入侵、车辆荷载等多种因素影响下,涵闸建筑物与堤防土方沉降差会使土石接合部产生或大或小的错动,分离形成裂缝,成为堤防隐患,特别是地基未经处理的涵闸土石接合部裂缝情况更加严重。这在观测资料和现场开挖检查中均得到证实。

针对涵闸土石接合部的裂缝问题,常用的加固处理措施是充填灌浆。灌浆材料为重壤土,黏粒含量 20% ~ 30%,灌浆范围为涵闸基坑开挖回填的全断面,土石接合部附近要加密布孔,灌浆深度在涵闸建筑物周围要深入底板以下 1 ~ 2 m。为确保泥浆能把可能出现的裂缝灌注密实,一般要间歇复灌 2 ~ 3 次。

第四节　穿堤管道

黄河下游临黄堤防上修建的穿堤管道有引黄虹吸管、提灌站穿堤涵管、石油和天然气管道、通信电缆等。

一、引黄虹吸管

为引用黄河水进行农业灌溉,自 1956 年开始,黄河下游两岸地方政府和群众陆续修建了大量的引黄虹吸管工程,至1980年达到高峰。黄河下游共建成引黄虹吸管工程52处(河南14处、山东38处),有管道147条(河南33条、山东114条),设计引水能力154 m³/s(河南43 m³/s、山东111 m³/s),控制灌溉面积达113万亩(河南24万亩、山东89万亩),在发展两岸农业生产中曾发挥了重要作用。

虹吸管引用黄河水主要利用临河水位与背河渠道水位差,用真空泵将管道抽成真空,黄河水在虹吸作用下,通过管道注入背河引黄渠道内。管道内径大多为80 cm或90 cm,个别工程也有100 cm或60 cm、70 cm的,单管设计引水流量为1 m³/s左右。管道材质大多为铸铁管道,内径较小的也有用钢板卷制焊接而成的,管道使用年限大多为15年左右。

虹吸管道的设计引水位推算方法与引黄涵闸相同。虹吸吸程是管道有效通水的重要指标,设计中艾山站以上采用5.5 m,艾山站以下采用5.0 m。在保证有效引水前提下,管道的设计峰顶管底高程应不低于堤防的设计防洪水位,实际上,由于黄河枯水位较低,这一要求有时无法满足。图9-11为长垣瓦屋寨虹吸平面图和纵断面图。

兴建虹吸管引用黄河水灌溉农田,在20世纪50～70年代有较快的发展,主要是一次性建设投资小,运用管理方式灵活,一处虹吸受益范围在1～3个乡镇范围内。

虹吸工程存在的主要问题是:①随着河道淤积,洪水位相应抬高,早期修建的虹吸设计防洪水位低,严重者达2 m以上。②早期建设的虹吸工程运用已久,受含沙水流冲刷和锈蚀,堤内管道出现管壁蚀破成洞,过管水流将大堤土吸入管内形成堤身隐患,不但直接影响虹吸管的正常引水,对堤防和管道自身的防洪安全也是很大的威胁。

随着经济社会的发展和科技水平的提高,自20世纪80年代以来,在堤防加固过程中,黄河河务部门根据虹吸工程存在的问题,对虹吸工程进行了拆除。至20世纪末,黄河下游两岸堤防上的虹吸管已基本拆除完毕,完成了它们的历史使命。原有虹吸工程承担的灌溉任务已通过涵闸改建、新建涵闸及渠道调整等措施予以解决。

二、其他类型的穿堤管线

其他类型的穿堤管线主要有输油、输气管道和通信电缆等,因穿越黄河堤防,需按规定由黄河河务部门审查批准,并按规定埋设和管理。

据1987年统计,穿越黄河大堤的油气管道有30多处。管道一般为直径10～30 cm的钢管,为有压输送。为保证黄河堤防安全,要求管道高于当地堤防设防水位,尽可能高的爬越过堤,并埋设一定深度,在管道过堤处,局部加高加宽堤身断面,并在临背河管道两端设置阀门。一旦泄漏,立即关闭油气管道,保证堤防安全。多年来,尚未发现油气管道危害堤防安全的情况。

穿堤通信电缆管直径很小,一般为2～10 cm,埋设高度均大大高于堤防设防水位,多年来也未见危及堤防安全的事例发生。

进入21世纪后,这些涉河的非防洪工程在进行建设之前需进行防洪评价,经河务部门审查同意后方可进行工程建设。

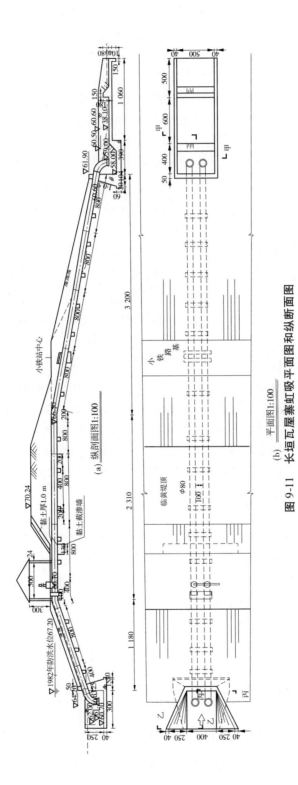

(a) 纵剖面图1:100

平面图1:100

(b)

图 9-11 长垣瓦屋寨虹吸平面图和纵断面图

第五节　跨堤桥梁

截至 2005 年,黄河下游干流河道上已建成桥梁 26 座,其中铁路桥 6 座、公路桥 19 座、公铁两用桥 1 座,另外还有正在建设和已经批复立项的桥梁。随着交通事业的飞速发展,将会兴建更多的桥梁。这些桥梁跨越黄河河道时,除少数位于无堤防河段外,大多桥梁与堤防相互交叉。这些桥梁修建于不同年代,如津浦铁路济南泺口黄河大桥于 1912 年建成,京广铁路郑州黄河大桥于 1960 年建成,大多桥梁修建于 20 世纪 70 年代之后,特别是我国改革开放之后,修建跨河桥梁越来越多。由于不同时期社会经济和科学技术发展水平不同,在处理桥梁与堤防的交叉方式上,也存在很大的差异,有好的经验,也存在着不足之处。

一、桥梁建设项目技术审查标准

为加强黄河河道管理范围内建设项目管理,规范防洪评价项目技术审查工作,保障河道防洪安全与建设项目的安全运用,依据《中华人民共和国水法》、《中华人民共和国防洪法》、《中华人民共和国河道管理条例》和《河道管理范围内建设项目防洪评价报告编制导则》等有关法律、法规和管理规定,在总结以往黄河下游干流上已建桥梁对防洪的影响及与堤防交叉存在问题的基础上,黄委于 2007 年颁布了《黄河河道管理范围内建设项目技术审查标准(试行)》(黄建管[2007]48 号)。该标准第三章桥梁建设项目技术审查标准及相关条文说明,对桥梁与堤防的交叉方式、涉及堤防管理安全方面的相关内容,做出了明确的规定。

该标准第十七条规定"黄河下游干流桥梁跨越堤防需采取立交方式。黄河干流宁蒙河段及黄河支流渭河、沁河及汶河大清河河段,桥梁跨越原则上应采取立交方式。确需采取平交方式的,须进行充分论证,同时应满足设计水平年的设计堤顶高程,并进行加高加固。为满足堤防工程管理与抢险交通的需要,采取立交方式跨越堤防的,两岸跨堤处梁底标高应考虑河道冲淤影响,满足大桥设计水平年的设计堤顶高程加 4.5 m 交通净空。"

该标准条文说明第七条"未来 50 年黄河下游河道冲淤演变预测,采用数学模型计算和原型资料对比分析相结合的研究方法,通过'黄河下游不同河段淤积速率研究',得出黄河下游不同河段淤积速率。其结论为:黄河下游未来的淤积,在小浪底水库运用后,黄河下游各河段防洪水位恢复到 2000 年状态可按 20～15 年考虑。此后,黄河下游各河段淤积抬升的速率为:铁树—伊洛河口河段为 0.050 m/年,伊洛河口—花园口河段为 0.071 m/年,花园口—高村河段为 0.080 m/年,高村—艾山河段为 0.094 m/年,艾山—利津河段为 0.096 m/年。"

该项标准第二十条规定:"堤身设计断面内不得设置桥墩,桥梁跨越堤防,桥墩应离开堤防设计堤脚线一定距离,原则上黄河的不小于 5 m,渭河、沁河、大清河的不小于 3 m,并对桥墩周边进行防渗处理。"

这项审查标准的颁布实施,对黄河干流和主要支流上建桥的技术审查起到了重要的规范性作用。

二、桥梁与堤防平交实例

黄河下游干流河道上采用预加高堤防与路基平交方式的,有 1995 年建成的京九铁路孙口黄河大桥、2007 年建成的阿深高速公路开封黄河大桥等。

(一)京九铁路孙口黄河大桥

京九铁路孙口黄河大桥左岸为河南省台前县孙口乡刘桥村,在黄河堤防桩号 163 + 030 处交叉;右岸为山东省梁山县赵堌堆乡范那里村,在黄河堤防桩号 321 + 000 处交叉。桥位处黄河两岸堤防堤距 3.57 km,全桥长 6.52 km,由北岸引桥、主桥、南岸引桥工程组成。桥与堤防交叉方式为平交,图 9-12 ~ 图 9-14 为该桥与黄河右岸(梁山)堤防交叉处的照片。该处黄河堤防顶高程为 53.60 m,铁路路基交叉处按建桥后 50 年水平年黄河设防水位抬升 4.29 m,将堤防加高至顶高程 57.89 m,以 1/18 坡比向两侧延伸。铁道两侧堤防顶部设禁行护栏。为保障堤防道路畅通,在堤防背水侧修筑穿过铁路引桥桥孔的辅道,堤顶道路沿辅道绕行。

图 9-12　黄河右岸梁山段堤防与京九铁路孙口黄河大桥交叉处

图 9-13　黄河右岸梁山段堤防与京九铁路孙口黄河大桥交叉处铁路

图 9-14　黄河右岸梁山段堤防与京九铁路孙口黄河大桥交叉处辅道

（二）阿深高速公路开封黄河大桥

阿深高速公路(大广高速公路)开封黄河大桥右岸为开封县大门寨,在黄河堤防桩号106＋700 处交叉;左岸为封丘县曹岗乡,在黄河堤防桩号 183＋600 处交叉。桥位处两岸堤距约为 7.8 km,桥全长 7 765.64 m。该桥采用平交方式与两岸堤防交叉,沿堤防在桥的两侧各 50 m 范围内,堤顶按建桥后 50 年水平年黄河设防水位抬升 4 m 加高堤防与公路齐平,两侧以 1∶50 坡度与现状堤防平顺连接,堤顶道路被高速公路截断,为保证防汛道路通行,在堤防背河侧桥下修建辅道。右岸平交情况见图 9-15。

图 9-15　黄河右岸开封大门寨堤防与阿深高速公路开封黄河大桥交叉处的辅道

三、桥梁与堤防立交实例

(一)京沪高速铁路黄河大桥

京沪高速铁路黄河大桥于 2011 年建成通车。大桥右岸位于济南市槐荫区杨庄险工以下,相应跨堤处桩号为 18 +120;左岸为济南市天桥区赵庄险工 20 ~ 22 号坝间,相应大堤桩号为 124 +930。

桥位处设防洪水流量为 11 000 m³/s,2005 年相应设计洪水位为 35.07 m(黄海高程,下同),考虑到河道淤积,2055 年的设计洪水位为 40.11 m。大桥处河道断面宽约 900 m,采用全桥跨越方式跨越黄河。大桥与黄河两岸堤防交叉采用立交方式。设计 2055 年黄河大堤堤顶高程按设计超高 2.10 m 计算为 42.21 m。大桥设计跨堤处梁底高程右岸为 47.03 m,左岸为 48.756 m。堤顶至桥梁梁底间净空右岸为 4.82 m、左岸为 6.55 m,均大于道路行车安全净空 4.5 m 的规定,满足黄河堤防未来加高加固和防洪交通安全要求。京沪高速铁路大桥与黄河右岸堤防交叉处剖面见图 9-16。

大桥跨右岸大堤处,背河侧布设在现状大堤堤坡内 7.63 m,对堤身安全有所影响,同时,临背河侧桥墩的施工可能破坏大堤堤基的相对不透水层,缩短渗径,削弱黄河堤防抗洪强度。故桥墩施工后,在桥梁中轴线沿大堤方向上下各 116 m 范围内,进行截渗墙加固和堤坡防护。截渗墙采用堤顶振冲板墙截渗,墙深 24 m。

(二)国道 107 改线郑州官渡黄河公路大桥

国道 107 改线郑州官渡黄河公路大桥于 2010 年开工建设,设计桥长 7 260 m,采用全桥跨越方式跨越黄河。大桥右岸位于郑州市中牟县,跨越黄河九堡险工及大堤,相应大堤桩号为 49 +630;左岸位于新乡市原阳县,跨越黄河越石险工及大堤,相应大堤桩号为 131 +024。

桥位处设计防洪流量为 22 000 m³/s,2000 年相应设计洪水位为 87.98 m,考虑到河道淤积影响,2059 年的设计洪水位为 91.10 m,该河段黄河大堤设计超高值为 3.0 m。大桥右岸跨堤处现状黄河大堤堤顶高程为 93.25 m,2059 年设计堤顶高程为 94.10 m,大桥设计跨堤处梁底高程为 99.60 m,超出 2059 年设计堤顶高程 5.50 m;大桥左岸跨堤处现状黄河大堤堤顶高程为 91.29 m,2059 年设计堤顶高程为 94.10 m,大桥设计跨堤处梁底高程为 99.26 m,超高 2059 年设计堤顶高程 5.16 m。综上所述,大桥左右岸跨黄河大堤处梁底设计高程,高出 2059 年设计堤顶高程值均大于道路行车要求的不小于 4.50 m 的规定,满足黄河堤防未来的加高加固和防汛管理交通需要。图 9-17 为郑州官渡黄河公路大桥与黄河右岸堤防交叉处纵剖面图及平面图。

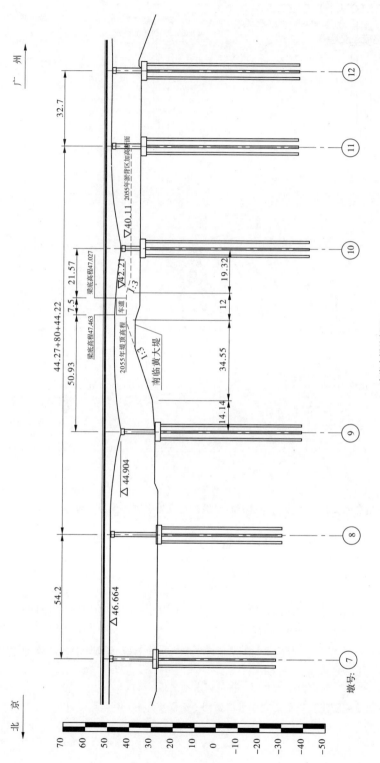

右岸大堤处断面

图 9-16　京沪高速铁路黄河大桥右岸跨黄河大堤纵剖面

附注:

1. 本图尺寸均以 m 计。

2. 根据《京沪高速铁路济南黄河大桥防洪(凌)要求计跨大堤方式研究报告》,2055 年后的淤背区将淤至 40.11 m 设防水位。

3. 根据《京沪高速铁路济南黄河大桥防洪(凌)要求计跨大堤方式研究报告》,2055 年后大堤将加高至 42.21 m,为尽量减少对堤防的影响,立交跨越大堤时桥墩应建在 50 年以后的大堤断面以外,跨越大堤的桥孔应不小于 80 m。

4. 南临黄大堤处的墩位布置满足跨堤方式要求,桥墩施工时将进行防渗处理。

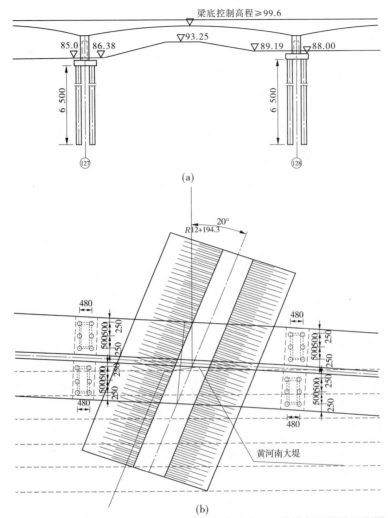

图 9-17　郑州官渡黄河公路大桥与黄河右岸堤防交叉处纵剖面图及平面图

参考文献

[1] 中华人民共和国水利部. SL 265—2001 水闸设计规范[S]. 北京:中国水利水电出版社,2001.

[2] 中华人民共和国水利部. SL 27—1991 水闸施工规范[S]. 北京:中国水利水电出版社,1992.

[3] 中华人民共和国建设部. JGJ 79—2002 建筑地基处理技术规范[S]. 北京:中国建筑工业出版社, 2002.

[4] 中华人民共和国建设部. GB 50202—2002 建筑地基基础工程施工质量验收规范[S]. 北京:中国建筑工业出版社,2002.

[5] 刘栓明,侯全亮,刘新华,等. 黄河桥梁[M]. 郑州:黄河水利出版社,2006.

[6] 黄河水利委员会. 黄河流域防洪资料汇编之第五册黄河下游防洪工程[R]. 郑州:1985.

第十章　堤防管理与维修养护

黄河下游自有堤防以来,都重视堤防工程管理。西汉时设有"河堤都尉"、"河堤谒者"等官职,沿河各郡专职管理河堤的人员一般有数千人。至宋代明确规定沿河地方官管理河防的责任制度,诏令沿河州府长吏并兼本州河堤使。明代始设总理河道大臣,统一治河,组织机构和管理制度有所加强。潘季驯四次总理河道,十分重视堤防管理,沿河设置管理机构,下有河兵分段修守河堤。清代沿用明代管理体制,雍正七年(1729年)分南河、东河河道总督,分段管理河南、山东河务,沿河两岸分设管河同知、通判、县丞等专职官员,另设河防营,分地驻守管理堤防。民国时期,国民政府成立黄河水利委员会,黄河下游河南、河北、山东三省设有河务局(后改为修防处),下设分局(后改为总段),沿河有汛兵和工程队常年修守。

中国共产党领导人民治黄以来,在黄委统一管理下,黄河下游建立健全了管理机构和规章制度,加强了堤防、险工、控导工程、涵闸及河道的管理,及时进行了维修养护,保证了工程的安全和完整,增强了工程的抗洪能力。

随着我国经济社会的快速发展,2002年国务院批转了水利部《水利工程管理体制改革实施方案》,明确提出,用3～5年时间建立起适应社会主义市场经济要求的水利工程管理体制和运行机制。

2005年3月,黄委开始对25个县级河务局开展水管单位"管养分离"试点。2006年,改革全面铺开,黄委下属所有水管单位全部实行管养分离。目前,黄委所属各级水管单位的工程管理和维修养护工作已全部按改革后的新机制运作,堤防等防洪工程管理面貌明显改善,保证了工程安全运行,实现了黄河工程管理的新跨越。

第一节　计划经济时期的堤防管理与维修养护

一、管理体制与管理组织

中华人民共和国成立后,黄委作为水利部的派出机构,负责黄河流域的全面管理。黄河下游作为黄河防洪重点河段,按行政区划分别由黄委直属的山东黄河河务局、河南黄河河务局及其下属单位负责所辖河道及防洪工程的管理工作。1990年前,地(市)级治黄机构为修防处,县(市、区)级为修防段。根据治黄工作发展需要,1990年10月经水利部批准,地(市)级修防处更名为河务局(县处级),县(市、区)级修防段更名为县(市、区)河务局并由原科级单位升格为副县级单位。

县(市、区)级河务局作为治黄基层单位,负责所辖河段内的河道及堤防、河道整治及水闸等防洪和引水工程的修建、管理、维修养护,以及防汛日常工作。按照《中华人民共和国防洪法》的规定,黄河防汛工作实行地方政府首长负责制,河务部门负责防洪预案的编制和防汛日常工作。

1986年以前,在计划经济条件下的较长时期内,根据当时的国情和社会经济条件,黄河防洪工程的管理与维修养护体制一直实行的是专业管理与群众管理相结合的体制。作为治黄专管机构的县(市、区)修防段,内设工务股或工管股,并配备一定数量的专业技术干部,对所辖河段内的堤防等防洪工程负责管理,在地方政府的支持下,组织和指导当地群众性护堤组织和护堤员对堤防等工程进行日常管理和维修养护。

地方群管组织为:沿黄河有关县(市、区)、乡(公社)一级建立堤防管理委员会,行政村(大队)建立堤防管理领导小组。一般沿堤线约每华里(500 m)建有一座防汛屋(见图10-1),由附近村委会(生产队)抽调村民作为护堤员,常住堤上对分工堤段进行日常管理和维修养护(见图10-2)。

图10-1　黄河大堤上的防汛屋

图10-2　郑州邙金局护堤员在维修黄河大堤(1983年)

据1963年统计,河南黄河河务局所辖河段,当时共建立县级堤防管理委员会15个,区(乡、公社)级管理委员会124个,行政村(大队)堤防管理领导小组486个,共抽调驻堤护堤员 1 326 人。山东黄河河务局在 21 个县(区)170 个乡(公社)2 283 个行政村(大队)建立了护堤委员会,在生产队建立了护堤小组,农民护堤员 2 194 人。黄河修防部门共设专职护堤干部 127 人。

修防部门的护堤专职干部,经常召开各级护堤委员会和护堤小组会议,研究护堤工作,并定期组织检查评比。河南黄河河务局、山东黄河河务局每年召开一次工程管理工作会议,总结交流堤防管理与维修养护工作经验,提出第二年工作目标,并对工程管理先进单位和护堤员先进个人进行表彰和奖励。黄委 20 世纪 70 年代以后每 3~5 年召开一次全河工程管理工作会议,会前组织各修防单位对堤防等防洪工程的管理养护情况进行检查评比。全河工程管理工作会议的主要议程是总结交流推广先进经验,表彰与奖励工程管理先进单位和护堤员先进个人,并提出 3~5 年黄河工程管理的目标。

二、堤防管理职责与维修养护内容

在专管与群管相结合的堤防管理体制下,明确规定了堤防专管与群管人员的主要职责。

(一)堤防专管人员的主要职责

(1)全面负责所在乡及其沿河村的堤防管理宣传和联系工作。组织护堤员学习护堤政策、法规、制度和堤防维修养护技术。

(2)督促与检查护堤员对堤防进行维修养护,并协助做好防汛工作。

(3)开展检查评比活动,教育与表彰护堤员,并组织护堤员的经济创收活动。

(4)发动护堤员查找堤防隐患,检举和制止破坏堤防的行为,并及时向当地政府和修防部门报告。

(二)县、乡、村护堤委员会(小组)的职责

(1)组织护堤员学习堤防管理与维修养护技术知识,搞好堤防管理与维修养护。

(2)对群众进行护堤教育,宣传护堤政策、法规。

(3)协助处理破坏堤防的违章和不法行为。

(三)护堤员的职责

(1)向群众宣传保护堤防的重要意义和有关政策、法规。

(2)保护堤防和护堤地上的防汛料物、通信线路、测量标志、树木、草皮等,制止破坏堤防及附属设施的行为。必要时上报当地政府和修防部门。

(3)做好堤防日常性维修养护,平整堤顶、堤坡,整修补植树木和草皮。

(4)经常检查堤防隐患和存在问题,及时上报修防部门进行处理。

(四)堤防工程维修养护的主要内容

堤防工程的维修养护主要内容包括堤顶、堤坡、辅道的补残,填平雨后水沟浪窝和备积土牛土方,补填堤顶和护堤地树木和堤坡草皮。堤防的日常维修养护主要由护堤员完成,堤防维修养护经费在防汛岁修费中安排。冬春干旱季节,堤顶剥蚀严重,须洒水铺土对堤顶进行平整夯实。夏秋季节雨后,堤坡宜产生水沟浪窝,必须及时填垫土方、平整。护堤员总结出"平时备土雨天垫,雨后平整是关键"的护堤经验。20 世纪 80 年代以前,堤防的维修养护大多靠护堤员手工作业,主要工具是架子车、铁锹、锄头、石夯等。80 年代

以后,由黄河河务部门购置堤防维修养护机具。用拖拉机牵引刮平机刮平堤顶、用碾压机碾压平整、用洒水车洒水养护、用翻斗车运土等,这就大大提高了作业效率和养护质量,减轻了护堤人员的劳动强度。

在黄河各级修防部门的精心组织带领下,在沿黄各级地方政府的大力支持下,黄河下游堤防实行的专管与群管相结合的管理和维修体制,对保障黄河下游堤防的完整和抗洪能力的不断提高发挥了巨大作用,数千名群众护堤员作出了巨大贡献。

河南黄河河务局 1963 年工程管理总结显示,1958～1962 年共处理河南黄河堤防堤身隐患 8 290 处,捕捉害堤动物 34 800 余只,堤防绿化植树 1 286 万棵,植草 303 万 m²,收入桩材 31 万根、柳枝 198 万 kg。护堤员在护堤地种植农作物 2 300 亩,每年收入粮食 12 万 kg,既增加了国家和护堤员的收入,也使护堤组织得到了巩固、稳定。

山东黄河河务局 1963 年工程管理工作总结也提到,自 1958 年至 1963 年上半年,共发现和处理堤防各类隐患 47 657 处,其中洞穴等 4 690 处,进行了加固或灌浆处理。捕捉害堤动物 63 088 只,其中獾狐 2 452 只。养护树木 332 万株,草皮 5 450 万 m²。1959～1962 年国家提成河产收入 30 余万元,采伐坑木 2 000 余 m³ 支援地方工矿建设。同时,组织护堤员参加植树、植草、备土牛土方、运料物和种植闲散土地等增加收入,如当时惠民修防处范围内的护堤员每人每年平均收入 200 多元,其中邹平、滨县、惠民等县护堤员年收入最高达 500 元。

第二节　社会主义市场经济时期的堤防管理与维修养护

一、工程管理及养护体制改革

20 世纪 80 年代后,随着国家改革开放和社会主义市场经济的发展壮大,农村生产承包责任制的转变,长期实行的地方群管队伍已经难以为继,也无法适应堤防管理现代化需要。堤防的管理与维修养护逐渐转变为由专业队伍承担的新模式。

2002 年,国务院批转了水利部《水利工程管理体制改革实施意见》,明确提出用 3～5 年时间建立适应社会主义市场经济要求的水利工程管理体制和运行机制。

黄委积极贯彻《水利工程管理体制改革实施意见》精神,按照水管单位"管养分离"改革要求,进行了水管单位人员编制和维修养护定额标准的研究。率先选择基层管理单位进行了试点,试点单位由原来的专管与群管相结合的管理体制,平稳过渡到专业化管理体制。在试点单位改革的基础上,结合黄委实际,完成了水管单位的分类定性、定岗定员、经费测算等工作,编制的《黄委水利工程管理单位水管体制改革实施方案》顺利通过水利部审核。

在实施改革的同时,黄委积极开展了黄河工程管理运行机制总体框架研究,在全国水利系统率先提出了系统的研究成果,按照水管体制改革后管理方与维修养护方的合同管理关系,对工程管理和维修养护工作的标准与管理办法进行了梳理,结合新体制的要求和黄河水利工程维修养护的特点,研究制定了 15 项配套管理办法,主要有《水利工程管理单位定额标准》、《水利工程维修养护定额标准》、《水利工程维修养护管理办法》、《水利工程维修养护标准》、《水利工程维修养护质量管理规定》和《水利工程维修养护经费使用管理办法》等,内容涵盖了程序、职责、项目管理、标准、质量、考核、验收以及责任追究等方面,并明确了责任主体和工作标准,初步建立了新体制下的运行管理机制。至 2006 年6 月,黄委水管体制改革全面完成。

通过改革,建立了职能清晰、权责明确的水利工程管理体制和管理科学、运行规范的水管单位运行机制,形成了水管单位、维修养护公司与施工企业"三驾马车"并驾齐驱的发展格局。以堤防管理、维修养护为中心的黄河水利工程管理和维修养护工作,已经全面按新机制运作,步入了良性运行的轨道,实现了黄河水利工程管理工作的新跨越。

二、新管理体制下的工程管理养护

县(市、区)级河务局是黄委水利工程管理的基层单位。在管养分离前,县(市、区)级河务局是集水行政、工程建设管理、维修养护以及经营开发"四位一体"的综合性事业单位。通过水管体制"管养分离"改革,县(市、区)级河务局作为水工程管理的主体地位得到进一步明确,管理职能更加突出。同时,调整和规范了水工程管理和工程维修养护的关系。

改革后,县(市、区)级河务局主要承担水行政、防汛和水利工程管理等行政职责,内设水政科、防汛办公室、工程管理科、观测运行科等职能部门。作为水利工程维修养护项目法人,全面负责堤防、河道整治等防洪工程的日常管理、运行、观测、检查、巡查、监测、维修养护项目管理及维修养护合同的签订和监督验收等。

(一)工程管理标准

为推进黄河堤防、河道整治工程和各类水闸工程实现规范化、精细化管理,保持工程完整,改善工程面貌,提高工程的抗洪能力,充分发挥工程效益,依据《中华人民共和国河道管理条例》、水利部《水利工程管理养护考核办法》等有关规定,结合黄河水利工程的实际情况,黄委于 2007 年先后制定并颁布了《黄河堤防工程管理标准(试行)》、《黄河河道整治工程管理标准(试行)》和《黄河水闸工程管理标准(试行)》。

1.堤防

黄河堤防建设目标是使堤防成为防洪保障线、抢险交通线和生态景观线。《黄河堤防工程管理标准(试行)》明确黄河堤防工程管理的范围为自临河护堤地边界至背河护堤地边界,堤防工程包括堤身、前后戗体、放淤固堤淤背区、堤顶道路、护堤地、临河防浪林及堤防附属设施。图 10-3 为济南段堤防的堤顶道路、行道林及淤背区情况。

作为防洪保障线,堤防工程的堤顶高程、宽度要保持原设计标准,堤顶高程误差为 0 ~ 5 cm,堤顶宽度误差为 0 ~ 10 cm。堤坡要保持原设计坡度,无残缺、水沟浪窝、洞穴、陷坑等。坡面平顺要求沿断面 10 m 范围内,凸凹尺度小于 5 cm。堤坡草皮覆盖率达 98% 以上,草高保持在 10 cm 为宜。堤顶纵向排水沟与堤坡横向排水沟形成排水系统,并保持完整。堤顶道路作为抢险交通线,要求常年保持畅通无阻,保持路况良好。千米桩、百米桩及各种警示标牌完好无损。按照建设生态景观线的要求,堤顶靠堤肩部位各植一行行道林,树种以常年美化树种为主,要求存活率达 100%。淤背区绿化按照种植防汛用材林、经济林和苗圃相结合的原则,用材林以杨树为主,经济林以各类果树为主,用材林、经济林

图 10-3　济南段堤防

与苗圃要间隔种植,加强对树木的管护,及时防治病虫害,树木成活率不低于90%。临河种植防浪林的堤段,近堤植高柳、外侧植丛柳,要求无缺损断带,树木成活率保持在95%以上。同时,要求选择靠近城镇或交通要道、傍河近岸工程,搞好景点规划,结合当地地理人文特点、黄河重大历史事件,建设具有黄河特色的景观工程,充分展示黄河历史文化。已经建成并初具规模的有郑州花园口黄河游览区、开封柳园口游览区、济南泺口黄河游览区和河南孟州黄河文化园(见图 10-4)等。

(a)

(b)

图 10-4　河南孟州黄河文化园

2.河道整治工程

黄河河道整治工程包括沿黄河堤防修建的险工和为控导河势在滩区适当位置修建的控导工程。险工依托堤防修建,对保障黄河堤防的安全具有重大作用。《黄河河道整治工程管理标准(试行)》对河道整治工程的主体工程(包括丁坝、垛、护岸和连坝)、附属设施(包括工程观测设施、标志桩牌及管理房)、护堤地的管理等提出了明确的管理标准。

河道整治工程要求坝面平整,坝顶高程与坝顶宽度保持原设计标准,坝面无凸凹、陷坑、空洞、水沟、浪窝、乱石、杂物等。根石坡度为1:1.5。险工设根石台,台顶宽1.5~2.0 m,台顶高程符合原设计标准。坝坡排水沟保持完整、畅通。各种标志桩、牌按统一标准制作和设置,每处河道整治设工程简介牌,每道坝(垛)埋设坝号桩,每5道坝(垛)设一根高标桩,用红色双面标示坝号。在坝垛上、下跨角各设 1 个坝(垛)测量断面,圆弧段、迎水面分别设 2~3 个坝(垛)测量断面,每个测量断面埋设 2 根断面桩,桩顶中心标红色"十"字作为测量标记。

3. 穿堤水闸

修建于黄河堤防上的分洪闸、泄洪闸和引黄灌溉闸,在向滞洪区分泄洪水、控制洪水和引黄河水灌溉中具有重要作用,同时这些水闸还直接关系到黄河堤防的安危。《黄河水闸工程管理标准(试行)》依据水利部《水闸技术管理规程》(SL 75—94)和《水利工程管理考核办法(试行)》等,结合黄河水闸的实际情况,制定了水工建筑物(主要包括闸室、涵洞、上下游连接工程、消能防冲工程等)、闸门和机电设备、启闭机房和附属设施等的管理标准。

水闸水工建筑物的管理,要求闸基防渗设施完好,无破坏性渗漏通道。闸室墩、墙、底板及涵洞混凝土结构保持完整,无渗漏、剥蚀、钢筋外露及涵洞混凝土碳化。沉陷缝止水完好、无断裂、渗水现象。上下游连接建筑物混凝土无破损,浆砌石无不均匀沉陷裂缝,石块松动、破损、勾缝砂浆脱落等。下游消能防冲工程混凝土完整无破坏,无钢筋外露锈蚀、浆砌石结构无变形、石块松动、塌陷等,排水孔通畅无淤堵。

闸门面板及门体结构完好无损,钢闸门无锈蚀,混凝土闸门无裂纹、老化、钢筋外露等。闸门止水保持完好无破坏,止水橡皮适时调整,门后无水流散射。要求在设计水头下,闸门每米长度漏水量不大于 0.2 L/s。

闸门启闭机要求保持良好运行状态。卷扬式启闭机各传动部位润滑良好,定期加油。金属结构表面整洁、无污物,制动装置工作灵活可靠。卷扬机钢丝绳定期保养涂油,无锈蚀和断丝现象。螺杆式启闭机要保持表面清洁,各连接件紧固,手、电两用设备电气闭锁装置安全可靠。启闭机行程开关动作灵敏,高度指示器指示准确。

4. 工程观测和探测

1)堤防

观测的主要内容有堤身沉降、渗流和水位等。堤身沉降量观测可利用沿堤埋设的测量标点作定期或不定期观测,每一观测断面的观测点不宜少于 4 个。渗流观测断面宜布设在对控制渗流变化有代表性的堤段,一个堤段观测断面不少于 3 个,断面间距为 300~400 m。水位观测可根据河道水流情况和防洪需要,在堤防临河适宜地点布设水尺或自记水位装置。

堤防隐患探测规定,一般每 10 年对全堤线普查一次。探测由具有资质的专业单位进行。探测分普查和详查,详查堤段不小于普查堤线的 1/10。探测完成后应提交堤防隐患探测分析报告,内容主要包括隐患性质、数量、大小及分布等技术指标。

2)河道整治工程

河道整治工程的观测主要是丁坝、垛、护岸的根石探测、水位观测,以及河势观测与滩岸坍塌观测等。

丁坝、垛、护岸的根石变化情况对工程的安全至关重要。探测分为汛前、汛期及汛后探测。汛前及汛后探测的坝垛数量不少于靠主溜坝垛的 50%。汛期探测,主要对洪水期靠溜时间较长或出现险情的坝垛适时进行探测,并根据出险情况及时采取抢险加固措施。

每次探测工作结束后,及时对探测资料进行数据录入、整理分析和绘制有关图表,并编制探测报告。

水位观测按照防汛制度规定的时间间隔,在汛期进行水位观测,填写观测记录,汛后进行系统整理。

河势观测分为汛前、洪水期及汛末观测。根据黄河溜势情况,通过观察和仪器观测,针对靠溜状况,对坝垛做出靠大溜、边溜、靠水等判断,填写观测记录,并在河道地形图上绘出河势图,并编写河势观测报告。

滩岸坍塌观测主要对河岸淘刷及造成滩岸坍塌较严重的情况,及时进行观测、编写滩岸坍塌观测报告。

3）穿堤水闸

水闸工程观测主要有水工建筑物的沉陷、位移和渗压观测,上下游水位观测,闸下过流量测量。水闸建设时,观测设施均需安装到位。

近年来,黄河水闸还增设了水闸安全监测和闸门运行远程监控装置。规定要求必须保证监测和监控设备的正常工作,数据要准确,图像要清晰。

工程管理的信息化建设是工程管理现代化的主要标志。标准要求对已建黄河防洪工程数据库中的各类观测基础信息,于每年12月底前完成录入、更新,实现工程信息的在线查询。利用"工程维护标准化模型"编制维修养护项目预算,提高维修养护信息化管理水平。按照黄委"数字建管"规划,对具备条件的重点堤段和工程,实施视频监视、安全监测,监视监测数据实时进入信息库。要求利用网络资源,通过对工程管理资料的微机化、网络化管理,实现信息共享,全面提高工程管理信息化水平。

(二)运行观测与维修养护岗位责任制

为推行工程的精细化管理,规范运行观测与维修养护工作,黄委于2009年4月制定了《黄河防洪工程运行观测与维修养护岗位责任制实施办法(试行)》,规定各水管单位与维修养护公司分别实行运行观测和维修养护岗位责任制。对于日常工程管理,运行观测与维修养护人员对所管辖的堤防工程实行分段责任制,河道整治工程实行坝垛责任制,水闸工程实行按岗位分区域管理责任制。对于维修养护专项工程,实行项目管理。

1. 岗位职责

水管单位按照黄委颁发的黄河工程管理标准及运行管理需要,合理划分运行观测责任区段,设定运行观测岗位。根据所辖工程各区(段)运行观测工作量,明确每个运行观测人员的工作内容、工作量及工作标准,将具体区(段)内的工程、附属设施、设备的运行观测任务落实到人。

维修养护公司按照与水管单位签订的维修养护合同要求,将所承担的堤防、河道整治与水闸工程维修养护任务,合理划分维修养护责任区(段),设定维修养护岗位,明确每个养护岗位的责任区(段)内的维修养护内容、工作量及工作标准,将具体的维修养护责任落实到人,并在现场设牌公布(见图10-5、图10-6)。

水管单位和维修养护公司将每个人员的工作岗位、职责、内容、考核标准等以表格形式加以分解,印发给每个责任人,并在各工程管理段或维修养护基地内将岗位职责上墙公示。同时,各县(市、区)级河务局在各工程管理段或维修养护基地附近的适当位置、河道

图 10-5　山东东明黄堌管理段工程管理责任牌

图 10-6　堤防管理养护责任公示牌

整治工程主要上坝路口分别设立工程管理责任牌。水闸工程以每座闸为单元,在水闸管理区内醒目位置设立工程管理责任牌。责任牌应标明:县(市、区)级河务局(水管单位)局长、分管副局长、养护公司经理、分公司经理姓名,运行观测及维修养护责任人姓名,相应堤防工程责任段桩号、河道整治工程责任坝号、水闸工程责任部位或设施设备名称等。水管单位在工程管理科设立监督举报电话,并分别在责任牌上明示。图 10-7、图 10-8 为黄河职工在进行堤防养护工作。

2.绩效考核

省、地(市)级河务局业务主管部门按照黄河工程管理标准与考核要求,建立和完善月检查、半年检查、随机抽查和年终绩效考核制度。各水管单位和维修养护公司对运行观测与维修养护的岗位职责履行情况进行考核,将每人每月的绩效考核与工资挂钩。地

图 10-7　黄河职工在进行堤坡养护

图 10-8　黄河职工在进行堤顶养护

(市)级河务局每半年检查一次,并将所属水管单位和养护公司人员岗位职责履行情况、管理绩效、考核结果等纳入年度目标任务进行考核。省级河务局建立抽查、年度检查通报制度,并将工程运行观测与维修养护人员岗位责任制、考核激励机制和执行情况,纳入年度工程管理检查考核。黄委建立工程管理考核专家库,并组织对水管单位的工程管理工作进行考核,考核采用全面检查和重点抽查相结合的方式,经考核确定为黄委工程管理先进单位、先进集体的,作为年度或五年一次工程管理会议表彰的依据。

各水管单位、维修养护公司及上级业务主管部门对工程管理检查、抽查中发现的问题做好记录,详细说明问题发生的地点、工程缺陷情况和责任人,并及时进行妥善处理。

(三)工程管理创新工作

1.示范工程

2006 年 6 月,黄委在全面完成所属 76 个水管单位的水管体制改革工作后,充分发挥新体制带来的生机与活力,以创建国家级水管单位为目标,实施"示范工程"引导与"科学进步"带动战略,有效地促进了黄河防洪工程管理水平的提升。

2008 年初,黄委启动了"三点一线"专项管理项目,选择按照设计标准建成的堤防、险工和控导工程三个点并通过堤防连成的一条线,作为一个管理单元,严格管理标准,实施精细化管理,带动堤防工程管理水平的全面提升。至 2009 年末,"三点一线"专项管理项目已扩展到河南、山东 200 多 km 堤防。

图 10-9 ~ 图 10-11 为"三点一线"的标记及工程情况。

图 10-9　黄河河防工程"三点一线"之黄河控导工程

图 10-10　黄河河防工程"三点一线"之黄河险工

2.创建国家级水管单位

黄委高度重视国家级水管单位创建活动。按照"标准要统一、管理要规范、养护要精细、检查要严格"的创建要求开展创建工作。经过几年的努力,至 2007 年黄委已经创建国家一级水管单位 12 个,有河南黄河河务局所属的原阳、惠金、武陟一局、博爱、范县局及开封二局等 6 个县(市、区)级河务局,山东黄河河务局所属的齐河、济阳、惠民、槐荫、邹平、利津等 6 个县(市、区)级河务局。国家级水管单位的工程面貌显著改善,堤防顶平坡顺,绿树成荫,险工坝垛整齐美观,抗洪能力明显增强,管理段的环境也有了改善(见图 10-12、图 10-13)。

图 10-11　黄河河防工程"三点一线"之黄河堤防

图 10-12　山东邹平码头管理段

图 10-13　山东齐河潘庄管理段

3. 工程养护机械

工程管理技术创新方面,逐步推广了坝垛根石探测、多功能维修养护机具等方面的新技术新设备(见图10-14~图10-17),提高了工程管理水平。编制了黄委"数字工管"建设规划,已经水利部批复实施。初步建成了黄河防洪工程基础信息数据库、堤防历史险情数据库、堤防维修养护模型、工程动态维护管理系统、根石探测成果分析软件等,开发了运行观测和维修养护巡检系统,为工程管理与维修养护实现信息化管理提供了技术保障。

图 10-14　多功能养护机械(一)

图 10-15　多功能养护机械(二)

图 10-16　多功能养护机械(三)

图 10-17　堤坡平地手扶式割草机

第十一章　黄河上中游堤防

第一节　宁夏内蒙古河段堤防

目前,黄河宁夏、内蒙古河段(以下简称宁蒙河段)干流堤防长为 1 399.939 km,其中宁夏河段长为448.074 km,内蒙古河段长为951.865 km。

一、防洪标准及堤防级别

根据历史洪水流路并结合当前地形地物情况,经综合分析,在设计洪水条件下,宁蒙河段现行河道洪水威胁范围约 1.06 万 km²,耕地 1 175 万亩,人口 355.50 万人。由于此范围内城镇人口不多,亦无其他特别防护对象,所以主要以乡村防洪标准为主,考虑其他社会因素,分堤段确定堤防的设防标准。

堤防工程的防洪标准及级别依据《防洪标准》(GB 50201—94)及《堤防工程设计规范》(GB 50286—98)确定。

(一)下河沿—青铜峡

左岸堤防长为 85.000 km,保护范围为 147.5 km²,耕地面积为 16.5 万亩,现有人口8.75 万人,防洪标准为 10~20 年一遇。考虑到保护区内有大型灌区——卫宁灌区(设计灌溉面积70.00 万亩)的一部分及其跃进渠进水口,防洪标准取上限 20 年一遇,相应堤防级别为 4 级。

右岸堤防长为 87.000 km,保护范围为 118.1 km²,耕地面积为 13.8 万亩,现有人口6.17 万人,防洪标准为 10~20 年一遇。考虑到保护区内有卫宁灌区两条引水干渠,即羚羊寿渠和七星渠,其中七星渠还担负着为宁夏扶贫扬黄灌溉工程红寺堡灌区和固海扬水灌区供水的任务,该段防洪标准取上限 20 年一遇,相应堤防级别为 4 级。

(二)青铜峡—石嘴山段

左岸堤防长为 197.427 km,保护范围为 610.7 km²,耕地面积为 67.4 万亩,人口36.08 万人,保护区内有青铜峡河西灌区,其设防标准为 20~30 年一遇,考虑与其上段的一致性,取 20 年一遇,堤防级别为 4 级。

右岸堤防长为 78.647 km,保护范围为 332.6 km²,耕地面积为 37.3 万亩,人口25.39万人,其中包括银南地区的中心城市——吴忠市,城市人口约为 10 万人,是宁夏银南地区的经济核心区,且建有大(坝)—古(窑子)铁路和银(川)—灵(武)高速公路等重要的基础设施,防洪标准为 20~30 年一遇,经多方面综合分析,为与上下游和左右岸防洪标准保持一致,仍取 20 年一遇,相应堤防级别为 4 级。

(三)石嘴山—三盛公

左岸堤防长为 47.455 km,保护范围为 40.2 km²,耕地面积为 4.4 万亩,现有人口

15.94 万人,防洪标准为 10~20 年一遇,取上限 20 年一遇,相应堤防级别为 4 级。

右岸堤防长为 23.393 km,保护范围为 90.9 km²,耕地面积为 10.9 万亩,现有人口 26.49 万人,防洪标准为 20~30 年一遇,考虑左右岸的一致性,防洪标准取下限 20 年一遇,相应堤防级别为 4 级。

(四)三盛公—蒲滩拐

左岸堤防长为 457.076 km,保护范围为 8 318.2 km²。现状耕地面积为 914.0 万亩,人口 205.52 万人。防洪标准为 50~100 年一遇,取下限 50 年一遇,相应堤防级别为 2 级。

右岸堤防长为 423.941 km,保护范围为 920 km²,现状耕地面积为 110.6 万亩,人口 31.16 万人,防洪标准为 30~50 年一遇,其中西柳沟—哈什拉川约 54.923 km 堤防,保护国家大型企业达拉特旗电厂,按工矿企业标准,防洪标准为 50~100 年一遇,取下限 50 年一遇,相应堤防级别为 2 级,其余 369.018 km 堤防的防洪标准取下限 30 年一遇,堤防级别为 3 级。

综上所述,下河沿—三盛公河段的防洪标准为 20 年一遇,三盛公—蒲滩拐河段的防洪标准分别为 30 年一遇和 50 年一遇。宁蒙河段 2 级堤防长 511.999 km,主要分布在三盛公—蒲滩拐河段的左岸及本河段右岸的达拉特旗电厂附近;3 级堤防长 369.018 km,主要分布在三盛公—蒲滩拐河段的右岸;4 级堤防长 518.922 km,主要分布在下河沿—三盛公河段的左右岸。

各河段防洪标准及堤防级别划分见表 11-1。

表 11-1　宁蒙河段防洪标准及堤防级别划分

河段	岸别	堤段长度（km）	保护对象	防洪标准	堤防级别
下河沿—青铜峡	左岸	85.000	面积 147.5 km²,耕地面积为 16.5 万亩,人口 8.75 万人	10~20 年一遇,取 20 年一遇	4 级
	右岸	87.000	面积 118.1 km²,耕地面积为 13.8 万亩,人口 6.17 万人	10~20 年一遇,取 20 年一遇	4 级
青铜峡—石嘴山	左岸	197.427	面积 610.7 km²,耕地面积为 67.4 万亩,人口 36.08 万人	20~30 年一遇,取 20 年一遇	4 级
	右岸	78.647	面积 332.6 km²,耕地面积为 37.3 万亩,人口 25.39 万人	20~30 年一遇,取 20 年一遇	4 级
石嘴山—三盛公	左岸	47.455	面积 40.2 km²,耕地面积为 4.4 万亩,人口 15.94 万人	10~20 年一遇,取 20 年一遇	4 级
	右岸	23.393	面积 90.9 km²,耕地面积为 10.9 万亩,人口 26.49 万人	20~30 年一遇,取 20 年一遇	4 级

河段	岸别	堤段长度（km）	保护对象	防洪标准	堤防级别
三盛公—蒲滩拐	左岸	457.076	面积 8 318.2 km²，耕地面积为 914.0 万亩，人口 205.52 万人	50～100 年一遇，取 50 年一遇	2 级
	右岸	423.941	面积 920 km²，耕地面积为 110.6 万亩，人口 31.16 万人	30～50 年一遇	2 级和 3 级
合计		1 399.939	面积 10 578.2 km²，耕地面积为 1 175 万亩，人口 355.5 万人		2 级堤防 511.999 km，3 级堤防 369.018 km，4 级堤防 518.922 km

2 级堤防 50 年一遇设防流量为 5 900 m³/s;4 级堤防 20 年一遇设防流量为:下河沿、青铜峡 5 620 m³/s,石嘴山 5 630 m³/s。

二、堤防基本断面

(一)设计堤顶高程

以防洪为主的堤防,其设计堤顶高程根据《堤防工程设计规范》(GB 50286—98)规定,按设计洪水位加堤顶超高确定,对内蒙古河段堤防,不仅在汛期有防洪任务,而且在凌汛期有很重的防凌任务,对于承担防凌任务的堤防设计堤顶高程如何确定,目前还没有规范可依。因此,内蒙古河段的堤防设计堤顶高程,应按照汛期和凌汛期的计算结果,综合分析确定堤防的设计堤顶高程。

参照《堤防工程设计规范》(GB 50286—98)的规定方法,堤防的堤顶超高按下式计算:

$$Y = R + e + A \tag{11-1}$$

式中　Y——堤顶超高,m;

　　　R——设计波浪爬高,m;

　　　e——设计风壅增水高度,m;

　　　A——安全加高,m。

设计波浪爬高 R 按下式计算:

$$R_{\mathrm{P}} = \frac{K_{\Delta}K_{\mathrm{v}}K_{\mathrm{P}}}{\sqrt{1 + m^2}}\sqrt{\overline{H}L} \tag{11-2}$$

式中　R_{P}——累积频率为 P 的波浪爬高,m;

　　　K_{Δ}——斜坡的糙率及渗透性系数,草皮护坡取 0.85;

　　　K_{v}——经验系数,可根据风速 v(m/s)、堤前水深 d(m)、重力加速度 g(m/s²)组成的无维量 $v/\sqrt{gd}$ 确定;

　　　K_{P}——爬高累积频率换算系数,对不允许越浪的堤防,爬高累积频率宜取 2%;

　　　m——斜坡坡率,$m = \cot\alpha$;

　　　$\overline{H}$——堤前波浪的平均波高,m;

　　　L——堤前波浪的波长,m。

设计风壅增水高度 e 按下式计算：

$$e = \frac{Kv^2 F}{2gd}\cos\beta \qquad (11\text{-}3)$$

式中　e——计算点的风壅增水高度,m;

　　　K——综合摩阻系数,可取 $K = 3.6 \times 10^{-6}$;

　　　v——设计风速,按计算波浪的风速确定;

　　　F——由计算点逆风向量到对岸的距离,m;

　　　d——水域的平均水深,m;

　　　β——风向与垂直于堤轴线的法线的夹角,(°)。

设计波浪爬高和风壅增水高度的计算参数见表 11-2。

表 11-2　宁蒙河段不同计算期堤顶超高计算参数

计算期	河段	水域平均水深 d(m)	风区长度 F(m)	计算风速 v(m/s)	风向夹角 β(°)	斜坡坡率 m
汛期	下河沿—仁存渡	2.2	915	15	45	2
	仁存渡—石嘴山	1.6	2 500	14	40	2
	石嘴山—三盛公	1.85	2 000	16	22.5	2
	三盛公—蒲滩拐	2.7	4 200	15	45	3
凌汛期	三盛公—三湖河口(左岸)	3.15	4 000	13.11	22.5	3
	三盛公—三湖河口(右岸)	3.75	4 200	19.92	0	3
	三湖河口—昭君坟(左岸)	2.9	4 400	13.27	22.5	3
	三湖河口—昭君坟(右岸)	2.95	3 900	20.34	0	3
	昭君坟—蒲滩拐(左岸)	3.04	4 000	13.73	22.5	3
	昭君坟—蒲滩拐(右岸)	3.6	4 300	21.38	21	3

宁蒙河段堤防汛期计算结果和采用超高值见表 11-3。

表 11-3　宁蒙河段各堤段防洪堤顶超高计算结果

河段	堤防级别	波浪爬高加风壅增水高度(m)	安全加高(m)	采用超高(m)
下河沿—仁存渡	4 级	1.04	0.6	1.6
仁存渡—石嘴山	4 级	1.22	0.6	1.8
石嘴山—三盛公	4 级	1.34	0.6	1.9
三盛公—蒲滩拐	左岸和右岸电厂附近 2 级,其余右岸 3 级	1.29	左岸和右岸电厂附近 0.8,其余右岸 0.7	左岸和右岸电厂附近 2.1,其余右岸 2.0

宁蒙河段尤其是三盛公以下是冰凌严重的河段。根据凌汛期实测资料和设计洪水位分析,在内蒙古黄河凌汛严重的河段凌汛水位高于汛期设计洪水位,主要位于三盛公—蒲滩拐河段的巴彦高勒—5#断面、39#~44#断面、64#~68#断面、昭君坟—85#断面,涉及河段长 88.3 km、堤段长 156.4 km。

　　黄河宁夏内蒙古河段堤防具有防凌、防洪的双重任务,目前还没有凌汛期堤顶高程确定的有关规程规范,但需综合考虑防洪、防凌的要求。对于凌汛水位低于汛期水位的河段,依汛期洪水位确定堤顶高程;对于凌汛水位高于汛期洪水位的河段,依凌汛期洪水位确定堤顶高程。即采用汛期设计洪水位和凌汛期水位的外包线作为河段的防凌、防洪的设计洪水位,再依照洪水位计算确定堤顶高程。

(二)堤顶宽度

　　根据堤身稳定要求和防汛抢险、料物运输储存、交通要求以及所拟定的各堤段的堤防级别,按照《堤防工程设计规范》(GB 50286—98)的有关规定并考虑凌汛洪水严重河段的抢险要求确定各堤段的堤顶宽度。三盛公以下的 2 级堤防,堤顶宽度采用 8 m;三盛公以下的 3 级堤防及三盛公以上的 4 级堤防,考虑工程建设管理和防洪防凌抢险的需要,堤顶宽度采用 6 m。

(三)堤坡

　　参照国内外大江大河堤防边坡,并结合黄河自身的实际情况,根据《堤防工程设计规范》(GB 50286—98)的有关规定拟定堤防临背边坡:2 级、3 级堤防的临背边坡采用 1:3,4 级堤防的临背边坡采用 1:2。

　　宁夏、内蒙古各河段堤防设计基本断面尺寸见表 11-4。

表 11-4　黄河宁蒙河段干流堤防设计基本断面尺寸

河段	岸别	超高(m)	顶宽(m)	边坡	
				临河	背河
下河沿—仁存渡	左	1.6	6	1:2	1:2
	右	1.6	6	1:2	1:2
仁存渡—头道墩	左	1.8	6	1:2	1:2
	右	1.8	6	1:2	1:2
头道墩—石嘴山	左	1.8	6	1:2	1:2
	右	1.8	6	1:2	1:2
石嘴山—乌达公路桥	左	1.9	6	1:2	1:2
	右	1.9	6	1:2	1:2
乌达公路桥—三盛公	左	1.9	6	1:2	1:2
	右	1.9	6	1:2	1:2
三盛公—三湖河口	左	2.1	8	1:3	1:3
	右	2	6	1:3	1:3
三湖河口—昭君坟	左	2.1	8	1:3	1:3
	右	2	6	1:3	1:3
昭君坟—蒲滩拐	左	2.1	8	1:3	1:3
	右	2 级为 2.1,3 级为 2	2 级为 8,3 级为 6	1:3	1:3

(四)抗滑稳定分析

1. 抗滑稳定安全系数

宁蒙河段长 1 203.8 km,扣除峡谷河段 239.8 km、库区段 94.5 km,平原河道长 869.5 km,沿途修有 2~4 级堤防。按照《堤防工程设计规范》(GB 50286—98)的要求,其抗滑稳定安全系数不应小于表 11-5 的要求。

表 11-5　土堤抗滑稳定安全系数

堤防级别		2	3	4
安全系数	正常运用条件	1.25	1.20	1.15
	非正常运用条件	1.15	1.10	1.05

2. 典型断面及参数的选取

在黄河勘测规划设计有限公司 2008 年 5 月编制的《黄河宁蒙河段近期防洪工程建设可行性研究报告》中,共选取计算断面 45 处。其中,宁夏河段堤防断面、地质参数变化不大,选定 2 处具有代表性的断面;内蒙古河段选取 43 处典型断面(左岸 20 处、右岸 23 处)。

典型断面稳定分析涉及的土层有三层,即堤防加高加固使用的土料、现状堤身和堤防基础。相应的渗透系数、黏聚力、内摩擦角、容重等指标均来自于地质勘察报告。

3. 计算工况

根据规范要求,抗滑稳定计算应分为正常情况和非正常情况。

由于宁蒙河段距上游刘家峡、龙羊峡等水库较远,三盛公水库调节能力弱,本河段沿程水位变化缓慢,不存在水位骤降的情况。

堤防工程建设除封冻期和洪水期外,均可施工。由于施工期长,工程施工可选择黄河流量小、堤防无水时进行,故不考虑施工期的稳定计算。

堤防稳定计算工况为设计洪水位下的稳定渗流期(正常情况)和设计洪水位下遭遇地震(非常情况)时临水坡、背水坡的稳定安全。各堤段地震烈度见表 11-6~表 11-8。设计洪水与地震遭遇可能性很小,规范规定的抗滑稳定安全系数是在多年平均水位遭遇地震的条件下采用 $K \geqslant 1.05~1.15$,因此稳定计算中利用设计洪水位与地震组合情况下的安全系数可适当降低。

表 11-6　宁夏河段堤防抗滑稳定分析计算结果

断面	水位(m)		地基有效深度 T(m)	地震烈度	地震动峰值加速度 g	边坡坡率 m	运行期安全系数		地震校核安全系数	
	临水坡	背水坡					临水坡	背水坡	临水坡	背水坡
1	1	0	20	8	0.2	2	1.984 5	1.802 9	1.625 6	1.532 4
2	1	0	20	8	0.2	2	2.202 6	2.101 4	1.814 1	1.737 2

表 11-7　内蒙古河段左岸堤防抗滑稳定分析计算结果

堤防段落	断面	地基有效深度 $T(\mathrm{m})$	边坡坡率 m	地震烈度	地震动峰值加速度 (g)	运行期安全系数		地震校核安全系数	
						临水坡	背水坡	临水坡	背水坡
三盛公—三湖河口 $(0+000\sim214+600)$	5+000	43.1	3	8	0.15	2.020 2	1.504 4	1.565 4	1.293 6
	39+000	43.1	3	7	0.15	2.022 6	2.084 5	1.656 6	1.356 9
	32+000	43.1	3	7	0.15	2.100 2	1.590 5	2.100 2	1.350 4
	54+000	43.1	3	7	0.15	1.973 4	1.480 2	1.592 9	1.480 2
	118+400	37.64	3	7	0.15	2.727 4	2.264 7	2.202 7	1.864 7
	136+400	37.64	3	7	0.1	2.290 3	1.906 8	1.933 5	1.678 9
	148+200	37.64	3	7	0.1	2.303 1	2.229 2	1.957 2	1.965 4
	186+800	40.64	3	7	0.1	2.272 8	2.226 3	1.901 1	1.909 5
	211+400	32.34	3	7	0.15	2.379 5	1.964 6	1.938 8	1.660 9
三湖河口—昭君坟 $(214+600\sim307+250)$	220+400	35.24	3	7	0.15	2.176 6	1.843 5	1.666 1	1.550 8
	225+200	35.24	3	7	0.15	2.419	1.862 1	1.919 9	1.515 3
	249+800	39.2	3	7	0.15	2.475 6	2.214 1	1.903 6	1.710 2
	267+000	36.08	3	7	0.15	2.375 1	1.921 8	1.776 9	1.626 7
	277+000	36.08	3	7	0.2	2.214 5	1.599 3	1.559 1	1.253 3
昭君坟—蒲滩拐 $(307+250\sim456+000)$	309+369	37.58	3	8	0.2	2.516 2	2.306	1.803 9	1.801 3
	334+080	33.02	3	8	0.2	2.621 2	1.867 1	1.980 3	1.507 2
	348+080	36.44	3	8	0.3	2.460 5	1.359 1	1.593 6	1.201 8
	403+180	35.96	3	7	0.3	2.321 9	1.608 1	1.463 1	1.185 0
	411+073	35.96	3	7	0.2	2.222 3	1.800 4	1.688 2	1.400 2
	436+473	37.7	3	7	0.2	2.475 2	1.444 9	1.792 4	1.185 1

4. 计算方法及结果分析

按照《堤防工程设计规范》(GB 50286—98)的要求,采用瑞典圆弧法计算,使用黄河勘测规划设计有限公司和河海大学联合研发的土石坝稳定分析系统 HH – SLOPE 程序进行稳定计算。

宁夏堤防典型断面的抗滑稳定计算结果见表 11-6,内蒙古左岸和右岸堤防典型断面的抗滑稳定计算结果分别见表 11-7 和表 11-8。

表 11-8　内蒙古右岸堤防抗滑稳定分析计算结果

堤防段落	断面	地基有效深度 T(m)	边坡坡率 m	地震烈度	地震动峰值加速度 (g)	运行期安全系数		地震校核安全系数	
						临水坡	背水坡	临水坡	背水坡
三盛公—三湖河口 (0+000~198+564)	29+000	43.92	3	7	0.15	2.570 5	1.886 5	1.979 1	1.640 7
	43+000	34.86	3	7	0.15	2.998 8	1.943 9	2.344 4	1.671 6
	53+918	31.7	3	7	0.15	2.705 7	2.667 2	2.176 5	2.118 1
	86+148	29.57	3	7	0.15	2.988	2.119 3	2.447 9	1.816
	108+148	32.65	3	7	0.15	3.057	2.173 6	2.425 9	1.793 2
	135+148	47.22	3	7	0.1	3.506 3	2.644 4	2.971 1	2.296
	196+548	43.19	3	7	0.15	2.275 9	1.724 9	1.851 1	1.478
三湖河口—昭君坟 (198+564~304+122)	233+800	59.44	3	7	0.15	2.396 8	2.252 2	1.973 3	1.831 6
	238+600	59.44	3	7	0.15	2.376 9	2.238 2	1.857 8	1.808 9
	252+800	34.73	3	7	0.2	2.317 2	1.837 9	1.715 3	1.462 2
	269+800	34.73	3	7	0.15	2.708	1.933	2.169 4	1.660 4
	303+500	38.93	3	7	0.2	2.430 7	1.597 7	1.819 1	1.309 1
昭君坟—蒲滩拐 (309+408~467+029)	311+800	40.53	3	8	0.2	2.277 3	1.519	1.699 1	1.24
	317+800	40.53	3	8	0.2	2.453 3	1.882 1	1.765 6	1.451 5
	321+800	40.53	3	8	0.2	2.207 5	1.511 3	1.634 4	1.239 9
	349+800	42.67	3	8	0.3	2.043 4	1.895 6	1.565 7	1.403
	368+728	37.64	3	7	0.3	2.197 3	1.679 4	1.453 3	1.208
	408+870	43.37	3	7	0.2	2.137 1	1.801 5	1.586	1.462 2
	412+870	43.37	3	7	0.2	2.353 8	1.875	1.805 6	1.520 9
	420+670	43.37	3	7	0.2	2.046	1.597 3	1.548 5	1.281 1
	438+270	43.37	3	7	0.2	2.101 5	1.634	1.594 6	1.333 4
	455+970	40.41	3	7	0.2	2.157	1.756 7	1.655 5	1.440 6
	464+170	40.41	3	7	0.15	2.206 8	1.593 1	1.755 3	1.395 8

内蒙古河段左岸 277 + 000 和右岸 368 + 728 堤防典型断面稳定计算结果见图 11-1 和图 11-2。

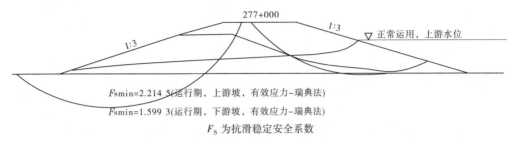

图 11-1　黄河内蒙古左岸 277 + 000 断面稳定计算

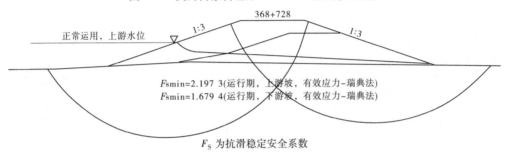

图 11-2　黄河内蒙古右岸 368 + 728 断面稳定计算

从计算结果表中可以得出如下结论：

堤防临河、背河侧在稳定渗流正常运用条件下，所有断面的抗滑稳定最小安全系数均满足规范要求的 $K ≥ 1.15 ~ 1.25$；在非常运用条件下，所有断面的抗滑稳定最小安全系数均满足规范要求的 $K ≥ 1.05 ~ 1.15$。因此，在无裂缝、漏洞等水流通道，不受水流淘刷顶冲条件下，宁蒙河段的堤防是稳定安全的。

第二节　主要支流堤防

一、沁河下游堤防

沁河下游两岸共有堤防 157.567 km，其中左岸 72.201 km，右岸 85.366 km。沁河下游大堤高度一般为 5 ~ 10 m，顶宽一般为 6 ~ 10 m，临河坡 1:2 ~ 1:3，背河坡 1:3。

(一)设防流量

沁河下游堤防防御洪水标准是按照 1964 年国务院批准的沁河下游防御小董站 4 000 m³/s 的洪水，20 年一遇。河口村水库建成后 4 000 m³/s 洪水为 100 年一遇。

(二)防洪标准及堤防级别

1.沁河左岸堤防

丹河口以上大堤主要保护沁阳市的临堤村庄及附近的耕地，保护区内总人口 3.33 万人。根据国家《防洪标准》(GB 50201—94) 及《堤防工程设计规范》(GB 50286—98)，该地区为Ⅳ等乡村防护对象，防洪标准为 25 年一遇，堤防级别为 4 级。

丹河口以下大堤主要保护地区涉及河南省的博爱县、武陟县、修武县、辉县市、获嘉县、新乡县、新乡市等,区内总人口为85.05万人,其中非农业人口31.03万人,农业人口54.02万人,耕地为41.47万亩,京广铁路和京珠高速公路通过该保护区。根据《防洪标准》(GB 50201—94)和《堤防工程设计规范》(GB 50286—98),防洪标准为100年一遇,堤防级别为1级。

2.沁河右岸堤防

沁河右岸大堤主要保护地区涉及河南省的济源市、武陟县、沁阳市、温县,保护区内总人口28.67万人,其中非农业人口7.92万人,耕地14.68万亩。保护区内有新济、新洛两条公路穿过,区内有省级重点文物——武陟县妙乐寺塔、沁阳市天宁三圣塔、清真寺、太平军围攻怀庆府旧址、河头村沁台及王寨龙山文化遗址等。按照《防洪标准》(GB 50201—94)和《堤防工程设计规范》(GB 50286—98),防洪标准为50年一遇,堤防级别为2级。

(三)堤防基本断面

1.设计堤顶高程

根据《堤防工程设计规范》(GB 50286—98)要求,设计堤顶高程为设计洪水位加超高,超高为波浪爬高、风壅增水高度及安全加高三者之和,即

$$Y = R + e + A$$

式中 Y——堤顶超高,m;

R——设计波浪爬高,m,按式(11-2)计算;

e——设计风壅增水高度,m,按式(11-3)计算;

A——安全加高,m。

根据《堤防工程设计规范》(GB 50286—98),不允许越浪的2、3、4级堤防的安全加高值分别为0.8 m、0.7 m、0.6 m。

沁河下游各堤段堤顶超高计算结果为1.15~2.40 m(见表11-9),其中老龙湾以下为黄沁并溢段,该段左岸堤防采用黄河下游堤防沁河口至东坝头段超高计算结果。

表11-9 沁河下游堤防基本断面设计成果

岸别	起止地点	堤防级别	计算超高 (m)	采用超高 (m)	顶宽 (m)	边坡	
						临河	背河
左岸	丹河口以上	4	1.15	1.0	6	1:3	1:3
	丹河口—老龙湾	1	2.00	2.0	10	1:3	1:3
	老龙湾以下	1	2.40	3.0	12		
右岸	五龙口—沁阳马坡	2	1.50	1.0	8	1:3	1:3
	沁阳马坡—温县上界	2	1.76	1.5			
	温县上界—沁河口	2	1.84	1.0			

沁河左岸丹河口以下保护面积大,右岸保护面积相对较小,总的治理原则是丹河口以下舍南保北,现状堤防超高右岸比左岸低1 m。各堤段采用堤防超高为:左岸丹河口至老

龙湾为 2 m,老龙湾以下为 3 m;右岸沁阳马坡—温县上界堤防保护着沁阳市的安全,超高为 1.5 m,其余堤段为 1.0 m。

2. 堤顶宽度

堤顶宽度主要根据堤身稳定要求和防汛抢险、料物储存、交通运输、工程管理及各堤段的重要性而定。《堤防工程设计规范》(GB 50286—98)规定,1 级堤防堤顶宽度不宜小于 8 m,2 级堤防不宜小于 6 m,3 级及以下堤防不宜小于 3 m。由于沁河下游堤防多是在原有民埝的基础上加高培厚而成的,堤防质量较差,为满足防洪及工程管理要求,并考虑防汛交通和抢险的需要,综合考虑,确定沁河下游左岸堤顶宽度为:丹河口以上 6 m,丹河口至老龙湾 10 m,老龙湾以下为黄沁并溢堤防,堤顶宽度取与黄河下游堤防一致,即 12 m;右岸堤顶宽度取 8 m。

3. 堤防边坡

按照《堤防工程设计规范》(GB 50286—98),1、2 级堤防的堤坡不宜陡于 1:3。根据黄河下游堤防抗滑稳定计算成果,当临背河堤坡为 1:3 时,可以满足抗滑稳定设计要求,因此沁河下游堤防设计临背河边坡均取 1:3。

沁河下游堤防基本断面设计成果见表 11-9。

二、渭河下游干堤

21 世纪初渭河下游在 335 m 高程以上干流堤防长 192.674 km,其中左岸堤防长 101.488 km,右岸堤防长 91.186 km。

(一)防洪标准和堤防级别

渭河下游防洪保护区包括咸阳、西安、渭南等 13 县(市、区),涉及土地面积 601.4 km²、耕地 47.48 万亩、人口 171.69 万人。根据各段堤防的设防流量和水位,参考堤防保护区的地形、地势条件,确定各段堤防的防洪保护范围。根据《防洪标准》(GB 50201—94)、《堤防工程设计规范》(GB 50286—98)确定各段堤防的防洪标准和级别。渭河下游咸阳、西安、临渭区、华县和大荔设防标准为 50 年一遇洪水,相应堤防级别为 2 级;高陵、临潼和西安灞河以下设防标准为 20 年一遇洪水,堤防级别为 4 级。

(二)设防流量及设计洪水位

渭河下游主要站咸阳、临潼、华县 50 年一遇设计洪峰流量分别为 8 570 m³/s、12 400 m³/s、10 300 m³/s,20 年一遇设计洪峰流量分别为 7 080 m³/s、10 100 m³/s、8 530 m³/s。

渭河下游 2010 年水平年沿程设计洪水位见表 11-10。

(三)堤防基本断面

1. 设计堤顶高程

根据《堤防工程设计规范》(GB 50286—98)要求,设计堤顶高程为设计洪水位加超高,超高为波浪爬高、风壅增水高度及安全加高三者之和。通过计算并结合渭河下游堤防的实际情况,渭河下游干流 2 级堤防的堤顶超高采用 2.0 m,4 级堤防的堤顶超高采用 1.5 m。

2. 堤顶宽度

堤顶宽度的确定主要考虑到堤身稳定要求和防汛抢险、料物储存、交通运输、工程管理以及各堤段所处地位的重要性等因素,依照《堤防工程设计规范》(GB 50286—98)要求,2级堤防的堤顶宽度不宜小于6 m,渭河下游干堤顶宽统一按6 m设计。

表11-10　渭河下游2010年水平年沿程设计洪水位

序号	断面号	距潼关距离(m)	P=2%水面线(m,大沽)	P=5%水面线(m,大沽)
1	渭淤-35	173 910	383.38	383.18
2	渭淤-33	165 450	378.00	377.77
3	渭淤-31	156 450	372.35	372.12
4	渭淤-29	149 500	368.50	368.27
5	渭淤-28	145 200	365.87	365.53
6	渭淤-27	136 600	362.72	362.45
7	渭淤-26	131 600	360.92	360.62
8	渭淤-24	121 000	357.84	357.56
9	渭淤-20	101 810	353.43	
10	渭淤-19	96 870	352.54	
11	渭淤-17	87 610	350.91	
12	渭淤-14	74 280	348.57	
13	渭淤-12	66 850	347.20	
14	渭淤-10	54 320	345.00	
15	渭淤-8	44 620	343.08	
16	渭淤-6	34 070	340.47	
17	渭淤-4	26 200	338.46	
18	渭淤-1	15 860	336.42	
19	潼关	0	333.94	

3.堤防边坡

堤防边坡应满足渗流稳定和整体抗滑稳定要求,并要兼顾施工条件和便于工程管理要求。《堤防工程设计规范》(GB 50286—98)要求,2级堤防的边坡不宜陡于1:3。渭河下游堤防长达192.674 km,基础情况复杂,现有的基础地质资料较少,但从工程实际运行来看,当临背河堤坡为1:3时,各堤段堤坡均是稳定的。因此,渭河下游干堤临背河边坡均采用1:3。

(四)堤防加固措施

渭河下游干堤大多是不同时期在应急设防的基础上逐步加高培厚而成的,堤身质量参差不齐,筑堤土中夹有杂物、淤沙,存在隐患,沿堤修建的灌溉、排水涵管和放淤闸等穿堤建筑物与大堤结合不良。按照2010年水平年设计洪水位,渭河下游干堤大部分堤段断面不足,除按设计的基本断面进行加高培厚外,还进行了堤防加固。

渭河下游堤防加固主要是解决渗流破坏和决口问题。堤身不仅应满足渗流稳定要求,还要消除填筑不实、土质不良、獾狐洞穴、堤基复杂等隐患。按照"临河截渗,背河导渗"的原则,结合渭河下游堤防存在的问题,参考黄河下游和其他河流堤防加固的经验,采取了不同的加固措施。

锥探灌浆造价低廉、效果明显,曾在渭河下游堤防加固中使用。华县段堤防相对较高、临背高差较大、出逸点较高的,采取了淤背措施加固;渭南、大荔等堤防出逸点也较高,采用了后戗加固方案。

加固时采用的标准为:①锥探压力灌浆:浆孔在堤顶按梅花形布置,沿堤顶轴线方向布孔四排,排距 1.0 m,孔距 1.5 m,孔深深入堤基 0.5 m,孔径 25 mm。②淤背:淤背体顶宽 15 m,边坡 1:3,顶部高出临河滩面 1.0 m。③后戗:顶部高出临河滩面 1.0 m,顶宽 6 m,边坡 1:5。

参考文献

[1] 水利部黄河水利委员会. 黄河流域防洪规划[M]. 郑州:黄河水利出版社,2008.

[2] 黄河勘测规划设计有限公司. 黄河宁蒙河段近期防洪工程建设可行性研究报告[R]. 郑州:2008.

[3] 水利部黄河水利委员会勘测规划设计研究院. 黄河下游 2001 年至 2005 年防洪工程建设可行性研究报告[R]. 郑州:2002.

[4] 水利部黄河水利委员会勘测规划设计研究院. 渭河流域综合治理规划[R]. 郑州:2002.

[5] 国家技术监督局,中华人民共和国建设部. GB 50286—98 堤防工程设计规范[S]. 北京:中国计划出版社,1998.

[6] 中华人民共和国水利部. GB 50201—94 防洪标准[S]. 北京:中国计划出版社,1994.